世界轻武器档案

·步枪篇·

揭秘**全新**轻武器档案

4000多幅精美图片，展示数百件世界轻武器

罗兴 编著

吉林美术出版社 | 全国百佳图书出版单位

图书在版编目（CIP）数据

世界轻武器档案．步枪篇 / 罗兴编著．— 长春：吉林美术出版社，2023.4（2024.10重印）
ISBN 978-7-5575-7908-1

Ⅰ．①世… Ⅱ．①罗… Ⅲ．①步枪－世界－普及读物 Ⅳ．①E922-49

中国国家版本馆CIP数据核字(2023)第061942号

世界轻武器档案 步枪篇
SHIJIE QINGWUQI DANG'AN BUQIANG PIAN

编　　著	罗　兴
责任编辑	陶　锐
责任校对	冷　梅
开　　本	720mm×1000mm　1/16
印　　张	20
字　　数	330千字
版　　次	2023年4月第1版
印　　次	2024年10月第3次印刷
出版发行	吉林美术出版社
地　　址	长春市净月开发区福祉大路5788号
	邮编：130118
网　　址	www.jlmspress.com
印　　刷	吉林省吉广国际广告股份有限公司

ISBN 978-7-5575-7908-1　　　　定价：58.00元

前　言

　　武器，又名"兵器"，由人类的生产劳动工具演变、发展而成，最终自成一脉，成为人类的自卫、斗争工具。

　　最早的武器以石、木为材，原始人类用这些材料制成石矛、石斧，以抵御猛兽的尖牙利爪；随着人类文明进步，金属冶炼技术得到发展，铜制、铁制等兵器相继问世，如刀、枪、剑、戟等，此为冷兵器。中国唐朝末期，黑火药问世，为热武器的诞生提供了基础；南宋时期，一些军事家开始使用管形火器；再到工业革命时期，工业技术的发展让热武器日新月异，逐渐成为主流武器。

　　热武器，泛指利用火药或化学反应提供能量，以推动发射物，对有生目标造成杀伤的武器（如枪支、火炮等）；或利用火药及化学反应的能量，直接对有生目标造成杀伤的武器（如炸弹、导弹等）。

　　武器发展至今，按照杀伤程度，可分为大规模杀伤性武器、重武器、轻武器。其中，核武器、化学武器、生物武器等为大规模杀伤性武器；坦克、火炮、飞机、舰船等技术武器则为重武器。轻武器则泛指枪械及其他能够由单兵或班组携带的战斗武器，最初仅指步枪、冲锋枪、手枪等，后经发展涵盖了各种中小口径机枪、火箭筒、榴弹发射器等武器。

　　《世界轻武器档案》丛书以近现代及当代的轻武器为主要科普内容，通过清晰简洁的文字，旨在向读者展示当今世界百余款知名轻武器及其衍生型号。丛书将轻武器科普内容多样化、趣味化、简明化，并引入诸多与轻武器相关的趣味性内容，如使用方式、使用情况、历史意义等，再配以翔实的图片，全方位、立体化向读者展示轻武器的别样魅力。

　　从无烟火药的普及，到步枪的百年发展；从枪械后坐力让人们难以驾驭到充分了解并加以利用，再到自动武器百花齐放；从准星与照门所组成的机械瞄具，到功能各异的光学瞄具，再到千米之距仍可击敌的狙击步枪，这些引人猎奇的种种原因与结果、问题与答案、结构与原理皆能够在书中找到。

　　在现代战争中，虽然重型技术兵器因其高效的杀伤效率而占据一定优势地位，但在一些特定的战争模式与作战环境中，例如反恐战争、特种作战、巷战等，重型技术兵器往往受限较多，不能发挥其"杀伤效率"优势，因此，轻武器仍是世界各军事大国所争相研制的武器装备。如今轻武器的发展主要呈现出模块化、扩展化与系列化的特点，并将信息技术与单兵装备充分整合，其目的在于提高士兵的战场信息感知与传输能力、战场机动能力、战场生存能力。在这些需求下，单兵信息终端、协防一体战术装具、单兵外骨骼等新型装备应运而生，使轻武器和单兵装具如火如荼地发展起来。

对于军事装备的探索与认知，从最基础的轻武器开始是一个不错的选择，由浅入深，循序渐进，研究军事装备，认识战争逻辑，增强国防意识。

战争是一把双刃剑，促进人类科技高速发展的同时，也会给人类带来伤痛甚至毁灭。武器作为工具，既可以用来掠夺与杀戮，制造悲剧；也可以用来捍卫独立与尊严，推动进步。如何让武器发挥它积极的作用，关键在于人们如何使用它。

罗　兴

目 录

1 ·· **手动步枪**

德国
2 ·· 毛瑟1871步枪
4 ·· 1888委员会步枪
6 ·· 毛瑟1898步枪

法国
10 ··· 勒伯尔M1886步枪
12 ··· MAS36步枪

英国
13 ··· 李-梅特福步枪
15 ··· 李-恩菲尔德步枪

奥匈帝国
18 ··· 斯太尔-曼立夏M1895步枪

美国
19 ··· 温彻斯特系列杠杆步枪
24 ··· M1895李氏海军步枪
26 ··· M1903春田步枪

俄国
28 ··· 莫辛-纳甘M1891步枪

捷克斯洛伐克
32 ··· Vz.24步枪

挪威

33 ……………………………… 克拉格-约根森M1894步枪

意大利

35 ……………………………… 卡尔卡诺M91步枪

日本

36 ……………………………… 三十年式步枪
38 ……………………………… 三八式步枪
41 ……………………………… 九九式步枪
44 ……………………………… 意式步枪

半自动步枪

法国

47 ……………………………… RSC M1917半自动步枪
49 ……………………………… MAS49半自动步枪

美国

51 ……………………………… 佩德森T1半自动步枪
53 ……………………………… M1伽兰德步枪
56 ……………………………… M1941约翰逊半自动步枪

苏联

58 ……………………………… 西蒙诺夫AVS-36半自动步枪
60 ……………………………… 托卡列夫SVT半自动步枪
63 ……………………………… 西蒙诺夫SKS半自动步枪

德国

66	……	G41半自动步枪
69	……	G43半自动步枪
71	……	HK SL8步枪

比利时

74	……	FN-49半自动步枪

瑞典

76	……	AG-42半自动步枪

捷克斯洛伐克

78	……	ZH-29半自动步枪
79	……	Vz.52半自动步枪

81 …… *自 动 步 枪*

美国

82	……	勃朗宁M1918自动步枪
85	……	M1卡宾枪
88	……	AR-10自动步枪
90	……	M14自动步枪
94	……	AR-15突击步枪
96	……	M16系列突击步枪
102	……	AR-18突击步枪
103	……	M4卡宾枪
106	……	XM29单兵战斗武器系统

108	············	XM8突击步枪
110	············	SR-47突击步枪
112	············	LR-300突击步枪
114	············	罗宾逊XCR突击步枪
115	············	雷明顿ACR突击步枪

苏联

117	············	费德洛夫M1916自动步枪
118	············	AK-47突击步枪
122	············	AKM突击步枪
125	············	AK-74突击步枪
128	············	AEK-971突击步枪
131	············	APS水下突击步枪
133	············	AS"VAL"微声突击步枪

俄罗斯

135	············	OTs-14武器系统
137	············	9A-91突击步枪
139	············	A-91突击步枪
141	············	SR-3突击步枪
143	············	SR-3M突击步枪
145	············	AK-101突击步枪
147	············	AK-103突击步枪
149	············	AN-94突击步枪
152	············	AK-12突击步枪

德国

154	············	FG42伞兵步枪

156	…………………………………	STG44突击步枪
158	…………………………………	STG45突击步枪

联邦德国

159	…………………………………	HK G3自动步枪
162	…………………………………	HK33突击步枪
164	…………………………………	G11无壳步枪

德国

166	…………………………………	G36突击步枪
169	…………………………………	HK416突击步枪
173	…………………………………	HK417自动步枪

英国

175	…………………………………	L85A1突击步枪

比利时

180	…………………………………	FN FAL自动步枪
183	…………………………………	FN FNC突击步枪
186	…………………………………	FN F2000模块化武器系统
188	…………………………………	FN SCAR步枪

捷克斯洛伐克

192	…………………………………	Vz.58突击步枪

捷克

194	…………………………………	CZ805突击步枪

法国

197	…………………………………	FAMAS突击步枪

奥地利
200···AUG突击步枪

瑞士
203···西格SIG510自动步枪

206···西格SG550突击步枪

209···西格SIG556突击步枪

意大利
210···伯莱塔BM59自动步枪

213···伯莱塔AR-70/223突击步枪

215···伯莱塔ARX-160突击步枪

以色列
218···加利尔突击步枪

221···IMI沃塔尔系列突击步枪

瑞典
223···AK5突击步枪

芬兰
225···瓦尔梅特M60突击步枪

227···萨科M95突击步枪

加拿大
229···C7突击步枪

231···C8卡宾枪

韩国

233···K2突击步枪

日本

236···64式自动步枪

238···89式突击步枪

241······································**狙 击 步 枪**

苏联

242···SVD狙击步枪

245···VSS微声狙击步枪

俄罗斯

247···SV-98狙击步枪

美国

249···M40狙击步枪

253···M24狙击步枪

255···MSR狙击步枪

257···Mk11 Mod 0狙击步枪

259···M110狙击步枪

261···巴雷特M82A1反器材步枪

264···巴雷特M98B狙击步枪

266···TAC-50狙击步枪

267···M200狙击步枪

德国

270……	G3/SG1狙击步枪
272……	PSG-1狙击步枪
274……	G28狙击步枪
276……	WA2000狙击步枪
278……	R93 LRS 2狙击步枪
280……	AMP DSR-1狙击步枪

英国

282……	L42A1狙击步枪
283……	AW系列狙击步枪
286……	AW50反器材步枪
288……	L129A1狙击步枪

法国

291……	FR-F1狙击步枪

奥地利

293……	斯太尔SSG 69狙击步枪
294……	斯太尔Scout狙击步枪
296……	斯太尔SSG 04狙击步枪
297……	斯太尔SSG 08狙击步枪

瑞士

299……	SG550狙击步枪

日本

301……	九七式狙击步枪

304……	**名 词 注 释**

手动步枪

德国

主要参数
- 枪口口径：11 毫米
- 初速：435 米/秒
- 全枪长度：1350 毫米
- 枪管长度：855 毫米
- 空枪质量：4.5 千克

毛瑟 1871 步枪

毛瑟1871步枪枪机顶部的铭文

毛瑟1871步枪的枪口及通条

竖起的表尺框

毛瑟1871步枪由德国枪械设计师保罗·毛瑟和威廉·毛瑟于1867年以法国夏思波步枪为基础改进设计而成，是一款后膛装弹的单发步枪。

毛瑟1871步枪采用旋转后拉式枪机，使用时，将拉机柄上旋后拉使枪机开锁，将子弹装入弹膛，然后前推并下旋拉机柄即可让枪机闭锁，此时步枪处于待击状态，扣动扳机即可击发；在枪机完成闭锁的同时，抽壳钩会自动抱住弹壳底缘，当射手将拉机柄再次上旋后拉，弹壳或未击发的枪弹就会被抛出。因为机匣与枪机的螺旋面相互配合，所以枪机在开锁的过程中有了预抽壳动作，增强了枪械的可靠性，不易出现抛壳故障。

毛瑟1871步枪发射11毫米×60毫米黑色火药金属定装步枪弹，这种子弹威力强劲，为保障射手操作安全，还特别增设手动保险，开启保险可防止枪支意外走火。

毛瑟1871步枪是第一款毛瑟步枪，于1871年被德国军队正式采用作为制式步枪，并由奥伯恩多夫皇家兵工厂生产。

毛瑟71/84步枪

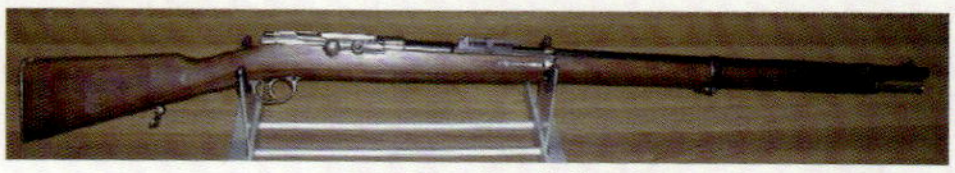

毛瑟71/84步枪

后装单发式步枪的射速总是过慢，为此，保罗·毛瑟对1871步枪进行了改进，并在1884年被德军采用，并重新命名为"毛瑟71/84步枪"。

毛瑟71/84枪口特写

毛瑟71/84步枪采用管形弹仓供弹，弹仓容弹量8发，这款枪的供弹原理与现代霰弹枪相同，在枪膛下方设有一个可活动的挡板，在拉动拉机柄使枪机开锁的同时，托弹板会向上弹起将弹仓中的子弹送入膛室，接着前推并下旋拉机柄使枪机闭锁，扣动扳机即可击发。

毛瑟71/84步枪管形弹仓内的每一发子弹的弹头都顶住前一发子弹的弹壳底部，为防止走火，这款枪的子弹设计为平头弹，只要底火不受到尖锐物猛烈撞击，发生意外走火事故的可能性就小。此外，因这款枪的弹仓隐藏在前托内，所以毛瑟71/84步枪的外形与毛瑟1871步枪基本相同。

毛瑟71/84步枪采用新型表尺

毛瑟兄弟与毛瑟兵工厂

德国毛瑟兵工厂的历史可以追溯到1811年。当时，符腾堡国王腓特烈一世在德国小镇奥伯恩多夫建立了一间皇家兵工厂，毛瑟兵工厂的创始人保罗·毛瑟和哥哥威廉·毛瑟跟随他们的父亲在这家兵工厂当学徒，也就是在这里，他们开始了枪支的设计。

毛瑟兄弟设计出毛瑟1871步枪后，保罗·毛瑟创立了毛瑟兵工厂。

毛瑟71/84枪机特写

德国

主要参数
- 枪口口径：8毫米
- 全枪长度：1240毫米
- 枪管长度：750毫米
- 空枪质量：3.9千克
- 供弹方式：弹仓
- 弹仓容量：5发
- 步枪类型：手动步枪

1888 委员会步枪

1888委员会步枪的枪口与通条

委员会步枪由德国步枪试验委员会于1888年研制成功，同年11月完成野战试验并签署生产订单，是德国第一款使用无烟步枪弹的步枪。

1888委员会步枪发射8毫米无烟步枪弹，这种步枪弹是由瑞士设计的8毫米无底缘瓶颈步枪弹改进而成的。采用曼立夏式弹仓进行供弹，使用5发漏夹装弹，装弹后漏夹会留在弹仓内，换弹时需按下扳机护圈前的按钮，将漏夹弹出才可再次装填，使用较为不便。此外，曼立夏弹仓从底部开口，容易混入杂物而卡住弹夹，使弹夹不能正常弹出。

1888委员会步枪虽然集合了多种步枪的优点，但依然存在一些致命缺陷，例如弹壳颈部在抽壳时容易断裂、膛压过大容易炸膛等，于是出现了一系列改进型号：

88/·型步枪：1891年1月定型，主要增强了枪管的强度，改进弹膛前方的锥膛形状。

88/Z型步枪：这个型号的改进项目于1896年立项，为解决枪管磨损严重和膛压过大产生的事故而采用新的膛线标准，阴线深度从原来的0.1毫米增至0.15毫米。这个型号步枪既有改造旧膛线的枪管，也有按新标准生产的枪管。

枪机开锁状态的1888委员会步枪局部特写

88/S型步枪：1903年，德军开始使用S型尖头步枪弹，为了能发射直径较大的S型尖头弹，原来的88/Z型步枪都要改造枪管膛线。

88/05型步枪：1905年在88/S型步枪的基础上改进了供弹机构。

将漏夹压入弹仓即可完成装填

88/14型步枪：与88/05型步枪相同，但这个型号的外表处理较粗糙。

虽然经过多番修改，但1888委员会步枪最后还是被毛瑟兵工厂生产的G98步枪所取代。

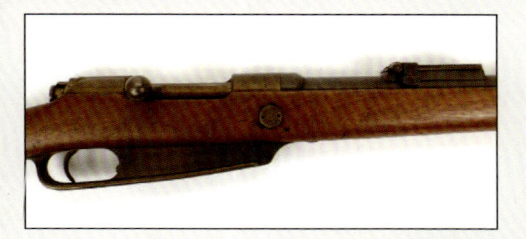

1888委员会步枪的研发背景与装备情况

1886年，法国陆军装备了世界第一款使用无烟步枪弹的勒伯尔M1886步枪，这款枪发射的8毫米无烟步枪弹无论是杀伤力还是弹道性能都远超德国装备的毛瑟71/84步枪发射的11毫米黑色火药步枪弹，同时，勒伯尔M1886步枪发射的8毫米无烟步枪弹也给法国步兵带来了更大的战术优势，给德军极大的压力。为此，德国成立步枪试验委员会（Gewehr Prfungs Kommission，简称GPK）。

起初，步枪试验委员会只计划在现有的毛瑟71/84步枪的基础上加以改进，弹药也计划以11毫米黑色火药步枪弹为基础，使用新的发射药并将弹头尺寸缩小，甚至在1887年12月向柏林夏洛腾堡的路德维希-洛伊公司发出了生产订单。但随后他们忽然意识到仅仅依靠改装并不能带来太大的技术优势，所以立即决定，采用全新设计的枪支和弹药，并马上进行研制。

1888委员会步枪于1888年11月完成野战试验，步枪试验委员会建议德军立即采用这款步枪，威廉二世于1888年11月签署生产订单，这款枪被定型为"1888步枪"（Gewehr 88，简称为"Gew.88"）。此外，还有一种卡宾枪型号的1888委员会步枪，称为"委员会卡宾枪"，简称为"Kar.88"。1889年春季，德军驻扎阿尔萨斯-洛林的15军和16军最先装备了1888委员会步枪，同年10月，巴戈利亚军队也开始装备这款枪，直到1890年8月，所有的普鲁士、萨克森地区的军队都换装了1888委员会步枪。

德国

主要参数

- 枪口口径：8毫米
- 初速：878米/秒
- 全枪长度：1250毫米
- 枪管长度：740毫米
- 空枪质量：4.2千克
- 供弹方式：弹仓
- 弹仓容量：5发
- 步枪类型：手动步枪

毛瑟1898步枪

毛瑟1898步枪由德国毛瑟兵工厂研制生产，1898年被德军正式采用作为军用制式步枪，并被命名为"Gewehr 98"，简称为"Gew.98"，用于替换故障繁多的1888委员会步枪。

毛瑟1898步枪的枪机特写

毛瑟1898步枪采用旋转后拉式枪机，发射8毫米×57毫米步枪弹，使用双排固定弹仓进行供弹，弹仓底板可拆卸，便于维护。射手装填时，可以上旋并后拉拉机柄打开枪机，从抛壳口将子弹逐颗压入弹仓，也可以将桥夹对准桥夹导槽，一次压满5发子弹；当子弹装填完毕，射手前推拉机柄时，空的桥夹会被自动抛出，再将拉机柄右旋即可完成闭锁，此时，步枪进入待击状态，扣动扳机即可击发。

毛瑟1898步枪初期使用圆头步枪弹，1905年德国研制出弹道更平直的7.92毫米×57毫米轻尖弹后，许多1905年以前生产的毛瑟1898步枪为发射尖头步枪弹需要改造枪膛线和机械瞄具，来适应新型的尖头步枪弹。

除了标准型外，毛瑟1898步枪还有一款卡宾枪型号，被德军命名为"Karabiner 1898"（1898型卡宾枪），简称为"Kar.98"或"K98"，主要装备骑兵和炮兵。但是，这款卡宾枪型号有着很大的缺陷，即枪管过短，射击时后坐力与枪口焰过大，导致射击精度降低，且容易暴露射手的位置。

毛瑟1898步枪吸收了毛瑟公司早期步枪设计的优点，以简单、安全、坚固、可靠等优点闻名于世。自装备之日起，这款枪及其改进型号作为德军的制式步枪走过了近50年的历史。

毛瑟1898步枪的改进型号与使用情况

毛瑟98AZ卡宾枪

毛瑟98a卡宾枪与1898步枪有着明显的长度差异

为解决毛瑟1898型卡宾枪的缺陷，新型卡宾枪的枪管长度增至600毫米，被德军命名为"Karabiner 98AZ"（98AZ型卡宾枪）。此外，这款枪采用下弯式拉机柄，枪带环设于枪身侧面，方便士兵携行，不易钩挂衣物。

第一次世界大战后，毛瑟98AZ卡宾枪被命名为"毛瑟98a卡宾枪"。

毛瑟98b卡宾枪

毛瑟98b卡宾枪

由于毛瑟1898步枪太长，在堑壕中使用不便，所以德国陆军曾在1908年考虑用卡宾型替代标准型步枪，但1898型卡宾枪糟糕的表现让德国陆军决定改进毛瑟1898步枪并继续服役。

新型步枪被称为"Karabiner 98b"，改进表尺并增设空仓挂机功能，拉机柄改为下弯式，枪托右侧用椭圆形的斜面使射手握持更加稳固。枪管依旧为740毫米，虽然这个长度

毛瑟98AZ卡宾枪

的枪管让"卡宾枪"这个称呼听起来不太恰当，但德军依旧把它当作卡宾枪使用，作为山地部队的用枪。

毛瑟标准型步枪

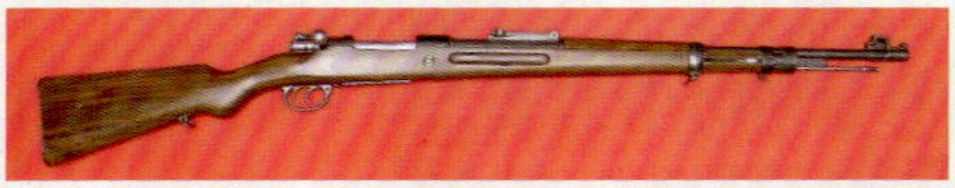

毛瑟标准型步枪，毛瑟98k卡宾枪的前身

第一次世界大战结束后，虽然德国军备受《凡尔赛和约》的限制，但仍利用与瑞士等国家兵工厂合作的机会继续研发武器。1924年，毛瑟兵工厂在1898步枪的基础上推出了一款标准型步枪，采用毛瑟1898式枪机、水平拉机柄和600毫米枪管，整枪长度缩短至1110毫米，并提供7.92毫米、7.65毫米、7毫米三种不同口径。

由于《凡尔赛和约》对德国武器生产进行了限制，因此德国政府绕过条约的约束，把毛瑟标准型步枪生产合同交给捷克斯洛伐克、比利时以及奥地利，并在瑞士秘密建立一家毛瑟兵工厂分厂来提供部分零部件，步枪装配好后再运给客户。

这款枪曾被出口至多个国家，中国在20世纪30年代采购过一批毛瑟标准型步枪，仿造后命名为"中正式步枪"。

毛瑟98k卡宾枪

毛瑟98k卡宾枪

20世纪30年代，德国重整军备。1935年毛瑟兵工厂在98b卡宾枪和标准型步枪的基础上设计出98k卡宾枪。这款枪采用新型瞄具、600毫米枪管，以及下弯式拉机柄。作为制式步枪，德国军队将其命名为"Karabiner 98k"，简称为"Kar.98k"或者"98k"，并大量生产。

毛瑟98k卡宾枪的击发机构、发射机构与供弹机构的分解图

毛瑟98k卡宾枪的机械瞄具由大麦粒式准星和带有弧形标尺的"V"形缺口式照门组成，一部分毛瑟98k卡宾枪的准星还装有可拆卸的半圆形准星护圈。表尺最小射程100米，最大2000米，每100米一个增量。此外，这款枪的准星可调整风偏。

毛瑟98k卡宾枪表尺特写

毛瑟98k卡宾枪的狙击型号是二战中德军狙击手的制式狙击步枪。在

镜。使用机械瞄具时，这款枪有效射程在500米；加装瞄准镜后，有效射程可达到900米。

毛瑟98k狙击步枪

毛瑟98k卡宾枪生产中会挑选最好的枪管供狙击型号使用，相比普通的毛瑟98k卡宾枪，狙击型扳机力可达到17.6牛顿。毛瑟98k狙击步枪最早使用4倍的ZF39瞄准镜，后来又换装过1.5倍ZF41、4倍ZF42以及6倍蔡司瞄准

1942年以前生产的毛瑟98k卡宾枪准星（上图）与1942年以后生产的毛瑟98k卡宾枪准星（下图）

毛瑟98k卡宾枪作为德军的制式步枪一直服役到第二次世界大战结束，期间为了方便大量生产，经历多次改进。一般来说，德国在二战爆发前所生产的毛瑟98k卡宾枪的质量是最好的，随着战争进程的推进，为满足军队的大量需求，逐步缩减成本，多次简化生产工艺，质量也越来越差，甚至在二战后期生产的毛瑟98k卡宾枪，很多都直接省略了刺刀座。

二战结束后，毛瑟98k卡宾枪被一些国家沿用，作为一款经典武器，至今仍受到许多民间枪械爱好者的欢迎，用于收藏、狩猎以及射击运动。

手动步枪

9

法国

勒伯尔 M1886 步枪

主要参数

- 枪口口径：8 毫米
- 全枪长度：1300 毫米
- 枪管长度：800 毫米
- 空枪质量：4.18 千克
- 供弹方式：管形弹仓
- 弹仓容量：8 发
- 步枪类型：手动步枪
- 有效射程：400 米

勒伯尔M1886步枪由法国陆军上校勒伯尔设计，是世界上第一款使用无烟步枪弹的步枪，于1886年装备法国陆军。

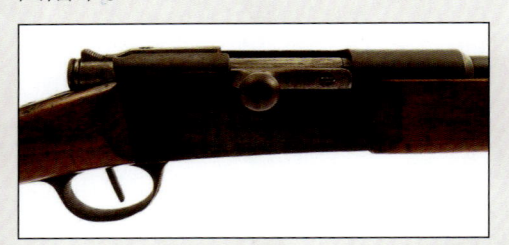

勒伯尔M1886步枪采用旋转后拉式枪机，手动操作，发射8毫米×50毫米全金属外壳步枪弹，这种步枪弹在当时属于小口径步枪弹。使用可容纳8发子弹的弹管进行供弹，射速较慢。此外，这款步枪还可安装重剑式刺刀，用于白刃战。

勒伯尔M1886步枪在当时并不算先进，但因其率先使用无烟步枪弹，开创了无烟枪弹历史的先河，引起了欧洲其他国家的重视并纷纷效仿。从此，以黑色火药作为发射药的枪弹逐渐退出历史舞台。

据说，德国的无烟发射药技术与勒伯尔M1886步枪子弹发射药有着千丝万缕的联系。1887年，一名法国士兵携带一支勒伯尔M1886步枪叛逃至德国，德国也物尽其用，借此研制出了无烟发射药。

1893年，在对勒伯尔M1886步枪进行了小幅度的改进后，勒伯尔M1886 M93步枪应运而生，主要装备法国军队。勒伯尔M1886 M93步枪一直生产到20世纪20年代初，共生产二百余万支，直至被MAS36步枪所替换。

勒伯尔 M1886 M93 步枪

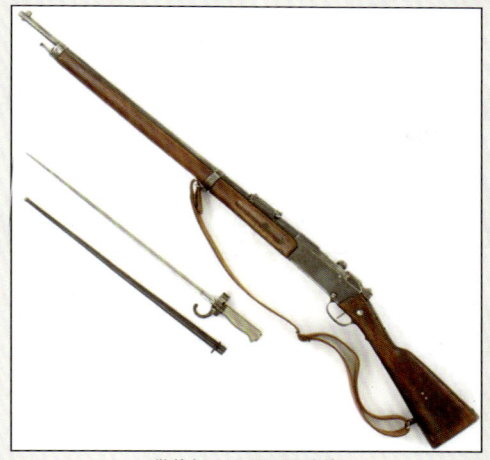

勒伯尔 M1886 M93 步枪

火药的由来与无烟发射药的发展

发射药通常是指装在枪炮弹壳内用于发射弹头的火药，由火焰或火花引燃后，因为爆燃而迅速产生高热气体，以其压力使弹头高速发射出去，正常条件下不会爆炸。

火药最开始是中国古代方士在炼丹时不经意发现的，因这种火药含碳量高，外表呈黑色，因此得名黑色火药，由硝酸钾、硫黄和木炭三者粉末按比例混合而成。

1845年的一天，德国化学家舍恩拜做实验时不小心将盛满硫酸和硝酸的混合液瓶碰倒，溶液流在桌上，一时未找到抹布，他就顺手拿来一条棉布围裙擦桌子。围裙被溶液浸湿，舍恩拜怕妻子看见后责怪，就拿着围裙去厨房烘干，让他大吃一惊的是，在靠近火炉时，只听"噗"的一声，围裙被烧得干干净净，没有一点儿烟，也没有一点儿灰。事后，舍恩拜仔细回忆事情经过，意识到自己已经合成了可以用来做火药的新型化合物。为此，他反复实验，确定结果无误，并将其命名为"火棉"，之后被人称为"硝化纤维"。

舍恩拜发明的硝化纤维制成的火药其实并不稳定，因此多次发生火药库爆炸事故。1884年，法国化学家P.维埃利将硝化纤维溶解在乙醇和乙醚里，并加入适量稳定剂，成为胶状物，通过压成片状、切条、干燥硬化，制成了世界上第一种无烟火药。

无烟火药的发明推动了无烟发射药的快速发展，勒伯尔M1886步枪所使用的8毫米×50毫米步枪弹就是第一种使用无烟发射药的步枪弹。此后，步枪弹发射药就迅速从黑色火药替换为无烟火药。

法国

主要参数

- 枪口口径：7.5毫米
- 初速：854米/秒
- 全枪长度：1021毫米
- 枪管长度：575毫米
- 空枪质量：3.7千克
- 供弹方式：弹仓
- 弹仓容量：5发
- 步枪类型：手动步枪
- 有效射程：400米

MAS36 步枪

MAS36步枪由MAS公司设计生产，1936年被法国军队采用作为军用制式步枪，替代法军装备已久的贝尔蒂埃步枪和勒伯尔M1886步枪。

MAS36步枪采用旋转后拉式枪机，需要射手手动操作。这款枪的枪机设计较为罕见，闭锁凸榫并非在枪机之前，而是被置于枪机后方，这也是当时法国步枪的独特设计。

MAS36步枪的枪身长度与同时期步枪相比较短，非常适合在战壕中使用。这款枪发射7.5毫米×54毫米无底缘步枪弹，采用毛瑟式5发双排弹仓进行供弹，弹仓托弹板和弹簧等零部件可轻松拆卸，使维护更加方便。此外，这款枪的拉机柄向下弯曲，非常方便射手操控。

MAS36步枪未设置手动保险机构，在携行时通常将枪弹分离，只有在准备战斗或战斗间隙时士兵才会将弹仓内压满子弹，但是出于安全性的考虑，并不会将步枪上膛，仅在需要击发时才会上膛。

MAS36步枪的瞄具由准星和觇孔式照门组成，其觇孔式照门设计借鉴了美国的M1917步枪。

每支MAS36步枪都配有一把长达43厘米的针状刺刀，位于枪管下方的金属管中。使用时，按压弹簧柱释放刺刀，士兵可以从金属管中拔出刺刀并反转，再将刺刀尾部插进收纳刺刀的金属管中，以完成上刺刀的动作。

MAS36步枪的使用

MAS36步枪的设计目的本来是为了替换法国军队装备的贝尔蒂埃步枪以及勒伯尔M1886步枪，但由于法国政府在资金等方面出现了问题，使这款枪的生产也受到了限制,所以,只有少量MAS36步枪与其他早期型步枪同时在法国及其殖民地军队中服役。

二战期间,MAS36步枪只装备法军一线步兵,其他兵种与预备役只能使用老式的贝尔蒂埃步枪和勒伯尔M1886步枪。在法国全境陷落后,德国获得了大批MAS36步枪,并将其重新命名为"Gewehr 242(f)",用于装备德军在法国的占领区守备队,后来也用其装备冲锋队。

二战结束后,MAS36步枪又被法军广泛用于各类战斗中。比如阿尔及利亚战争以及第二次中东战争,都能看到这款枪的身影。第二次中东战争中,法国空降部队的狙击手使用了加装瞄准镜的MAS36步枪来反制敌方狙击手。直到1949年法国采用MAS49半自动步枪后,MAS36步枪才正式退居二线。目前,法国军队中的MAS36步枪并没有完全消失,每当举行重大庆典时,这款枪还会被当作礼仪步枪使用。

英国

李-梅特福步枪

主要参数

■枪口口径:7.7毫米	弹匣容量:8发、10发
■全枪长度:1260毫米	
■枪管长度:762毫米	■步枪类型:手动步枪
■空枪质量:4.37千克	■有效射程:730米
■供弹方式:盒式弹匣	

李-梅特福步枪由枪械设计师詹姆斯·李设计,因采用威廉·梅特福设计的7.7毫米全被甲弹和相应的膛线,所以被称为"李-梅特福步枪"。这款枪于1888年12月被英国采用作为军用制式步枪,在问世后的几十年里,英军的多种步枪都采用与李-梅特福步枪相同的枪机系统和供弹方式,所以这一系列步枪通常被统称为"李氏步枪"。

李-梅特福步枪采用旋转后拉式枪机,手动操作,使用盒式弹匣进行供弹。这款枪的弹匣在不使用时可拆卸,这样的设计并非让射手通过弹匣来装填弹药,只是为了方便维护,或在损坏时容易更换。在换弹时,射手可以通过机匣顶部的抛壳口将子弹装

李-梅特福步枪弹匣特写

齐射瞄具刻度盘

入弹匣，与同时代固定弹仓步枪没有任何不同。此外，每支李-梅特福步枪还配有一个备用弹匣，用于在战场上损坏时及时更换。

李-梅特福步枪的膛线是一种稍带圆角的浅阴线，在黑色火药时代曾广泛应用于英制步枪。由于早期步枪子弹使用的黑色火药燃烧残渣较多，使用浅圆阴线可以减少火药残留物在枪膛内积聚，因此，类似的膛线设计流行于黑色火药时代。

李-梅特福步枪的机械瞄具由缺口式照门、准星，以及齐射瞄具组成，齐射瞄具位于枪身左侧，具体作用是为步兵在列队齐射时提供参照物，使士兵在射击时保持向同一个方向开火。此后英军装备的其他型号"李氏步枪"也设有齐射瞄具，但由于作用较为"鸡肋"，因此发展到李-恩菲尔德步枪上就消失了。

李-梅特福步枪共有两个型号，分别为MK I型和MK II型。MK I型采用8发单排弹匣供弹，弹匣较长；MK II型采用10发双排弹匣进行供弹。

步枪的演变与英军第一支设有供弹机构的步枪

关于步枪的起源，最早的记载是中国南宋时期的竹管突火枪——这是世界上最早出现的管形火器。随后又发明出了金属管形火器——火铳，并在明朝时期广泛使用。欧洲最原始的步枪出现于15世纪初，即火绳枪，在经过燧发枪、前装枪、后装枪、线膛枪等几个阶段的发展后，又研发出手

竖起的照门柱

14

在李-梅特福步枪装备英国军队之前，英军所装备的步枪都没有供弹机构，需要在射击一发子弹后再装填一发，才能继续射击。而李-梅特福步枪不仅拥有供弹机构，MK II型的弹匣还可容纳10发子弹，而当时其他步枪的供弹机构多数为容纳5发子弹的弹仓。再加上"李氏步枪"的开闭锁行程较短，因此，从英军装备李-梅特福步枪开始，手动步枪射速冠军就一直被英国包揽。

动步枪、半自动步枪，以及当今步枪的主流——自动步枪。

英国

李-恩菲尔德步枪

主要参数

- 枪口口径：7.7毫米
- 初速：738米/秒
- 全枪长度：1130毫米
- 枪管长度：767毫米
- 空枪质量：3.99千克
- 供弹方式：盒式弹匣
- 弹匣容量：10发
- 步枪类型：手动步枪
- 有效射程：730米

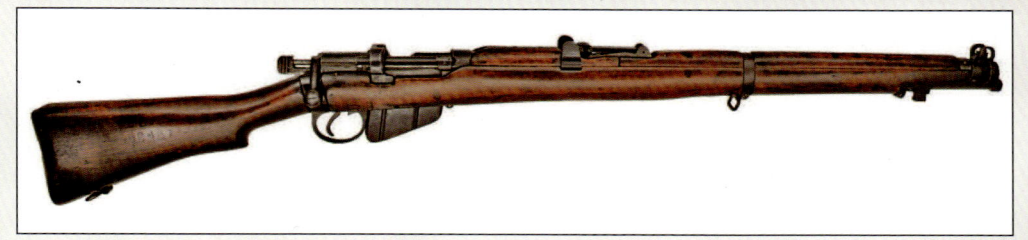

李-恩菲尔德步枪是英军1895年至1956年所装备的制式手动步枪，并有大量衍生型号，是包括印度、澳大利亚、新西兰和加拿大等诸多英联邦国家的制式装备。其各个型号共生产了约1700万支，是世界上产量最多的手动步枪，为英国在两次世界大战的胜利做出了巨大的贡献。

当无烟发射药开始流行后，英军所装备的李-梅特福步枪因浅膛线易被烧蚀而不再适用，为此，恩菲尔德兵工厂的工程师们重新设计了一种

李-恩菲尔德步枪的枪机右视图

15

比较深的膛线。1895年11月，人们将这种采用新膛线的枪命名为"李-恩菲尔德步枪"。

因主要是对枪管的膛线进行了改进，所以李-恩菲尔德步枪的外形看起来与李-梅特福步枪一模一样，为了便于区分，采用恩菲尔德膛线的枪管外都打上了字母"E"作为标记。

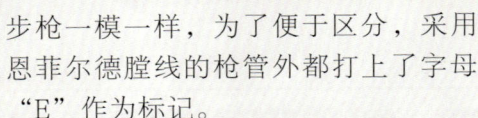

李-恩菲尔德步枪的旋转后拉式枪机由詹姆斯·李设计，这个回转式枪机的后部有两个机匣壁内闭锁面配合的闭锁凸榫，机头和抽壳钩与机体完全独立，不随机体回转。因为采用后端闭锁的方式，所以装填速度非常快，再加上比同代手动步枪多出一倍的弹匣容量，使这款枪成为当时世界上射速最快的步枪。

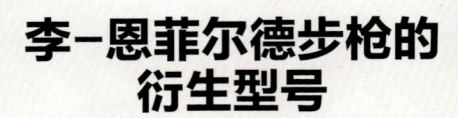

李-恩菲尔德步枪的衍生型号

李-恩菲尔德No.1型步枪

1903年，英国人吸取第二次布尔战争的教训，对李-恩菲尔德步枪进行了改进，比起机械方面，更多的是观念上的革新，世界首创"短步枪"的概念，它的长度介于长步枪与卡宾枪之间，兼顾了步兵与骑兵的操作体验，这便是著名的李-恩菲尔德No.1型步枪。

李-恩菲尔德No.3型步枪

为了应对第一次世界大战，英国于1914年设计了便于大量生产的P-14步枪，然而多数英国枪厂却忙于应付原来的李-恩菲尔德No.1型步枪订单。最终，陆军部决定在美国寻找制造商，并与温彻斯特和雷明顿等公司签订了P-14步枪的生产合同以解燃眉之急。1915年，英军逐步装备P-14步枪。

李-恩菲尔德No.3型步枪（P-14步枪）

第一次世界大战结束后，英军撤装P-14步枪，并在1926年将其重新命名为"李-恩菲尔德No.3型步枪"。第二次世界大战爆发后，李-恩菲尔德No.3型再次被英军装备。

从结构上来讲，No.3型步枪并非李-恩菲尔德步枪系列之一，它其实采用了类似德国毛瑟步枪的枪机，而且这个型号步枪也不是在英国生产的，但即便如此，因No.3型步枪由恩菲尔德兵工厂的工程师所设计，所以还是被当作恩菲尔德系列步枪之一。

李-恩菲尔德No.4型步枪

李-恩菲尔德No.4型步枪

1926年，李-恩菲尔德No.1型枪的改进型No.1 MK.Ⅵ试验步枪问世，并最终被定型命名为"李-恩菲尔德No.4型步枪"。No.4型步枪是在No.1型步枪的基础上简化了一些主要的零部件改进而成的。

1939年，英军将李-恩菲尔德No.4型步枪选定为制式步枪，并于1941年投产，第二次世界大战后期被英军广泛装备使用。由于No.4型步枪投产太晚，虽然产量逐年增加，但直到1942年年底，李-恩菲尔德No.1型步枪仍然是英军一线部队的主要装备，只有极少数的部队才能装备最新型的No.4型步枪。直到1944年6月诺曼底登陆后，欧洲战场上的英国、法国、比利时以及荷兰的军队才开始广泛使用No.4型步枪。

李-恩菲尔德No.4型步枪的基本型号MK.Ⅰ主要用于第二次世界大战，而改进型MK.Ⅱ则在第二次世界大战后的局部战争中被大量使用。

李-恩菲尔德No.4型步枪多角度特写

奥匈帝国

斯太尔-曼立夏 M1895 步枪

主要参数
- 枪口口径：8毫米
- 全枪长度：1272毫米
- 枪管长度：765毫米
- 空枪质量：3.8千克
- 供弹方式：弹仓
- 弹仓容量：5发
- 步枪类型：手动步枪

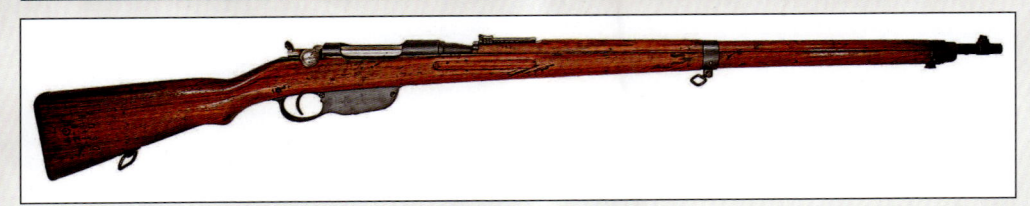

斯太尔-曼立夏M1895步枪之所以得此命名，自然与曼立夏公司有很大的渊源。19世纪末，军用步枪发展进入一个黄金时代，后膛装弹、金属定装弹，以及无烟火药技术相继出现。此时，曼立夏公司也推出了M1888步枪，但经使用发现M1888步枪的闭锁机构存在着很大的缺陷，因此并不实用。而斯太尔公司主动提出与曼立夏公司合作，希望两家公司能够解决步枪的闭锁和退壳问题。最终合作方案为以斯太尔公司的步枪为基础，添加曼立夏M1888步枪上的一些成熟设计，如直拉式枪机、发射机构以及供弹机构等。新型步枪于1890年研制成功，并于1895年被奥匈帝国军方采用作为制式步枪，因此被命名为"斯太尔-曼立夏M1895步枪"。

斯太尔-曼立夏M1895步枪采用直拉式枪机，带有前卡榫的旋转式机头有利于在枪机闭锁后保持弹膛的密封性，因此，即使M1895步枪与当时许多步枪一样有着较长的枪身，却很少会出现故障。这款枪的质量在同时代的步枪中也算是较轻的，再加上直拉式枪机可快速拉动，使得斯太尔-曼立夏M1895步枪的总体性能在当时属于一流水平。

此外，与当时流行的旋转后拉式枪机相比，斯太尔-曼立夏M1895步枪的直拉式枪机虽然拉动较快，但也存在结构过于复杂等缺陷。

斯太尔-曼立夏M1895步枪发射8毫米×50毫米步枪弹，采用固定弹仓进行供弹，弹仓容量5发。装弹时，先将枪机后拉至机匣尾部，再将装满5发子弹的漏夹从机匣上方插入弹仓，子弹打完后，空的漏夹自动从弹仓下方的开口处掉出。

从一战到二战
——斯太尔-曼立夏M1895步枪

斯太尔-曼立夏M1895步枪是第一次世界大战中奥匈帝国的主要武器。战后奥匈帝国解体并分裂成多个国家，匈牙利军方将这款枪作为制式步枪继续使用，而奥地利军方更是一直使用斯太

斯太尔-曼立夏M1895步枪的直拉式枪机特写

尔-曼立夏M1895步枪直至二战结束，装备时间长达半个世纪。

除此之外，斯太尔-曼立夏M1895步枪也被荷兰、波兰、意大利以及保加利亚等许多国家的军队装备。

美国

温彻斯特系列杠杆步枪

主要参数
（温彻斯特M1873步枪）
- 枪口口径：11.18 毫米
- 供弹方式：管形弹仓
- 全枪长度：1252 毫米
- 弹仓容量：15 发
- 枪管长度：762 毫米
- 步枪类型：杠杆式步枪

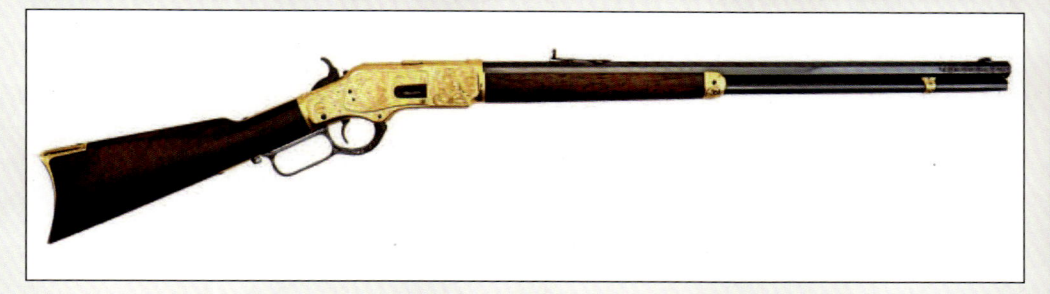

若论19世纪美国步枪的代表，想必很多人的脑海中都会浮现出一个画面：苍茫广阔的美国西部，牛仔们骑着骏马纵横驰骋，他们腰间挂着转轮手枪，马背的枪套里通常插着一支步枪。这支步枪有着修长的枪管，木质枪托的曲线与机匣完美贴合，仿佛天生就是一体。这支步枪也有着与众不同的气质，椭圆形的扳机护圈后方还有一个金属护圈，它便是这支步枪的"灵魂"——下拉式扳机护圈杠杆。这支步枪便是赫赫有名的杠杆式步枪。

在杠杆式步枪诞生以前，步枪的射击与装弹通常非常烦琐。无论是前装步枪还是后装步枪，都只能装一发子弹打一发子弹。由于火力持续性较差，再加上这两种步枪的射程与精度也不怎么理想，为了达到有效命中率，当时的西方各国不得不采取线列步兵战术进行作战。

金属定装弹的普及，在一定程度上提高了装填效率，但仍旧无法改善前装步枪、后装步枪作战效率过低的问题。

有没有这样一种"绝世好枪"，它一次能够安装数发枪弹，又可以通过简易的机构来实现抛壳与推弹入膛过程，开了一枪之后很快就可以开第二枪？为此，最早的杠杆式步枪应运而生。

1848年，瓦尔特·亨特设计出第一种杠杆式步枪，这种步枪安装有管形弹仓，使用下拉式杠杆便可完成抛壳与推弹入膛的过程，大大提升了射击的效率。然而，早期的杠杆式步枪总是有着这样或那样的缺陷，因此，这种步枪在当时未能得到广泛使用。

技术随着时间的更迭不断发展，到了1860年，本杰明·亨利对早期的杠杆式步枪进行改进，终于设计出了具有实战价值的连发步枪——亨利M1860步枪。

亨利M1860步枪

亨利M1860步枪是一款经典的杠杆式步枪，使用管形弹仓进行供弹，弹仓容量15发。射击后，射手只要向下拉动扳机护圈杠杆，杠杆就会联动枪机向后运动，抛出弹壳并压倒击锤，并使拨弹杆上抬将枪弹送至进弹位；然后上抬扳机护圈杠杆至与枪托贴合，即可使枪机向前运动并推弹入膛，同时使弹仓中的下一发枪弹在弹簧力的作用下被推至拨弹杆位置。如此，一次完整的击发、抛壳、供弹过程就此完成。

亨利M1860步枪机匣特写

与亨利M1860步枪同期问世的还有斯宾塞步枪，这也是一款杠杆式步枪。斯宾塞步枪使用弹管进行供弹，弹管容量7发。这种弹管不是固定的，是从枪托后端进行安装，当打空一根弹管后，只需将其抽出并再装填一根

机匣与扳机护圈杠杆特写

满弹弹管便可。

值得注意的是，斯宾塞步枪的扳机护圈杠杆与击锤并不联动，因此在射击后，需下拉、上抬扳机护圈杠杆完成抛壳与推弹入膛过程，然后手动扳下击锤，才能够进行击发。

斯宾塞步枪

斯宾塞步枪首次大规模使用于美国南北战争时期，1863年6月，使用斯宾塞步枪的北军印第安纳州"闪电"龙骑兵旅攻击了南军的侧翼，由于该枪具有强大的火力持续性，使南军误判，遭遇北军主力部队包抄，因此只得仓皇撤退。

用于收藏的亨利M1860步枪，该枪机匣进行了艺术处理

温彻斯特公司与杠杆式步枪

温彻斯特M1866步枪

温彻斯特M1866步枪

温彻斯特公司位于美国康涅狄格州的纽黑文市，其前身是一个名为"纽黑文武器公司"的小厂，由奥利弗·温彻斯特于1856年创建。设计师本杰明·亨利在设计亨利M1860步枪时就在纽黑文武器公司任职。后来本杰明·亨利离开这家公司，公司则对他所设计的步枪继续进行改进，推出了M1866步枪。由于这家公司于1867年更名为"温彻斯特武器公司"，因此新的杠杆式步枪被命名为"温彻斯特M1866步枪"。

温彻斯特M1866步枪左视图

亨利M1860步枪虽说算得上是一款解决了步枪火力持续性问题的"绝世好枪"，但该枪也存在着一些缺陷。比如，装弹困难。亨利M1860步枪的管形弹仓采用可拆卸式设计，当弹仓打空后，射手需拆下弹仓一发一发进行装填。而且，只有在弹仓内的枪弹完全打空后，才能重新进行装填。

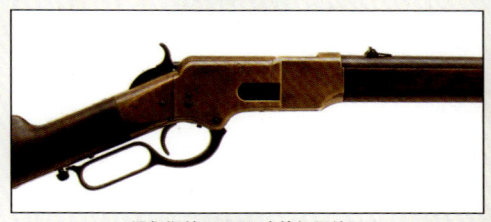

温彻斯特M1866步枪机匣特写

温彻斯特M1866步枪是在亨利M1860步枪的基础上改进而成，其口径为11.18毫米，使用管形弹仓进行供弹，弹仓容量15发。

为了解决亨利M1860步枪装弹的问题，温彻斯特M1866步枪的机匣右侧设有一个装弹孔，射手可通过装弹孔向

21

弹仓中补充枪弹，只要弹仓内的枪弹没有压满，就可随时随地都装填。

产了约75万支。时至今日，温彻斯特M1873步枪已经成为枪械收藏爱好者所青睐的对象，足以见得人们对该枪的喜爱程度。

温彻斯特M1866步枪装弹孔与抛壳窗特写

温彻斯特M1873步枪

温彻斯特M1873步枪

温彻斯特M1866步枪的设计让杠杆式步枪的实用性更上一层楼，为此，温彻斯特公司趁热打铁，于1873年推出了温彻斯特M1873步枪。

温彻斯特M1873步枪口径11.18毫米，使用管形弹仓进行供弹，弹仓容量15发。该枪沿用了M1866步枪机匣右侧装弹孔的设计，并将一些零部件改为钢质，提升了零件强度，并降低了生产成本，使用方便，操作可靠。

温彻斯特M1873步枪问世后，由于其有着初速高、射速快以及容弹量大等优点，很快便受到了美国西部拓荒者的喜爱，因此，该枪有着"征服西部之枪"的称号。现在无论是关于美国西部时期的影片还是游戏作品，往往都能够看到温彻斯特M1873步枪的身影。

作为一代经典步枪，从1873年到1919年，温彻斯特M1873步枪共计生

温彻斯特M1873步枪机匣多角度特写

温彻斯特M1894步枪

温彻斯特M1894步枪

杠杆式步枪虽然优点多，但并不是说这种步枪就没有缺陷。

19世纪末，随着人们对空气动力学的研究，枪弹设计者们逐渐发现了一个问题，那就是之所以圆头枪弹精度不够高、初速不够快、射程不够远，与弹头的形状也有直接关系。为此，设计者们研制出了飞行速度更快（初速）、飞行距离更远（射程）、弹道性能更加稳定（精度）的尖头弹。

随着尖头步枪弹的普及与应用，杠杆式步枪的供弹方式产生了极大的

温彻斯特M1894步枪机匣特写

温彻斯特M1895步枪多角度特写

问题。如果将尖头步枪弹压入管形弹仓中，就会使后一发步枪弹尖尖的弹头抵住前一发的底火，稍不注意便会引发走火事故。为此，在19世纪末，杠杆式步枪已逐渐失去了军用市场。

温彻斯特公司针对民用市场，于1894年推出了温彻斯特M1894步枪。

温彻斯特M1894步枪由美国枪械设计师约翰·摩根·勃朗宁设计，这是美国历史上第一支专门为民用狩猎研制的使用无烟步枪弹的步枪，口径为7.62毫米，全枪长度960毫米，使用管形弹仓进行供弹，弹仓容量为7发。

温彻斯特M1894步枪在美国有着"美国精神的形象标志"的美誉，时至今日，该枪共计生产750余万支，横跨两个世纪，可谓经久不衰。

温彻斯特M1895步枪

尖头步枪弹与盒式弹仓的普及让杠杆式步枪的销量不断下滑，但温彻斯特公司顺应趋势及时改进杠杆式步枪的供弹方式，推出了M1895步枪。

温彻斯特M1895步枪虽然是一支杠杆式步枪，但供弹方式已从早期型号步枪的管形弹仓改为了盒式弹仓，

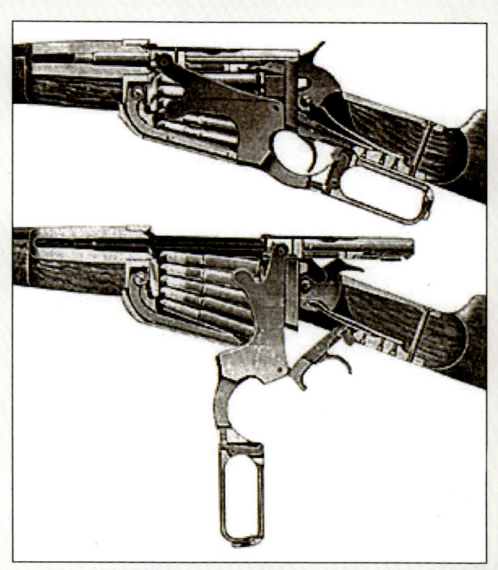

温彻斯特M1895步枪弹仓内部结构图

手动步枪

23

发射7.62毫米×63毫米步枪弹，弹仓容量为5发。

温彻斯特M1895步枪远销多个国家，比如加拿大、英国、俄国、芬兰等，包括美国地方警察和多个联邦执法部门也多有采购，在拉栓式步枪逐渐普及的大环境中占有一席之地。

在此之后，由于步枪逐渐向着半自动甚至全自动的方向发展，杠杆式步枪也因此渐渐退出历史舞台。但尽管如此，杠杆式步枪仍受到很多枪械爱好者的喜爱，足以见得这种步枪深远的影响力。

美国

M1895 李氏海军步枪

主要参数

- 枪口口径：6毫米
- 初速：782米/秒
- 全枪长度：1212毫米
- 枪管长度：711毫米
- 空枪质量：3.8千克
- 供弹方式：弹仓
- 弹仓容量：5发
- 步枪类型：手动步枪

M1895李氏海军步枪是由著名枪械设计师詹姆斯·帕里斯·李根据美国海军的要求于1895年设计完成，同年被美国海军和海军陆战队采用，并由温彻斯特公司负责生产的一款手动步枪。

M1895李氏海军步枪采用直拉式枪机结构设计，是美军采用的第一款直拉式枪机的步枪。这款枪与同时代的斯太尔-曼立夏M1895步枪的直拉式枪机结构并不相同，斯太尔-曼立夏M1895步枪在枪机框带动机头前后运动的过程中，会驱动机头回转来完成开闭锁，与现代步枪的枪机结构类似。而M1895李氏海军步枪的直拉式枪机结构为一体式设计，在前后运动

的过程中靠中间件完成开闭锁，无须旋转即可完成开闭锁动作。

M1895李氏海军步枪的保险机构由击针保险和枪机保险组成，这两种保险操作钮都位于机匣尾端左侧，上方为击针保险钮，下方为枪机保险钮。在膛内有弹的情况下，只有在两种保险都处于解除状态时，扣压扳机才能击发。

M1895李氏海军步枪坚固耐用，枪托由胡桃木制成，枪托后端有一个钢板制成的枪托底板，而枪托底板的中心是一个附件盒，用于收纳油壶或清洁工具等附件。此外，该枪的金属零部件都经过发蓝处理，提升了金属零部件的表面硬度及抗腐蚀能力。

M1895李氏海军步枪发射6毫米半突缘无烟步枪弹，采用固定弹仓进行供弹，弹仓容量5发。装填时，向后拉开枪机，将装有5发子弹的弹夹压入弹仓中，再将枪机前推，此时枪机会将弹仓内最上方的子弹推入弹膛，扣压扳机即可击发，当发射两发子弹后，弹夹会从弹仓底部的狭槽中自动掉出；当然，装弹时也可以不使用弹夹，而是将子弹逐发压入弹仓，但这样装弹可能会造成供弹故障，使武器的可靠性降低。

M1895李氏海军步枪的机械瞄具由片状准星和带有梯形表尺的V形缺口式照门组成，最大表尺射程为1800米。

M1895李氏海军步枪主要缺陷

M1895李氏海军步枪仅在美军中服役约十年便匆匆退役，虽然该枪有许多优点，但缺陷也非常明显，例如专用弹药使后勤供应困难，再加上当时的无烟火药有一定腐蚀性，因此枪膛非常容易受到腐蚀。此外，士兵在使用中也发现M1895李氏海军步枪的扳机簧和弹仓托弹板铆接处非常容易损坏。

考虑到M1895李氏海军步枪的缺陷，美国海军在装备几年后便改用克拉格-约根森步枪，不久后又被M1903春田步枪替代。由于当时美军存在老款步枪库存量较大，新款步枪装备不足的问题，因此，第一次世界大战期间，有些美军士兵还在使用M1895李氏海军步枪。

美国

M1903 春田步枪

主要参数

- 枪口口径：7.62 毫米
- 初速：853 米/秒
- 全枪长度：1098 毫米
- 枪管长度：610 毫米
- 空枪质量：3.95 千克
- 供弹方式：弹仓
- 弹仓容量：5 发
- 步枪类型：手动步枪
- 有效射程：550 米

M1903春田步枪由美国春田兵工厂研制生产，春田兵工厂（Springfield Armory）又译为"斯普林菲尔德兵工厂"，因此，该枪也被称为"斯普林菲尔德M1903步枪"。

M1903 春田步枪的枪机

经过德国毛瑟兵工厂的授权，M1903春田步枪的枪机仿造毛瑟M1898步枪的旋转后拉式枪机，在使用中，需要通过手动操作完成退壳和上膛。此外，该枪的弹仓、弹仓托弹板、抽壳钩，以及待机机构也仿自毛瑟M1898步枪，抽壳钩的钩爪几乎抓住了弹壳底缘的四分之一，抽壳可靠，不易出现故障。

M1903春田步枪的枪管长610毫米，采用4条左旋膛线，有效射程550米。在扣动扳机后，该枪的击针到底火的行程大约14毫米，击发时间约6.5毫秒，与当时其他国家军队列装的手动步枪基本一样。

M1903春田步枪发射.30-06步枪弹，即7.62毫米×63毫米步枪弹，使用弹夹装弹，也可以拉开枪机，将子弹逐发按压进弹仓。

M1903春田步枪瞄准基线长550毫米，机械瞄具由片状准星和带有折叠框形表尺的缺口式照门组成，表尺最大距离2560米，射手可进行高低与风偏的修正，使射击精度有效提高。

除此之外，M1903春田步枪还有多种改进型号，主要有M1903MKI型、M1903A1型、M1903A2型，以及加装了瞄准镜的M1903A4狙击型步枪。

服役时间最长的轻武器之一
——M1903春田步枪

其中，M1903MKI型步枪是第一次世界大战时，美军为适应堑壕战，对约六万支M1903春田步枪进行改造而成的，在侧面开槽，使用了新型佩德森转换装置。

M1903A1型步枪将M1903春田枪的枪托改装为C型枪托，进一步提升了握持的舒适度；M1903A2型步枪定型于20世纪30年代，主要装备美军的炮兵部队。

M1903A4狙击型步枪于1942年装备美军，装有改良型枪托，并配有M73或M73 B1 2.2倍瞄准镜，在二战中作为美军的狙击步枪被广泛使用。

美西战争是1898年美国为争夺西班牙属古巴、菲律宾以及波多黎各殖民地而发动的战争，虽然美国最后靠雄厚的经济和军事实力赢得了这场战争，但美军装备的M1898克拉格步枪在战斗中完全不敌西班牙军队装备的毛瑟步枪，这刺激了美军步枪的更新速度。在这之后，美国春田兵工厂以毛瑟M1898步枪为基础设计出了M1903步枪，并于1903年6月作为制式步枪装备美军。

M1903春田步枪伴随美军经历了一战和二战，此外，二战期间根据美国《租借法案》，一些同盟国也接收过部分M1903春田步枪。

M1903春田步枪于1957年结束在美军的服役，是服役时间最长的轻武器之一。

俄国

莫辛-纳甘 M1891 步枪

主要参数

- 枪口口径：7.62 毫米
- 初速：615 米/秒
- 全枪长度：1306 毫米
- 枪管长度：800 毫米
- 空枪质量：4.22 千克
- 供弹方式：弹仓
- 弹仓容量：5 发
- 步枪类型：手动步枪
- 有效射程：500 米

莫辛-纳甘M1891步枪由俄国军队上尉莫辛和比利时纳甘兄弟设计，1891年正式装备俄军，是俄军装备的第一款使用无烟步枪弹的步枪。

莫辛-纳甘M1891步枪采用旋转后拉式枪机，整个枪机零部件数量较少，使用简单，性能可靠。拉机柄为水平式且长度较短，因此操作时需要较大的力量。莫辛-纳甘M1891步枪使用单排弹仓供弹，弹仓位于扳机护圈前方，为方便维护，弹仓专门设有铰链式底盖，可打开底盖清空弹仓或维护保养。装弹时可以使用5发快速装填桥夹供弹，也可以在拉开枪机时通过抛壳口将子弹逐颗压入弹仓。

莫辛-纳甘M1891步枪发射7.62毫米×54毫米步枪弹，该型号步枪弹采用凸底缘锥形弹壳。虽然凸底缘弹壳设计在19世纪90年代已经有些过时了，但因凸底缘弹壳对弹膛尺寸的要求相对宽松，允许有较大的生产公差，既节约生产时间又节省资金，所以非常适合当时俄国较低的基础工业水平。在德国采用尖头步枪弹后，俄国也成功研制出7.62毫米×54毫米步枪弹，同时也被称为"7.62毫米×54毫米全威力步枪弹"，该型号步枪弹一直被沿用至今，通常用在狙击步枪和通用机枪上。（AK-47突击步枪并未使用该弹种，使用的是7.62毫米×39毫米M43中间威力步枪弹。）

莫辛-纳甘 M1891 步枪的枪机

莫辛-纳甘M1891步枪的手动保险装置是位于枪机尾部的一个凸出的"小帽"，向后拉动即可锁定击针，使整枪处于保险状态，向前推动即可解除保险，方便射手在膛内有弹情况下携行。

莫辛-纳甘M1891步枪的刺刀为

四棱刺刀，刺刀使用管状插座，套在枪口上右旋90°即可固定。

早期生产的莫辛－纳甘M1891步枪扳机护圈后部具有一块凸起金属挡板，后期被取消

莫辛-纳甘M1891步枪最初有三种型号，即步兵型、龙骑兵型，以及哥萨克型。

莫辛－纳甘M1891步枪的刺刀

步兵型即标准型，枪管长800毫米，全枪长1306毫米，上刺刀后全枪长1738毫米。

龙骑兵型即卡宾型，枪管长730毫米，全枪长1232毫米，配有刺刀，供平时骑马机动，1893年投入使用，1932年停产。

哥萨克型与龙骑兵型基本相似，1894年投入使用，1922年停产。

莫辛-纳甘M1891/30步枪

莫辛－纳甘M1891/30步枪

1930年，苏联对莫辛－纳甘步枪进行改进，用来替换老旧的M1891型步枪，改进型被命名为"莫辛－纳甘M1891/30步枪"。该型号步枪与龙骑兵型长度相同，枪口初速提高至每秒860米。最初的M1891/30步枪的机匣造型仍采用M1891步枪的六角形剖面，1938年后生产的M1891/30步枪的机匣改为圆形剖面，并对刺刀、准

星等部件加以改进。M1891/30步枪是苏联1930年至1945年步兵的主要制式步枪，也是莫辛－纳甘步枪产量最多的一个型号。

莫辛－纳甘M1891/30狙击步枪

莫辛－纳甘 M1891/30 狙击步枪的光学瞄具俯视图

莫辛－纳甘 M1891/30 狙击步枪的光学瞄具左视图

莫辛－纳甘M1891/30狙击步枪以M1891/30步枪为基础，加长了拉机柄长度并改为下弯式，以便在机匣左侧安装瞄准镜。使用PE型4倍瞄准镜的M1901/30狙击步枪质量为4.6千克，使用PU型3.5倍瞄准镜的莫辛－纳甘M1901/30狙击步枪质量为4.27千克。

莫辛-纳甘M1938卡宾枪

该型号于1938年投产，1944年停产。枪口初速为每秒820米，枪管长510毫米，全枪长1016毫米，空枪质量3.45千克，没有刺刀。

莫辛-纳甘M1944卡宾枪

该型号于1944年开始大规模生产，1948年停产，枪口初速为每秒820米，枪管长517毫米，全枪长1016毫米，空枪质量3.9千克，枪身右侧增设折叠刺刀，刺刀展开时全枪长1327毫米。

捷克斯洛伐克

Vz.24 步枪

主要参数

- 枪口口径：7.92毫米
- 初速：755米/秒
- 全枪长度：1100毫米
- 枪管长度：600毫米
- 空枪质量：3.9千克
- 供弹方式：弹仓
- 弹仓容量：5发
- 步枪类型：手动步枪
- 有效射程：800米

Vz.24步枪由捷克斯洛伐克的斯柯达兵工厂（也称"塞斯卡-直波尔约夫卡兵工厂"）于1924年生产，同年成为捷克斯洛伐克陆军的制式步枪。

Vz.24步枪是德国毛瑟标准型步枪的同型枪，该枪的性能参数与后来的毛瑟98k卡宾枪基本相同，包括长度、质量、有效射程等，只在外观上略有不同。

Vz.24步枪机俯视图

Vz.24步枪除了装备捷克斯洛伐克陆军以外，还向世界其他国家销售，经历过西班牙内战等战争，是一款精准、可靠的步枪。

Vz.24步枪的枪口特写

Vz.24步枪使用的钢材来自捷克斯洛伐克的斯柯达（Skoda）炼钢厂，该厂所产的钢在当时被称为世界第一。同时，Vz.24步枪也被很多人认为是毛瑟系列步枪中质量最好的一款，制作公差小，加工精细度和细节完成度甚至要强于德国毛瑟原厂所生产的毛瑟标准型步枪。

Vz.24步枪更名毛瑟1924步枪的始末

1924年，德国毛瑟兵工厂推出一款采用毛瑟1898式枪机和水平拉机柄，但枪管长度只有600毫米的标

准型步枪。毛瑟标准型步枪是指使用600毫米短枪管的步枪替代过去使用740毫米长枪管步枪作为毛瑟步枪的标准型，但当时德国的武器生产被《凡尔赛和约》限制，所以德国绕过和约的约束，将生产合同交给捷克斯洛伐克、比利时，以及奥地利生产。

1939年，德国在吞并捷克斯洛伐克后并获得了大量Vz.24步枪，并将该枪和毛瑟标准型步枪重命名为"毛瑟

Vz.24步枪的表尺分划

1924型步枪"。也就是说，毛瑟1924型步枪的定型比毛瑟98k卡宾枪晚了4年，在1939年以前，并没有"毛瑟1924型步枪"这一型号。

挪威

克拉格-约根森M1894步枪

主要参数
- 枪口口径：6.5毫米
- 全枪长度：1267毫米
- 枪管长度：760毫米
- 空枪质量：4.22千克
- 供弹方式：弹仓
- 弹仓容量：5发
- 步枪类型：手动步枪

19世纪末，挪威皇家炮兵上尉奥尼·克拉格和国家兵工厂的艾瑞克·约根森共同设计出一款栓动步枪，这款步枪于1894年被挪威军方采用并列装，因此命名为"克拉格-约根森M1894步枪"。

克拉格-约根森M1894步枪的枪机采用旋转后拉式设计，较为传统与常见。与其枪机的传统相比，供弹的弹仓设计却别具一格。说该枪的弹仓别具一格，是因为这款步枪的弹仓是

克拉格-约根森M1894步枪弹仓特写

33

一个倒着的"L"形，整个弹仓于枪机呈半包围状态，在机匣的右侧设有一个弹仓盖，射手在装填时需要打开弹仓盖进行装填，整体结构非常罕见。

克拉格-约根森M1894步枪发射6.5毫米×55毫米曼立夏步枪弹，其弹仓容量5发。虽说其弹仓结构罕见，但并不适用，因为该枪在进行装填时，不能使用桥夹，也不能使用漏夹，只能耐心地将枪弹一发一发装进弹仓，装填速度较慢。

打开的弹仓盖

克拉格-约根森M1894步枪的机械瞄具由片状准星与照门组成，可通过调整表尺来瞄准不同距离的目标，使用方便，操作可靠。

克拉格-约根森M1894步枪的使用

事实上，早在挪威军队装备克拉格-约根森M1894步枪以前，丹麦在1889年就采用这款步枪作为军用制式步枪。除此之外，美国在1892年也用这款步枪列装了军队，并将其命名为"克拉格-约根森M1892步枪"。

美军装备的克拉格-约根森M1892步枪发射7.62毫米步枪弹（型号.30-40），可以说这是美军装备的第一款使用无烟步枪弹的步枪。美西战争中，克拉格-约根森M1892步枪的火力持续性让美军大跌眼镜，虽最后依靠人数优势赢得战争，也让美军认识到了这款步枪的不足之处。因此在战后，美国仿造了毛瑟步枪的枪机，设计出M1903春田步枪。

美军换装M1903春田步枪后，克拉格-约根森M1892步枪退役。其中一些克拉格-约根森M1892步枪流入民间市场。

整体来看，除了装填速度较慢以外，克拉格-约根森系列步枪也没有什么其他明显缺陷。其线条流畅简约，弹仓盖的设计也颇具特色，因此也获得了一些枪械爱好者的喜爱。

除此之外，克拉格-约根森M1894步枪也出现在了一些著名的游戏作品中。比如《荒野大镖客：救赎2》中的拉栓式步枪的原型即克拉格-约根森M1894步枪，深受玩家们的喜爱。

意大利

卡尔卡诺 M91步枪

主要参数
- 枪口口径：6.5 毫米
- 全枪长度：1285 毫米
- 枪管长度：780 毫米
- 空枪质量：3.8 千克
- 供弹方式：弹仓
- 弹仓容量：6 发
- 步枪类型：手动步枪

  19世纪末，无烟发射药的诞生与普及让欧洲各国都开始了新一轮的步枪更迭。其中，意大利自然不想落后于人，因此于1888年开始了新型步枪的研制。经过一系列的筛选，意大利军方于1891年选定了本国枪械设计师萨尔瓦多·卡尔卡诺设计的步枪，因此，该枪被命名为"卡尔卡诺M91步枪"。

卡尔卡诺 M91 步枪配用的刺刀

  卡尔卡诺M91步枪采用旋转后拉式枪机设计，其枪机的设计借鉴了毛瑟步枪；再融合曼立夏盒式弹仓的设计，使得卡尔卡诺M91步枪就此应运而生。

  卡尔卡诺M91步枪的特色在于该枪所使用的渐增式膛线，所谓"渐增"，说的是该枪膛线的缠距有一个渐变，比如膛线的缠距在枪管尾端处是1:19，而在枪口处则为1:8，这样的设计好处在于能够降低枪弹发射时的膛压，从而延长枪管使用寿命。

  卡尔卡诺M91步枪发射6.5毫米×52毫米卡尔卡诺步枪弹，这是一种小口径步枪弹，有着后坐力小等优点。该枪使用固定弹仓进行供弹，其供弹具为漏夹，漏夹容量6发。安装时需将漏夹装填进弹仓，当最后一发枪弹被击发后，弹仓底板会自动打开，将空

使用漏夹供弹

卡尔卡诺 M91/38 步枪

步枪、M91/28步枪、M91/38步枪等，其中以M91/38步枪生产装备较多。

卡尔卡诺M91步枪在游戏中的使用

在游戏作品《荒野大镖客：救赎2》中，唯一的栓动结构狙击步枪便以卡尔卡诺M91/38步枪为原型设计而成。该枪在游戏中被称为"卡尔卡诺步枪"，可安装短、中、长三种不同长度的瞄准镜，从而提高瞄具倍率，是进行远距离射击或玩家对战（PVP）的不二之选。

漏夹抛出。如无损坏，射手可拾取漏夹，再次装填，反复使用。

卡尔卡诺M91步枪的机械瞄具由片状准星和缺口式照门组成。此外该枪设有手动保险，保险机构位于枪机后方，逆时针旋转为开启保险，顺时针旋转为解除保险。

卡尔卡诺M91步枪从19世纪末一直生产到1945年，20世纪20年代后，又推出了诸多衍生型号，例如M91/24

日本

三十年式步枪

主要参数

- 枪口口径：6.5毫米
- 初速：765米/秒
- 全枪长度：1275毫米
- 枪管长度：797毫米
- 空枪质量：3.85千克
- 供弹方式：弹仓
- 弹仓容量：5发
- 步枪类型：手动步枪

三十年式步枪由有坂成章设计，定型于1897年，因1897年是日本明治三十年，因此该枪被称为"三十年式步枪"。

三十年式步枪在设计时借鉴了德国毛瑟步枪的结构，采用后置拉机柄和枪机抢断双突锁榫等类似毛瑟步枪的设计。这款枪的枪机分为前、中、后三个组件，枪机动作较为复杂，在风沙等恶劣环境中故障率极高。因此，在恶劣环境中，士兵通常会用布包裹住枪机，避免沙尘进入，但收效甚微。

三十年式步枪发射6.5毫米×50毫米有坂步枪弹，供弹方式为弹仓供弹，固定式弹仓的底板可以打开，便于清理维护。有坂步枪弹射程远、侵彻性强，由于采用无烟发射药，因此，发射时只有少量烟雾，便于射手隐蔽；此外，这种枪弹的后坐力也比较小、射击精度高。不过，6.5毫米有坂步枪弹也存在停止作用小于同时代其他步枪弹的情况，如命中200米内的有生目标后弹头翻滚，产生可怕的空腔效应，使目标失去战斗力；而命中200米外的有生目标，由于弹道稳定，产生贯穿伤，难以对目标造成有效杀伤。

枪口下方为通条，枪箍下方为刺刀座

除了标准型号，三十年式步枪还有一款卡宾枪型号，不过该型号并不能安装刺刀。

此外，南部麒次郎以三十年式步枪为基础，设计出三十五年式步枪并交付日本海军使用。三十五年式步枪与三十年式步枪并无太大的区别，只是将表尺板由原来的滑盖式改为扇轮式，同时增设为保护枪机而设计的覆盖装置，使可靠性提高。

日俄战争与三十年式步枪

1904年，日俄战争爆发。在这场战争中，日军广泛装备三十年式步枪，而当时多数俄国士兵还在使用后装式的伯丹步枪，由于这种步枪一次只能装填并发射一发子弹，所以火力完全不如三十年式步枪。因此，很多俄国将军认为步枪火力不足是战败的原因之一。

三十年式步枪的表尺分划

日本

三八式步枪

主要参数

- 枪口口径：6.5 毫米
- 空枪质量：3.73 千克
- 初速：765 米/秒
- 供弹方式：弹仓
- 全枪长度：1275 毫米
- 弹仓容量：5 发
- 枪管长度：797 毫米
- 步枪类型：手动步枪

尽管三十年式步枪精度非常不错，但在风沙较大的恶劣环境中，总会有沙尘进入枪机内从而导致操作不良，而且还容易出现击针折断的故障，分解组装也较为麻烦。此时担任小石川炮兵工厂研究所所长的南部麒次郎着手再次对该枪进行改进，简化枪机，并在枪机表面增加一个随枪机联动的防尘盖。虽然防尘盖解决了沙尘进入枪机内部的问题，但操作枪机时却又增加了独特的金属噪声。

新型步枪于1907年被日军采用作为制式武器，被命名为"三八式步枪"，1910年完全取代三十年式步枪。

三八式步枪采用旋转后拉式枪机，枪机组件由5个零部件组成，是当时手动步枪中枪机结构最简单的。此外，由于该枪机匣的制造公差较小，使枪机在机匣内可以流畅运作，机匣

三八式步枪弹仓特写

分解状态的三八式步枪枪机

上的两个排气孔也可以保证射击时的安全。简单的枪机组件不仅降低了三八式步枪维护难度，还有效地提高了使用可靠性，为适应各种战场环境奠定了基础。因枪机顶部有防尘盖这一明显特征，三八式步枪在中国也被称为"三八大盖"。

三八式步枪发射6.5毫米×50毫米有坂步枪弹，弹仓供弹，弹仓容量5发，可使用弹夹一次填满5发子弹，或在拉开枪机后将子弹逐发压入弹仓。该枪的弹仓还具有空仓提示功能，当弹仓内最后一发子弹被击发后，拉机柄左旋后拉到位时，托弹板会顶住枪机使其无法向前运动，从而提醒射手装弹。另外，6.5毫米有坂步枪弹是二战时期口径最小的步枪弹之一，精度高、后坐力小，停止作用小于同时代其他步枪弹。

三八式步枪多角度特写

三八式步骑枪

三八式步骑枪又被称为三八式卡宾枪，是三八式步枪的短枪管型号，全枪长965毫米，枪管长487毫米，在步兵的最佳射距内，该枪的精度与三八式标准型步枪相比并无差异。主要装备当时日军的骑兵、工兵、炮兵、通信、辎重运输部队、航空队，以及基地警备部队等二线部队。

四四式步骑枪

四四式步骑枪

四四式步骑枪专为骑兵而设计，全枪长966毫米，枪管长482毫米，量产于1911年。

设计师有坂成章观察到骑兵在发起冲锋前，如果其步枪没有安装刺刀，那么冲锋时在颠簸的马背上是无法将挂于腰际的刺刀抽出并安装到枪口的，这使骑兵的战斗力无法完全发挥。为此，四四式步骑枪在设计时改用固定折叠式针管状刺刀，使骑兵在颠簸的马背上也能方便使用。

四四式步骑枪不仅装备骑兵，还装备过日军伞兵部队，不过该枪的产量并不大，只生产过9万多支。二战后期，日本资源严重匮乏，因此，后期生产的四四式步骑枪粗制滥造，质量极差。

三八式步骑枪多角度特写

日本

九九式步枪

主要参数
- 枪口口径：7.7毫米
- 初速：760米/秒
- 全枪长度：1258毫米
- 枪管长度：657毫米
- 空枪质量：4.1千克
- 供弹方式：弹仓
- 弹仓容量：5发
- 步枪类型：手动步枪

九九式步枪（上）与三八式步枪（下）的枪口对比

九九式步枪是以三八式步枪为基础研制出的步枪，因三八式步枪使用的6.5毫米有坂步枪弹威力较小，因此，日本于1938年开展口径为7.7毫米步枪的选型实验。实验选中名古屋兵工厂的岩下式7.7毫米步枪，定型于1939年，因1939年是日本神武纪元2599年，所以该枪被命名为"九九式步枪"。

九九式步枪采用旋转后拉式枪机，拉机柄为水平式，当拉机柄上旋90°呈竖起状态时，枪机的两个闭锁凸榫脱离机匣的凹槽使枪机开锁，向后拉即可将弹壳抛出；前推拉机柄即可使下一发子弹进入弹膛，向下旋转90°，使击针待击，完成闭锁，此时扣动扳机即可击发膛内子弹。

该枪的枪机机构由枪机、抽壳钩、机尾、击针和击针簧5个零部件组成，结构简单，不使用工具即可分解组装。机尾为刻有滚花的圆柱体，不易钩挂，还可以作为手动保险使用，前推并右旋到位可使该枪进入保险状态，前推并左旋则为待击状态。

九九式步枪使用的7.7毫米×58毫米步枪弹（左）与三八式步枪使用的6.5毫米×50毫米有坂步枪弹（右）

九九式步枪发射7.7毫米×58毫米步枪弹，这种子弹于1932年设计，供九二式重机枪使用，精度高、射程远，并解决了6.5毫米有坂步枪弹威力不足的缺陷。九九式步枪弹仓容量5发，使用弹夹进行装弹，当弹仓内最后一发子弹被击发后，将拉机柄上旋并向后拉动到位时，弹仓托弹板会顶住枪机使其无法复进，提醒射手弹药已耗尽。弹仓底板卡榫位于扳机护圈前端内侧，轻轻按压便可卸下底板，方便射手维护保养弹仓内部零部件。

九九式步枪的安全排气孔位于机匣正上方，与三八式步枪两个排气孔不同，该枪只有一个排气孔。枪机闭锁时左闭锁凸榫的直线槽、安全排气孔和枪机前端形成排气通道，当异常高压下弹壳底部发生破裂，火药燃气就可以经过排气通道由安全排气孔排出，确保使用安全。

九九式步枪的准星与三八式步枪相同，都采用燕尾槽内可横向调整的

九九式步枪多角度特写

锥形准星，觇孔式照门安装在框形表尺上。表尺最小射程为400米，最大射程为1500米；不使用表尺时，战斗距离为300米以内。

九九式步枪配用三十年式刺刀或九九式刺刀，除了标准型，九九式步枪还有九九式短步枪、九九式狙击步枪，以及二式伞兵步枪三种衍生型号步枪。

九九式步枪的衍生型号与使用

九九式短步枪

九九式短步枪（上）与九九式步枪（下）

九九式标准型步枪的长度和质量都不适合身材矮小的日本人，因此，九九式标准型步枪的缩短版——九九式短步枪应运而生。

九九式短步枪全枪长1150毫米，枪管长657毫米，空枪质量3.8千克，精度和射程与标准型步枪都相差无几。因整体长度比之前研制的四四式步骑枪长一些，所以被命名为"短步枪"以示区别。

九九式短步枪是整个九九式枪族中产量最大、装备最多的枪型，工艺精良，质量可靠，并配有钢丝制单脚架，方便射手在卧倒姿势下进行有依托射击，从而提高射击精度。

不过，二战后期，面临失败的日本垂死挣扎，因严重缺乏资源而不得不推出各种简化版武器。九九式步枪当然也不例外，生产工艺和质量严重缩水，像单脚架、防尘盖等部件也都被省略。

九九式狙击步枪

九九式狙击步枪

九九式狙击步枪是在九九式短步枪的基础上安装瞄准镜并加厚了枪管的衍生型号，为降低枪口焰和烟雾，使用了特制的7.7毫米×58毫米减装药狙击步枪弹。尽管如此，7.7毫米步枪弹的发射药还是多于6.5毫米有坂步枪弹，因此，九九式狙击步枪的枪口焰相比九七式狙击步枪更为明显。

太平洋战场上，由于美军占据绝对的火力优势，所以，日军狙击手更喜欢使用九七式狙击步枪。

二式伞兵步枪

二式伞兵步枪

1940年，德国协助日本建立了伞兵部队，为了给伞兵部队配发合适的武器，日本以九九式短步枪为基础，设计出二式伞兵步枪。

二式伞兵步枪是世界上第一款可简易拆卸成两段的量产型军用步枪，前后两段用一根插销固定。该枪的前段枪管下方设有一个卡榫，将插销对准插孔并旋紧插销即可完成步枪的组装，插销和卡榫卡接在一起，实现了枪管的密合与枪身的固定。在野战环境中，无须任何工具，在数分钟内就可以将一支二式伞兵步枪拆装完毕。

二式伞兵步枪全枪长1118毫米，发射7.7毫米×58毫米无底缘步枪弹，射击精度良好，质量略大于九九式短步枪。

二式伞兵步枪仅在名古屋兵工厂生产，1943年至1945年间共生产22000支。在日军伞兵部队屈指可数的几次行动中，二式伞兵枪都有"参与"，并在与美军的战斗中暴露其射速较慢的缺陷。

拆分状态的二式伞兵步枪

日本

意式步枪

主要参数
- 枪口口径：6.5毫米
- 初速：765米/秒
- 全枪长度：1280毫米
- 空枪质量：3.95千克
- 供弹方式：弹仓
- 弹仓容量：5发
- 步枪类型：手动步枪

1937年，日本为了巩固当时初步成型的轴心国关系，以及补充战争中损失的军备，向意大利盟友订购了一批步枪。本来，日本要求这批步枪必须完全按照三八式步枪的规格制造，但意大利以订购数量不足以开辟新生产线为缘由而拒绝。而后，意大利又以降低成本及制造时间为由，诱使日本答应这批步枪使用卡尔卡诺步枪的枪机，并结合三八式步枪的设计。这批步枪于1938年至1939年间运回日本，被日本命名为"意式步枪"。

意式步枪由意大利陆军兵器制造所制造，采用旋转后拉式枪机，发射

6.5毫米×50毫米有坂步枪弹,使用弹仓供弹,桥夹装弹。该枪全长1280毫米,空枪质量为3.95千克。

意式步枪的瞄具由准星和带有铁制表尺的缺口式照门组成,表尺最大射程为2400米。

枪机尾端

意式步枪的卡尔卡诺枪机

意式步枪的使用与收藏

意式步枪被日军接收后,他们很快就发现意式步枪质量差,射击几发子弹后就会出现枪机损毁或卡壳的故障。即使如此,为了维护盟友间的关系,日本也只能将这批步枪统统丢给海军陆战队使用。当然,海军陆战队也不敢把这批步枪拿去实战,只能将其配发给二线部队使用。

即使产量不大,在大部分枪支收藏爱好者中,意式步枪也并非十分流行的收藏品。首先,意式步枪不像多数日本步枪刻有菊花纹章。其次,意式步枪的标记除了拉机柄有英文以外就只有的枪支编号而已,外观特征非常不明显,所以就算美军士兵缴获过这支步枪也很容易误认为是杂牌步枪而低估它的价值。最后,美军在瓜岛和菲律宾缴获的意式步枪,在二战结束后大部分流入了美国民间二手市场,使该枪二手市场的需求量达到饱和。

半自动步枪

法国

RSC M1917 半自动步枪

主要参数
- 枪口口径：8毫米
- 全枪长度：1331毫米
- 枪管长度：798毫米
- 空枪质量：5.25千克
- 供弹方式：弹仓
- 弹仓容量：5发
- 步枪类型：半自动步枪

1915年，法军启动半自动步枪的研究项目，并由枪械设计师保罗·里贝罗勒、夏尔·苏特和路易·昌查德进行设计，因定型于1917年，再加上三位设计师姓氏的首字母分别为"R、S、C"，所以被命名为"RSC M1917半自动步枪"。

RSC M1917半自动步枪的手动保险机构位于机匣左侧

RSC M1917半自动步枪采用导气式自动工作原理，枪机组件由枪机连杆和枪机体组成，枪机连杆是一根片状扁平连杆，连杆后端为椭圆形孔槽，与拉机柄联动，使其带动枪机；枪机为圆柱形，前部对称排列有两组共6个闭锁凸榫，与机匣上的开闭锁导槽配合，实现开闭锁动作。

RSC M1917半自动步枪发射当时

RSC M1917 半自动步枪内部结构图

法军制式的8毫米×50毫米无烟步枪弹，使用弹仓进行供弹，5发梯形弹夹装弹。在装弹时，打开弹仓护板，将弹夹自下而上装入弹仓，关闭弹仓护板，拉动拉机柄上膛，即可使该枪处于待击状态；将弹仓内的子弹全部击发完毕后，打开弹仓护板，弹夹会自动弹出，方便射手安装新弹夹，再次装填过程不到3秒即可完成。

RSC M1917 半自动步枪弹仓的打开状态

47

第一支应用于战场的半自动步枪
——RSC M1917半自动步枪

1917年，第一批RSC M1917半自动步枪交付法国军队，使法国成为第一个将半自动步枪应用于战场的国家。一开始，法军计划一个步兵连中装备16支RSC M1917半自动步枪，但因后勤压力，在前线实现这一编制的部队不足五分之一。

法军步兵对于RSC M1917半自动步枪的使用反馈也是好坏参半。他们发现，这款步枪的密集火力更容易使他们在战斗中抢占先机，让德军措手不及；但同时他们也发现，这支步枪故障率过高。

在战场上，卧倒是一种有效的战术动作，能最大限度地保存自己、消灭敌人，而在卧倒时泥浆或沙尘却非常容易从RSC M1917半自动步枪的缝隙进入枪机。泥浆渗入后会造成枪机失灵等故障，由于容易受风沙、灰尘、泥浆的影响，因此，该枪主要装备给一些专业技能与维修能力较强的优秀射手使用。当然，造成这一状况的原因之一，是因为RSC M1917半自动步枪的试验未考虑该枪在泥泞、风沙等恶劣环境中使用。

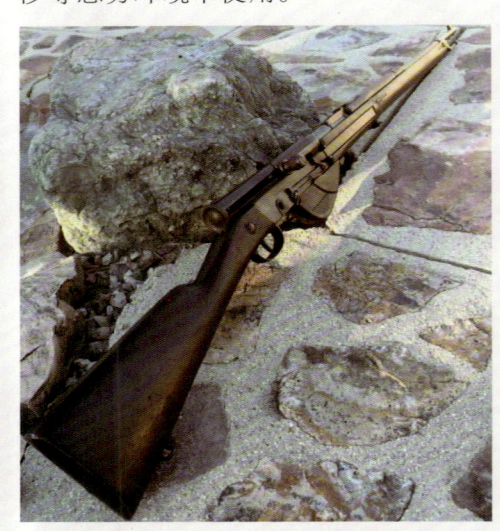

法国

MAS49
半自动步枪

主要参数
- 枪口口径：7.5毫米
- 初速：850米/秒
- 全枪长度：1100毫米
- 枪管长度：580毫米
- 空枪质量：4.7千克
- 供弹方式：弹匣
- 弹匣容量：10发
- 步枪类型：半自动步枪

　　为了在第二次世界大战结束后替换法军手里的各种手动步枪，1944年年底，法国开始研制新型半自动步枪。不久便成功研制出MAS44半自动步枪，几经改进，于1949年定型，成为法军的制式装备，新枪也因此命名为"MAS49半自动步枪"。

　　MAS49半自动步枪采用直接导气式（气吹式）自动工作原理，子弹被击发后，部分火药燃气通过导气管直接作用于枪机框，使枪机框后坐并带动枪机完成开锁、抽壳、抛壳、复进、推弹入膛、闭锁等动作。这款枪的枪管为固定式设计，无法拆卸或更换。

　　MAS49半自动步枪结构简单，在多种极其恶劣的环境中也能够正常使用。如在风沙较大并酷热难耐的印度和阿尔及利亚战场，该枪表现优异，故障率低。此外，维护整个枪机机构的过程在一分钟以内就可以完成，甚至有"只需抹布和机油就能清洁维护"的赞誉。

MAS49半自动步枪的可拆卸弹匣，弹匣的固定与解脱方式为"夹子"

　　MAS49半自动步枪发射法国M1929型7.5毫米步枪弹，使用可拆卸式弹匣进行供弹，弹匣容量10发，有着良好的侵彻力、停止作用，以及火力持续性。

　　MAS49半自动步枪的瞄具由三角形准星和弧形标尺照门组成，瞄准基线长569毫米，位于枪套轴线左侧，可杀伤400米内有生目标。此

MAS49半自动步枪能够使用弹夹从抛壳口向弹匣内一次装入5发子弹

外，MAS49半自动步枪的机匣左侧装有用于安装瞄准镜的导轨，可安装M1953AP×L806瞄准镜，使该枪的威慑距离翻倍。

除此之外，为了加强连排级火力，MAS49半自动步枪的枪口兼作榴弹发射器使用，可发射枪榴弹，并设有简易瞄具。

为可拆卸式枪榴弹发射器，发射北约标准22毫米枪榴弹，枪榴弹的简易瞄具位于护木前端，发射枪榴弹时向前折叠即可作为简易瞄准器使用。

MAS49/56半自动步枪于1978年停产，由FAMAS突击步枪替代，不过，也有少量的MAS49/56半自动步枪一直在法国军队中服役至1990年才彻底退役。

MAS49半自动步枪的改进型号

MAS49/56半自动步枪

整体长度较短的 MAS49/56 半自动步枪

MAS49/56半自动步枪是在MAS49半自动步枪的基础上于1956年改进而成，考虑到机械化部队和空降部队的机动性，该枪缩短了枪支整体长度，并添加刺刀座，使该枪可以安装刺刀用于近战。此外，原本MAS49半自动步枪的内置榴弹发射器被更换

美国

佩德森 T1 半自动步枪

主要参数
- 枪口口径：7毫米
- 全枪长度：1120毫米
- 空枪质量：3.6千克
- 供弹方式：漏夹
- 漏夹容量：10发
- 步枪类型：半自动步枪

佩德森T1半自动步枪是美国著名枪械设计师约翰·佩德森应美国军械部的要求，于1926年开始设计的一款性能介于M1903春田步枪和勃朗宁M1918自动步枪之间的半自动步枪，1929年设计完成，并命名为"佩德森T1半自动步枪"。

佩德森T1半自动步枪的肘节式闭锁机构

佩德森T1半自动步枪采用半自由枪机式自动工作原理，肘节式枪机闭锁机构，发射机构为击针平移式。这种设计在半自动步枪中极其罕见，这是因为约翰·佩德森考虑到此前的自动武器通常采用枪管后坐式或导气式自动工作原理。而采用枪管后坐式自动工作原理的自动武器在击发时会产生较大的后坐力。而采用导气式自动工作原理则会增加枪机的零部件数量，并存在火药残留物污染机件等问题。为此，佩德森T1半自动步枪采用独特的自动工作原理与闭锁机构，是一款极具特色的半自动步枪。

佩德森T1半自动步枪主要由枪管机匣组件、枪托组件、枪机组件，以及扳机护圈组件组成。枪管机匣组件是该枪最大的组件之一，从前到后主要分为枪管和机匣两部分，枪管和机匣通过螺纹连接并固定。枪管前端较细，后端较粗，相接处有弧线作为过渡，较粗的枪管后段表面加工有多道螺旋槽，利于枪管散热。该枪的机匣由整块钢材铣削加工而成，从而起到容纳并连接枪机系统、发射机构、弹仓组件，以及其他零部件的重要作用。

佩德森T1半自动步枪的枪托组件由枪托和上护木组成，由胡桃木制成，长度较长，前部一直延伸至枪管

佩德森T1半自动步枪的使用与缺陷

佩德森T1半自动步枪具有结构紧凑、质量较轻、射速快、射击精度高等优点,但该枪也存在着一些缺陷,如结构复杂、击发机构和枪机小零件数量较多、生产成本相对高昂、在战场上不利于分解维护等。而佩德森T1半自动步枪独特的闭锁机构也很容易造成退壳故障,为解决这一问题,弹壳表面需涂抹一层石蜡,但效果并不是很好。

头箍内,两侧加工有较长的指槽。

枪机组件是佩德森T1半自动步枪最复杂的组件,体积不大,但零部件数量很多,由机头、前转动体、连接轴片、后转动体,以及滑动枪机框等组件组成。该枪的保险机构横穿枪机,可左右滑动,当保险机构向右推动到位时,可使步枪进入保险状态。而当保险机构向左推动到位时,即可解除保险,步枪进入待击状态。

扳机护圈组件由扳机护圈、固定螺钉、扳机传动杆、阻铁传动顶杆、阻铁传动顶杆簧、阻铁传动顶杆簧顶头,以及弹仓盖等零部件组成。

佩德森T1半自动步枪发射7毫米×51毫米步枪弹,采用漏夹进行供弹,漏夹容量10发。由于该枪使用非对称漏夹供弹,因此,在装填时需要将漏夹倾斜面向下插入弹仓,向后拉动枪机并释放,使枪机在复进簧的作用下推弹入膛,进入待击状态。

佩德森T1半自动步枪与该枪配备的刺刀和漏夹

面对美军制式步枪的竞标,佩德森T1半自动步枪除了最大的竞争对手M1伽兰德步枪,还有包括法国RSC M1917在内的至少19款半自动步枪,最终只有佩德森T1半自动步枪和M1伽兰德步枪杀出重围。

尽管美国军方一直在佩德森步枪与伽兰德步枪之间犹豫不决,最终,7毫米×51毫米步枪弹被时任美国陆军参谋长的道格拉斯·麦克阿瑟否决。这是由于第一次世界大战后美军库房内堆满了M1903春田步枪所使用的.30-06步枪弹,麦克阿瑟不想将这些枪弹白白浪费;另一方面也是为了规避更换新口径步枪弹而带来的不可预估的风险。

而1942年12月7日,日本海军偷袭美国珍珠港,美国加入第二次世界

子弹打光后枪机会将漏夹抛出

大战并全面扩军。正是麦克阿瑟当年做出的决定明智,让美国避免了因短期内大量扩充军队而造成的弹药供应不足等问题。

佩德森T1半自动步枪右视图

美国

M1伽兰德步枪

主要参数
- 枪口口径:7.62毫米
- 空枪质量:4.35千克
- 初速:865米/秒
- 供弹方式:弹仓
- 全枪长度:1105毫米
- 弹仓容量:8发
- 枪管长度:610毫米
- 步枪类型:半自动步枪

M1伽兰德步枪由美国枪械设计师约翰·伽兰德设计,1936年定型,1937年由春田兵工厂生产,是第二次世界大战期间美军步兵的主要武器。

M1伽兰德步枪的弹仓与漏夹

M1伽兰德步枪采用导气式自动工作原理,导气管位于枪管下方,子弹击发后产生的火药燃气通过枪管下方靠近末端处的导气孔进入一个小活塞筒内,推动活塞和机框向后运动。枪机上的导向凸起沿枪机框导槽运动,枪机框后坐时带动枪机上的两个闭锁凸榫从机匣的闭锁槽中解脱、回转实现开锁,枪机后坐的过程中会完成抛壳动作并推弹入膛,与同时期使用旋转后拉式枪机的手动步枪相比,M1伽兰德步枪的射速大大提高,因此,也使得美军在战场上可以以火力

下压漏夹完全进入弹仓即可完成装填

优势压制对手。

M1伽兰德步枪发射.30-06步枪弹，该弹种规格为7.62毫米×63毫米。使用独特的钢制漏夹进行供弹，漏夹容量8发，当最后一发子弹发射完毕时，该枪会进入空仓挂机状态，漏夹则被退夹器自动抛出弹仓，同时发出一声清脆的"叮"，提醒士兵重新装填弹药。二战时期，德军和日军通常会通过这种声音来判断美军是否处于换弹间歇，以便发起突击。而美军也常利用德军或日军的这种想法，用空抛漏夹来"请君入瓮"。

M1伽兰德步枪的机械式瞄具由片状准星和觇孔式照门组成，照门配有表尺，可用照门侧面的旋钮调节表尺距离。

M1伽兰德步枪的觇孔式照门

M1伽兰德步枪易于分解，清洁维护也比较简单，不仅拥有较高的射速，还拥有很高的射击精度，在第二次世界大战的战场上该枪表现优秀，深受美国士兵喜爱，美国陆军四星上将小乔治·史密斯·巴顿评价M1伽兰德步枪是一支"曾经出现过的最了不起的战斗武器"。

M1伽兰德步枪是美国在第二次世界大战中产量最多的轻武器，到二战结束时，春田兵工厂共生产350余万支M1伽兰德步枪，温彻斯特兵工厂也生产了50万支左右。战后，该枪并未停产，据统计，M1伽兰德步枪的总产量大概为546万支，直到1957年才被M14自动步枪替代。

M1伽兰德步枪的漏夹

M1伽兰德步枪的衍生型号

M1C狙击步枪

M1C狙击步枪是M1伽兰德步枪的衍生型号，针对二战后期美军的要求而生产，用来替换美军的M1903A4狙击型春田步枪，主要用于杀伤600米内有生目标。

M1C狙击步枪的2.5倍瞄准镜安装于机匣顶部左侧，这是由于M1伽兰德步枪需要从顶端安装漏夹，瞄准镜安装在左侧不会影响到机枪运动及抛壳动作。

M1D狙击步枪

由于将M1伽兰德步枪改装为M1C狙击步枪需要加装瞄准镜座、瞄准镜，并改装机匣，改装需要大量时间和工序。春田兵工厂为了提高生产效率，在M1伽兰德步枪的基础上推出了简化改装版本的狙击步枪，并命名为"M1D狙击步枪"。

M1D狙击步枪只增加一个枪管衬套，并未改造机匣，因此，该枪的瞄准镜座安装在枪管衬套左侧，而M1C狙击步枪的瞄准镜座则使用销子和螺丝固定于机匣左侧的位置。

半自动步枪

美国

M1941 约翰逊半自动步枪

主要参数
- 枪口口径：7.62毫米
- 初速：865米/秒
- 全枪长度：1156毫米
- 枪管长度：558毫米
- 空枪质量：4.3千克
- 供弹方式：鼓形弹仓
- 弹仓容量：10发
- 步枪类型：半自动步枪

M1941约翰逊半自动步枪是美国海军陆战队预备役上尉梅尔文·约翰逊于1936年开始研制的半自动步枪，于1941年定型，曾被美国海军陆战队选为制式步枪。

考虑到白刃战的需要，M1941约翰逊半自动步枪配有刺刀

M1941约翰逊半自动步枪采用枪管后坐式自动工作原理，枪管回转式闭锁机构。子弹被击发后，部分火药燃气会使枪管后坐，并利用这个能量完成枪机开锁、抛壳、闭锁，以及推弹入膛，使枪支再次进入待击状态。

M1941约翰逊半自动步枪机匣右视图

虽然M1941约翰逊半自动步枪的结构在军用步枪中比较少见，但该枪结构简单，零部件数量也较少，直接省略了活塞筒和开闭锁杠杆，同时也使得枪管更换更加方便。

M1941约翰逊半自动步枪发射.30-06步枪弹，该弹种规格为7.62毫米×63毫米，采用鼓形弹仓进行供弹，弹仓容量10发。装填弹药时，向后拉动拉机柄打开枪机，使用两个5发弹夹从枪机右侧将子弹压入弹仓。

M1941约翰逊半自动步枪的机械式瞄具由准星和带有弧形标尺的照门组成，瞄准基线长797毫米，有效射程730米。

美军海军陆战队的应急武器
——M1941约翰逊半自动步枪

美国全面加入第二次世界大战后迅速扩军,这直接导致了美军中M1伽兰德步枪装备量不足,尽管春田兵工厂、温彻斯特兵工厂加速生产,但M1伽兰德步枪优先装备美国陆军。而美国海军陆战队直到太平洋战争爆发时还主要装备M1903春田步枪,自动火力严重不足,为了解决这一问题,海军陆战队应急选用了M1941约翰逊半自动步枪。

M1941约翰逊半自动步枪主要装备美国海军陆战队,由于该枪可分解为小件捆绑包装,因此,还装备了美国空降部队。除此之外,美国战略情报局(OSS)也使用过M1941约翰逊半自动步枪,并向德军或日军占领区的抵抗组织空投过不少这款半自动步枪。

随着M1伽兰德步枪产量逐渐加大并全面装备美军后,M1941约翰逊半自动步枪的产量也逐渐减少,于1944年停产。

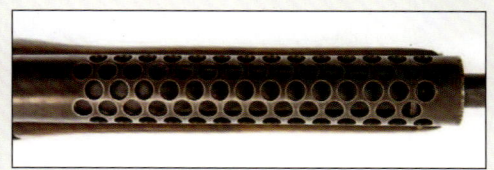

M1941约翰逊半自动步枪多角度特写

苏联

西蒙诺夫 AVS-36 半自动步枪

主要参数

- 枪口口径：7.62毫米
- 全枪长度：1230毫米
- 枪管长度：612毫米
- 空枪质量：4.2千克
- 供弹方式：弹匣
- 弹匣容量：15发
- 步枪类型：半自动步枪

AVS-36半自动步枪是苏联著名枪械设计师西蒙诺夫于1936年设计的一款可自动装填、半自动发射的步枪。

西蒙诺夫AVS-36半自动步枪采用短行程活塞导气式自动工作原理，枪机偏移式闭锁机构，导气活塞装置位于枪管上方，并设有独立的离合弹簧，是最早使用该项设计的半自动步枪之一。

西蒙诺夫AVS-36半自动步枪发射7.62毫米×54毫米步枪弹，采用可拆卸式弹匣进行供弹，弹匣容量15发。该枪的子弹与当时苏军大量装备的莫辛-纳甘步枪使用的子弹相同，有效减轻了后勤压力。当然，考虑到可能发生白刃战，该枪还设有刺刀座，刺刀座设置在枪管下方。

西蒙诺夫AVS-36半自动步枪的枪口装有制退器

西蒙诺夫AVS-36半自动步枪的机械瞄具由准星和缺口式照门组成，准星两侧带有护翼，照门设有表尺，使射手可以更方便地射击不同距离的目标。

西蒙诺夫 AVS-36 半自动步枪的表尺分划

AVS-36半自动步枪替代莫辛-纳甘M1891/30狙击步枪，但是因为AVS-36半自动步枪的精度并不是很高，实在难以胜任较高精度的射击。

综上所述，AVS-36半自动步枪设计超前，但存在着可靠性较低、射击精度不足、后坐力较大等问题，在1936年至1938年间，该枪共生产65800支，并在1939年的苏芬战争中被苏军所使用。

西蒙诺夫AVS-36半自动步枪的使用情况

西蒙诺夫 AVS-36 半自动步枪的狙击型号

西蒙诺夫AVS-36半自动步枪于1936年正式定型，成为苏军新一代步枪，但在装备苏军后，这支步枪也暴露出一些问题。比如，该枪结构复杂，这就造成了维护不够方便，而沙尘、泥水等杂物进入枪机组内部后会使步枪产生故障的概率大大增加。此外，AVS-36半自动步枪很容易出现供弹故障，而造成这一故障的主要原因则是弹匣弹簧的弹力不足。

其实在一开始，苏军准备用

西蒙诺夫 AVS-36 半自动步枪的机匣和弹匣特写

苏联

托卡列夫 SVT 半自动步枪

主要参数

- 枪口口径：7.62 毫米
- 全枪长度：1226 毫米
- 枪管长度：625 毫米
- 空枪质量：3.85 千克
- 供弹方式：弹匣
- 弹匣容量：10 发
- 步枪类型：半自动步枪

SVT半自动步枪由苏联著名枪械设计师托卡列夫设计，SVT即拉丁化俄语"Samozaryadnaya Vintovka Tokareva"的缩写，译为中文为"托卡列夫自动装填步枪"。

托卡列夫SVT半自动步枪采用导气式自动工作原理，枪机偏移式闭锁机构，双闭锁凸耳。该枪的短行程导气活塞位于枪管上方，后坐行程约36毫米，导气室前端即气体调节阀，可分为1.1、1.2、1.3、1.5及1.7共5挡，射手可根据弹药状况、天气条件，或杂质的堆积程度选择合适的导气量。

苏军最早装备的托卡列夫SVT半自动步枪为SVT-38半自动步枪，该枪于1939年正式量产，并经历了苏芬冬季战争。使用中，许多苏军士兵都认为SVT-38半自动步枪故障多，在战场上通常需要一丝不苟地维护，尤其是雪和沙砾进入枪机内部后更要及时清理。托卡列夫收集这些反馈信息并着手该枪的改进工作，1940年7月，SVT-40半自动步枪正式投产。

托卡列夫SVT半自动步枪的手动保险机构位于扳机护圈内部，扳机的正后方。将手动保险向下扳动即可阻止扳机向后行程，使步枪无法射击；向上扳动手动保险，扳机即可向后扣压，使步枪能够正常击发。

SVT半自动步枪发射7.62毫米×54毫米步枪弹，使用可拆卸式弹匣进行供弹，弹匣容量10发。其中，SVT-38比SVT-40半自动步枪的弹匣更长一些，从外形上观察区别并不明显。除此之外，SVT半自动步枪的机匣顶

托卡列夫SVT半自动步枪的保险状态（上）与待击状态（下）

部的抛壳窗后端还加装有一个弹夹导槽，士兵可使用莫辛-纳甘步枪的5发弹夹通过抛壳窗向空弹匣内压弹，有效提高了通用性，减轻了后勤负担。

托卡列夫SVT半自动步枪还设有空仓挂机机构，当弹匣中的最后一发子弹被击发后，枪机在抛壳的同时会使枪机组停留在后方，此时抛壳窗处于开启状态，提醒射手重新装填。射手可用弹夹向空弹匣内压弹，或直接更换弹匣，装弹后向后拉动拉机柄并松开，即可使枪机复进并推弹入膛，使该枪进入待击状态。

托卡列夫SVT半自动步枪的机械瞄具由准星和缺口式照门组成，准星可调风偏，准星护翼为圆形全包式结构，护翼顶端有一个透光孔。照门带有表尺，表尺最小射程为100米，表尺最大射程为1500米。

托卡列夫SVT半自动步枪的瞄准状态

SVT-40与SVT-38半自动步枪虽然外形比较相似，但也有一些较小的区别。如SVT-40半自动步枪的前护木较SVT-38相比短了一些，由上、下两块冲压成形的钢制护盖组成，完全包住枪管和导气装置，两块护盖开有多个圆孔。而上护木的长方形孔也由5个减少为4个，由于护木缩短，护箍也由SVT-38半自动步枪的双护箍改为单护箍，降低了生产成本，并简化了生产流程。

将子弹压入弹仓即可完成装填

SVT-40半自动步枪（上）与SVT-38半自动步枪（下）

SVT-40半自动步枪狙击型号的瞄准镜

SVT-40与SVT-38半自动步枪另外一个比较明显的区别就是通条位置的不同，两支步枪的通条虽然都随枪携带。但SVT-40半自动步枪的通条位于枪管下方，而SVT-38半自动步枪的通条则位于枪身右侧的凹槽中。由于通条位置的不同，两支枪的前背带环位置也不同，SVT-40半自动步枪的前背带环位于护木前端左侧，而SVT-38半自动步枪的前背带环则位于护木前端底部，两支枪的后背带环的位置一致，都位于枪托后下方。

此外，无论是SVT-40还是SVT-38半自动步枪，都生产有狙击型号，配用3.5倍瞄准镜用于精确射击，瞄准镜通过安装在机匣后上方的导轨固定。为了让射手在使用弹夹装弹时不受阻碍，SVT半自动步枪狙击型号的瞄准镜安装的位置比较靠后。

安装刺刀的SVT-40半自动步枪

安装瞄准镜的SVT-40半自动步枪

苏联

西蒙诺夫 SKS 半自动步枪

主要参数
- 枪口口径：7.62 毫米
- 全枪长度：1021 毫米
- 枪管长度：521 毫米
- 空枪质量：3.85 千克
- 供弹方式：弹仓
- 弹仓容量：10 发
- 步枪类型：半自动步枪

SKS半自动步枪由苏联著名枪械设计师谢尔盖·加夫里罗维奇·西蒙诺夫于1941年开始设计，定型于1949年，并成为苏联军队的制式步枪。SKS半自动步枪是该枪俄文名称拉丁化"Samozaryadnyj Karabin sistemy Simonova"的简写，因此简称"SKS"。

西蒙诺夫SKS半自动步枪采用短行程活塞导气式自动工作原理，枪机偏移式闭锁机构，导气装置由活塞、气室、推杆，以及导气孔组成，无气体调节装置。子弹被击发后，弹头经过枪管上的导气孔后，一部分火药燃气由导气孔进入气室并冲击活塞，推动杠杆带动枪机框共同后坐。在枪机框向后自由行程8毫米后，枪机框的开锁斜面与枪机上的开锁斜面贴合，使

不完全分解状态的西蒙诺夫SKS半自动步枪

枪机同时向后向上运动，最后将枪机尾端钩起，与机匣上的闭锁支承面脱离从而完成开锁。

开锁后，枪机框会带动枪机共同后坐20毫米，推杆受阻并在推杆簧的作用下复进，枪机框则带动枪机继续

西蒙诺夫SKS半自动步枪的表尺与枪机特写

西蒙诺夫SKS半自动步枪的局部构造图

西蒙诺夫SKS半自动步枪可通过桥夹往弹仓中装弹

后坐，完成抽壳、抛壳动作后复进，完成推弹入膛，并闭锁，使步枪再次进入待击状态。

西蒙诺夫SKS半自动步枪是一款使用回转式击锤击发的步枪，击发机构由击锤、击锤簧、击针、击针销等零部件组成；发射机构由扳机、扳机簧、扳机轴、扳机连杆、阻铁、阻铁簧、不到位保险和单发杆组成，并组合在发射机座上。子弹进入膛室后，枪机闭锁，击锤便处于待击状态，扣压扳机即可击发膛内子弹。

西蒙诺夫SKS半自动步枪发射7.62毫米×39毫米M43中间威力步枪弹，使用弹仓进行供弹，弹仓容量10发，打开枪机顶部后，射手可通过桥夹向弹仓内一次性压入10发子弹，当然也可以逐发装填。

西蒙诺夫SKS半自动步枪是苏军

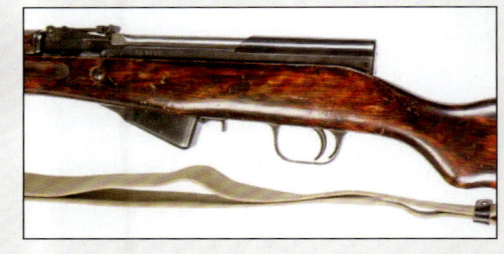

西蒙诺夫SKS半自动步枪细节特写

使用广泛的西蒙诺夫SKS半自动步枪

的第一款发射7.62毫米×39毫米M43中间威力步枪弹的军用制式步枪，这种步枪弹与莫辛-纳甘步枪和SVT半自动步枪发射的7.62毫米×54毫米全威力步枪弹不同。7.62毫米×39毫米M43中间威力步枪弹缩短了弹壳长度并减少了发射药的使用量，可有效降低枪弹击发时的后坐力，使射手控枪更加容易，提高了火力密度的同时也提高了近距离和中距离的射击精度。

现代化改进的西蒙诺夫SKS半自动步枪

西蒙诺夫SKS半自动步枪弹仓的关闭状态（上）与打开状态（下）

西蒙诺夫SKS半自动步枪的机械瞄具由带有弧形标尺的缺口式照门和片状准星组成，准星周围带有护圈，可在射手瞄准时防止虚光。表尺最小射程100米，最大射程则为1000米。

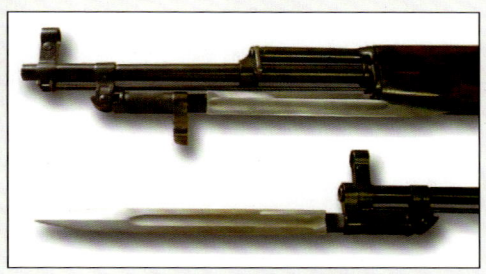

西蒙诺夫SKS半自动步枪的折叠刺刀

西蒙诺夫SKS半自动步枪于1949年开始量产，1956年苏军装备AK-47突击步枪，该枪也因此停产。虽然SKS半自动步枪结构简单、操作可靠，但由于当时苏联已开始研制可选择射击模式且拥有大容量弹匣的突击步枪，对于苏军来说SKS半自动步枪是一款刚装备就已经过时的武器。

实际上西蒙诺夫SKS半自动步枪能够在当时的苏军中服役7年，主要原因是早期型号的AK-47突击步枪（第1型）的机匣有问题，苏军装备SKS半自动步枪完全是为了"救急"。1953年AK-47突击步枪（第3型）解决了机匣问题，并通过了几年的装备试验，苏军开始全面换装AK-47突击步枪，SKS半自动步枪也陆续撤装。

不过，西蒙诺夫SKS半自动步枪也被苏联提供给许多国家，并协助这些国家建立该枪的生产线。学习生产并装备过SKS半自动步枪的主要国家有越南、民主德国、罗马尼亚等国家和地区，曾有60多个国家和地区装备过该枪。

德国

G41 半自动步枪

主要参数
【G41（W）半自动步枪】
- 枪口口径：7.92 毫米
- 全枪长度：1124 毫米
- 枪管长度：546 毫米
- 空枪质量：5.03 千克
- 供弹方式：弹仓
- 弹仓容量：10 发
- 步枪类型：半自动步枪

普遍意义的G41半自动步枪泛指第二次世界大战期间德军装备的第一款半自动步枪。有趣的是，G41半自动步枪并非只有一种型号，瓦尔特和毛瑟两所公司分别设计生产过不同的G41半自动步枪。两个公司所设计的G41半自动步枪乍一看较为相似，仔细看各有不同。这不禁引人发问，是何种原因，才会产生"两枪用一名"的情况？

这要从当时德国军方的半自动步枪招标说起。

G41（W）半自动步枪右视图

20世纪30年代末，欧洲各国军队纷纷换装了半自动步枪，比如苏军将托卡列夫SVT-38半自动步枪投入实战，这让部分德军高层对德军步兵的步枪装备忧心忡忡。为解决这一问题，德国军方于1940年提出了半自动步枪的招标计划。

德国军方公布的半自动步枪选型要求需满足以下几点：

1. 新型步枪的外形与尺寸要与毛瑟98k卡宾枪接近，使用弹种相同，以实现弹药互通；
2. 机匣上不允许有任何可活动的

安装了光学瞄准镜的G41（W）半自动步枪

组件；

3.为防止自动装填机构出现问题，需加装一个手动拉机柄；

4.禁止使用活塞传动式以及枪管短后坐自动工作机构。

这些要求让当时德国的枪械设计师们感到极度困惑——原因在于，自动枪械普遍使用的活塞传动式与枪管短后坐式自动工作机构，使用方便，操作可靠。然而，保守的德军高层对此并不认可，所以提出了极不符合现实的要求。

当然，久经考验的自动工作机构被否定也就罢了，机匣不允许有可活动组件的要求则更让人难以理解。对于自动装填武器而言，机匣内部是以枪机组为主体的击发机构，枪弹被击发后，通过部分回流的火药燃气推动枪机框，带动枪机以完成开锁、后坐、抛壳、复进、推弹入膛以及闭锁动作。而在射击时，第一发子弹是要上弹的，为了方便

G41（W）半自动步枪光学瞄准镜与机匣顶部特写

射手上弹，当时多数半自动、自动步枪会将拉机柄与枪机框设计为一体，在射击时拉机柄则随枪机框前后运动（随动式拉机柄）。

正因如此，德国军方要求机匣上不允许有任何组件的条件实在苛刻，极不合理。

既然设计的是半自动步枪，而德国军方的要求又不合理，那么瓦尔特公司的设计人员们就没那么"听话"了，他们直接将枪机框与拉机柄设计为主流的随动式，自动装填动作则通过枪口集气罩来完成。为方便区分，瓦尔特公司设计的G41半自动步枪通常被称为"G41（W）"。

G41（W）半自动步枪

而毛瑟公司设计的G41半自动步枪则被称为"G41（M）"。G41（M）半自动步枪同样采用枪口集气罩式自动工作原理，其设计完全符合德军的要求，闭锁机头改为直拉式，并在枪击后端增设栓动拉机柄。这种设计虽然满足了德国军方的招标需求，无随动枪机框与拉机柄，但这样

G41（W）半自动步枪机匣顶部与左侧特写

G41系列半自动步枪的使用情况

如果说集气罩式自动工作机构是一个美丽的梦想,那么这种机构在实战环境中的使用便是一个悲惨的现实。

战场上,炮弹等爆炸物会扬起大量沙尘,因此集气罩很容易被沙尘堵塞。再加上战场上的步兵通常需要摸爬滚打,G41半自动步枪的枪口集气罩就非常容易磕碰、损坏。因此,无论是G41(W)半自动步枪还是G41(M)半自动步枪,枪口集气罩故障率总是居高不下。

G41(M)半自动步枪

设计,也导致了该枪的内部结构异常复杂,而越复杂的结构,通常也会带来越高的故障率。

通过对两个型号的G41半自动步枪在实战环境进行检验,德国军方于1941年选中了实用性更好、结构也更简单的G41(W)半自动步枪,瓦尔特公司因此胜出。毛瑟公司的G41(M)半自动步枪虽然落选,但也生产了数千支,被德军投入东线战场使用。

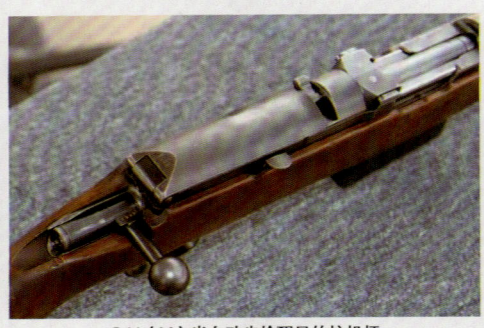

G41(M)半自动步枪醒目的拉机柄

G41半自动步枪发射7.92毫米×57毫米毛瑟标准步枪弹,使用固定弹仓进行供弹,弹仓容量10发。

G41半自动步枪的机械瞄具由准星和设有表尺的缺口式照门组成,最小表尺射程100米,最大表尺射程1200米。

枪口集气罩

除此之外,G41系列半自动步枪的火力持续性也有着很大的问题。该枪使用固定式弹仓进行供弹(同时期半自动步枪通常使用可拆卸弹匣或漏夹供弹),射手需拉动拉机柄打开弹膛,使用两个5发桥夹往弹仓中装弹,与换弹匣相比,这种装弹方式更为烦琐。

最后,高达5.03千克的半自动步枪,在当时的步枪中算是"重量级"的,长时间行军或高强度作战时,对士兵而言"绝对是一种折磨"。

德国

G43 半自动步枪

主要参数
- 枪口口径：7.92 毫米
- 全枪长度：1130 毫米
- 枪管长度：546 毫米
- 空枪质量：4.1 千克
- 供弹方式：弹匣
- 弹匣容量：10 发
- 步枪类型：半自动步枪

由于G41半自动步枪有着可靠性不足、维护不便，以及过于笨重等缺陷，于是瓦尔特公司按照德军前线部队的反馈加以改进，于1943年中旬推出了K-43步枪，经过德军测试后被采用作为制式步枪，并命名为"Gew.43半自动步枪"，简称"G43半自动步枪"。

G43半自动步枪采用短行程活塞导气式自动工作原理，该枪的自动工作原理借鉴了SVT-40半自动步枪。子弹被击发后，部分火药燃气会进入气室，推动活塞向后运动，使枪机框后坐。枪机框后坐的过程中会带动枪机开锁并后坐，在完成抽壳、抛壳等动作后在复进簧的作用下复进，复进的过程中枪机推弹入膛，枪机框复进并带动枪机闭锁，使步枪再次进入待击状态。

G43半自动步枪的拉机柄位置在机匣左侧，向上延伸

G43半自动步枪发射7.92毫米×57毫米步枪弹，采用可拆卸式弹匣进行供弹，弹匣容量10发。供弹方式上该枪进行了较大改动，一改G41半自动步枪只能用弹夹从枪机上方装弹的烦琐，在弹匣打空时只要更换弹匣即可完成装填，使德军的火力密度得到有效提升。此外，G43半自动步枪拉机柄的位置与当时多数步枪都不同，该枪的拉机柄位于枪击左侧，使射手在用左手更换弹匣后可以直接拉动拉机柄，提高了人机工效，并降低了换弹后重新瞄准的时间，使火力持续性有

效增强。

G43半自动步枪的机械瞄具由准星和带有表尺的缺口式照门组成，一些G43半自动步枪还配有瞄准镜，被德军作为狙击步枪来使用。

G43半自动步枪配用的瞄准镜

G43半自动步枪在战场上的表现

1944年初，第二次世界大战正值白热化，在这一年的苏德东线战场上，苏军逐渐收复失地，德军初显败势。不过就是在这一年，一线苏军在进攻时发现德军的自动武器数量开始增加。德军利用这些武器配合MG-34及MG-42通用机枪对苏军构成了强大的阻击火力，其中的主要武器就是德军开始装备的G43半自动步枪和STG44突击步枪。

不过由于产量和资源问题，G43半自动步枪并未大规模装备德军前线士兵，该枪多数只装备给经验丰富的德军士官，普通士兵少有装备。这款步枪在射速上虽然比毛瑟98K卡宾枪快，但却比STG44突击步枪慢。而论射程的话，该枪又不及毛瑟98K卡宾枪，再加上二战末期的德军已显露颓势，即使步兵装备再多自动武器也难以抵挡苏军铺天盖地的炮火和坦克。

G43半自动步枪配用的表尺划分

而在西线战场，盟军登陆诺曼底当天就遭遇了装备G43半自动步枪的德军，不过由于美军大量装备M1伽兰德步枪、M1卡宾枪，以及汤姆森冲锋枪，自动火力充足。因此，在班组火力上德军往往处于被压制状态。

德军狙击手对于G43半自动步枪也是毁誉参半，一些狙击手认为该枪有效射程过近，精度也不如毛瑟98K卡宾枪，难以胜任高难度的狙杀任务。而另外一些狙击手则认为G43半自动步枪射速够快，精度尚可，非常适合在盟军进攻时狙杀支援火力及军官。曾有一些在盟军后方作战的德军狙击手会为G43半自动步枪换上曳光弹，并在远距离连续射击盟军油料补给车，直至目标爆炸。

因此，没有任何一种武器是完美的，关键是"用在哪"以及"怎么用"。

德国

HK SL8 步枪

主要参数
- 枪口口径：5.56 毫米
- 全枪长度：980 毫米
- 枪管长度：510 毫米
- 空枪质量：4.2 千克
- 供弹方式：弹匣
- 弹匣容量：10 发
- 步枪类型：半自动运动步枪

HK SL8步枪是德国黑克勒－科赫（HK）公司以G36突击步枪为基础，改进并推出的半自动民用型运动步枪。

HK SL8步枪与G36突击步枪的结构基本相同，采用G36突击步枪的短行程活塞导气式自动工作原理。单导杆和气环活塞系统则类似于M16系列步枪，与早期黑克勒－科赫公司步枪使用的滚轮延迟反冲式枪机大为不同。

HK SL8步枪与G36突击步枪虽

护木安装有皮卡汀尼导轨的HK SL8-1步枪

有着相似的结构，但外观上却各不相同，HK SL8步枪取消了G36突击步枪的脚架和刺刀座，大多数采用浅灰色或白色作为枪支的主色调。此外，该枪的固定式枪托带有拇指孔，托腮板可根据射手的习惯自行调节，护木无通风孔，前后连接销改为螺丝杆。

HK SL8步枪发射5.56毫米×45毫米北约标准步枪弹，也可以发射比赛级的.223雷明顿步枪弹，该枪采用可

HK SL8-1步枪

拆卸式弹匣进行供弹，标准型弹匣容量10发，无法安装G36突击步枪的30发弹匣。

HK SL8步枪的机械瞄具安装在一条向前延伸的导轨上，由觇孔式照门和带有圆形护圈的准星组成。该枪可以轻松将机械瞄具拆掉，并换上光学瞄准镜，可安装G36突击步枪所有的瞄准镜。

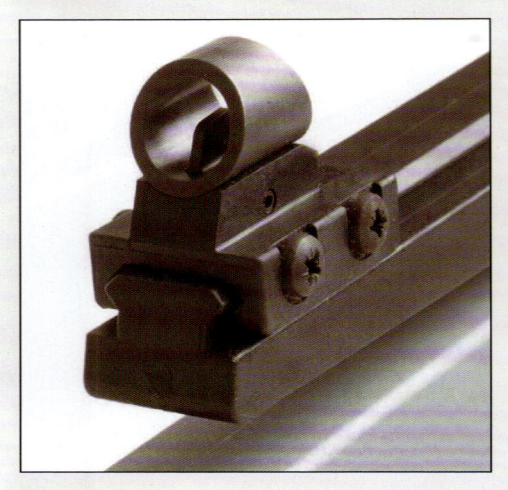

HK SL8步枪枪口特写

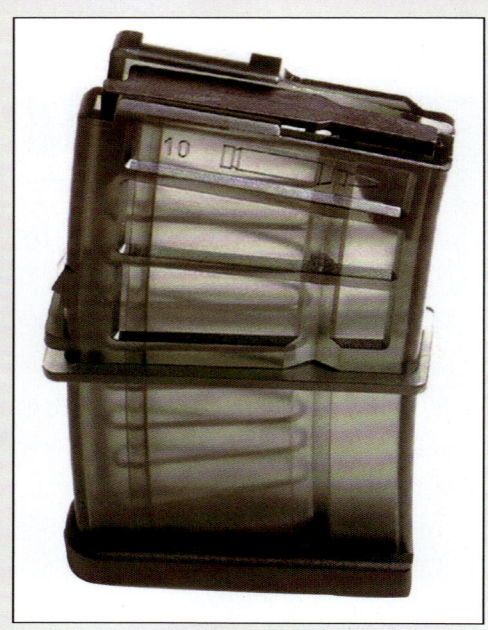

HK SL8步枪的准星（上图）和照门（下图）

HK SL8步枪的使用

虽然HK SL8步枪无法直接使用G36突击步枪的弹匣，但如果对G36弹匣做一些修改，或干脆修改机匣，还是可以在该枪上使用G36突击步枪弹匣的。不过对于在德国拥有HK SL8步枪

HK SL8步枪的10发透明弹匣

HK SL8步枪的衍生型号

HK SL8-1步枪

为了符合美国民用枪支的法律法规，黑克勒-科赫公司特别推出了HK SL8-1步枪。枪机稍作改进，将机匣右侧改为凹进去的样式，使客户无法通过改造机匣使用G36弹匣，并将枪支改为深灰色，配10发单排弹匣。

HK SL8-4步枪

HK SL8-4步枪多数采用黑色枪身，以及标准的G36突击步枪前护木和装有机械瞄具的短导轨，该枪标准弹匣10发，不过为了符合加拿大的法律法规，黑克勒-科赫公司也推出了5发弹匣供HK SL8-4步枪使用。

的个人来说，德国政府严令禁止在该枪上使用大容量弹匣。即使在能够合法出售G36突击步枪的国家，黑克勒-科赫公司也严格限制向民间出售G36弹匣，因此这种弹匣可谓有价无市，价格虚高。据说一家德国公司曾出售过经过改装的30发和42发AUG突击步枪弹匣，这种弹匣可直接在HK SL8步枪上使用，并且较为可靠，不过也因为数量过少，价格被炒得很高。

HK SL8-1步枪细节特写

比利时

FN-49
半自动步枪

主要参数
- 枪口口径：7.62毫米
- 全枪长度：1116毫米
- 枪管长度：590毫米
- 空枪质量：4.31千克
- 供弹方式：弹匣
- 弹匣容量：10发
- 步枪类型：半自动步枪

FN-49半自动步枪是比利时枪械设计师迪厄多内·赛弗设计，FN公司生产的一款半自动步枪，于1949年被比利时军队采用，作为制式步枪装备军队。

FN-49半自动步枪采用短行程活塞导气式自动工作原理，导气箍位于枪管前侧上方，用销钉定位并焊接固定。装有独立复进簧的导气活塞杆位于枪管上方，导气室前端就是气体调节阀，可调节两挡气体流量，在需要发射枪榴弹时还可以关闭导气孔以提供足够的气体压力。该枪导气装置的设计能够让推动活塞杆的火药燃气自动排出，并把火药残渣吹出导气室，降低导气装置出现故障的可能性。

FN-49半自动步枪的机匣顶部采用全开式设计，机匣底部设有两个开口，前侧开口用于装入弹匣，后侧开口用来装入发射机座。机匣内部设计有引导弹匣内子弹进入膛室的供弹斜坡，而机匣顶部设有导轨，用于固定机匣盖。

FN-49半自动步枪的手动保险机构位于扳机护圈右侧上方，射手若想要开启保险，只需将保险杠杆向下旋转，手动保险会锁住扳机并挡住扳机护圈，使手指无法伸入扳机护圈。

FN-49半自动步枪拥有多种不同口径版本，分别发射7.62毫米×63毫米步枪弹、7.92毫米×57毫米步枪弹、7毫米×57毫米步枪弹，以及7.65毫米×53毫米步枪弹，使用弹匣进行供弹，弹匣容量10发。这款枪虽使用弹匣供弹，但由于弹匣没有抱弹口，因此这款枪的弹匣在本质上只是起到了固定弹仓的作用。

换弹时，射手需向后拉动拉机柄打开枪机，使用桥夹从上方为FN-49半自动步枪装填弹药，压满弹匣需要使用两个5发桥夹。当然，也可以逐发向弹匣内部压入子弹，不过这种装弹

FN公司出品
——应用广泛的FN-49半自动步枪

方式较慢，通常只在弹匣处于不满弹状态，或无桥夹时使用。

FN-49半自动步枪右视图

如果射手想要清空FN-49半自动步枪弹匣中的子弹，有三种方式可供选择：第一种是将弹匣内的子弹打空；第二种方法是开启手动保险，枪口指向安全位置，通过多次拉动枪机使弹匣内的子弹从抛壳窗抛出；而第三种则需要将弹匣拆卸下来，操作较为麻烦。

FN-49半自动步枪的机械瞄具由准星和带有表尺的觇孔式照门组成，准星两侧带有护翼，照门位于机匣后方，可调整风偏和高低，最小表尺射程为100米，最大表尺射程则为1000米。

比较有趣的是，最早使用FN-49半自动步枪的并不是比利时军队，在被比利时军队采用以前，FN公司就尝试向其他国家销售该枪。1948年3月，委内瑞拉向FN公司订购了8000支7毫米口径的FN-49半自动步枪，此后直至1961年，另外又有8个国家订购不同口径的FN-49半自动步枪，其中阿根廷订购7.65毫米口径版本，比利时、刚果、巴西、哥伦比亚、印度尼西亚，以及卢森堡订购7.62毫米口径版本，埃及订购7.92毫米口径版本。除此之外，还有至少17个国家订购了少量的FN-49步枪用于试验和评估，其中包括美国和英国。

FN公司共生产了约17.6万支FN-49半自动步枪，而其中有一些还经历过战场的考验。在实战中与同时期的M1伽兰德步枪相比，FN-49半自动步枪的供弹方式更加方便。当时的比利时军队曾在局部战争中，装备并使用过这款步枪。此外，刚果独立运动也曾广泛使用该枪，苏伊士战争期间的埃及军队也装备过FN-49半自动步枪。

瑞典

AG-42
半自动步枪

主要参数
- 枪口口径：6.5毫米
- 全枪长度：1214毫米
- 枪管长度：622毫米
- 空枪质量：4.71千克
- 供弹方式：弹匣
- 弹匣容量：10发
- 步枪类型：半自动步枪

AG-42半自动步枪又被称为"AG42步枪"或"杨曼步枪"，由任职于瑞典马尔默城杨曼水泵公司的工程师埃里克·埃克隆于1941年开始设计，1942年定型，并被瑞典军队采用作为制式步枪。

AG-42半自动步枪采用直接导气式自动工作原理，通俗来说就是气吹式自动工作原理，没有采用常见的活塞导气方式。该枪是世界上第一款采用气吹式自动工作原理的自动装填步枪，此后，法国的MAS49半自动步枪、美国的AR-10自动步枪、AR-15突击步枪上也应用了类似的自动工作原理。

AG-42半自动步枪的操作方式也比较特别，该枪未设置拉机柄，使用机匣尾部的机匣盖凸起来代替拉机柄。使用时，只需要用手抓住机匣盖凸起，向前推到位再向后拉，便可使枪机开锁。如膛内有弹，轻拉机匣盖凸起即可使枪机复进、闭锁，扣压扳机即可击发。

AG-42半自动步枪发射6.5毫米×55毫米步枪弹，使用可拆卸式弹匣进行供弹，弹匣容量10发，换弹速度快，

AG-42半自动步枪左侧机匣

AG-42半自动步枪枪口特写

AG-42半自动步枪的缺口式照门

并有着较强的火力持续性。除此之外，该枪也可以使用桥夹从枪机顶部的大型抛壳窗向弹匣内压入子弹，两个5发桥夹即可装满该枪的弹匣。

AG-42半自动步枪左视图

响，甚至发生灾难性事故。由于瑞典军队所使用子弹的发射药燃烧速度过慢，进而使枪机过早开锁，导致膛压过高，弹壳承受不了如此大的压力从而造成炸膛，甚至将弹匣连同枪机炸飞，使整支步枪报废。

AG-42半自动步枪的使用与改进

AG-42半自动步枪在1942年定型后，由卡尔-古斯塔夫公司生产，总产量约为3万支。然而在使用中，也暴露出了该枪的一些缺陷。

AG-42半自动步枪使用的子弹装药量会对步枪的使用产生较大的影

1953年至1956年间，埃克隆对AG-42半自动步枪进行改进，改进后的步枪被命名为"AG-42B半自动步枪"。这种改进型步枪采用不锈钢导气管，有效提升了导气管的抗腐蚀性。除此之外，AG-42B半自动步枪还在一定程度上提高了人机工效，在抛壳窗增加了导壳板，避免弹壳向右后方飞出，让左利手射手在射击时不至于被抛出的滚烫的弹壳烫伤。

捷克斯洛伐克

ZH-29 半自动步枪

主要参数
- 枪口口径：7.92 毫米
- 全枪长度：1150 毫米
- 枪管长度：545 毫米
- 空枪质量：4.5 千克
- 供弹方式：弹匣
- 弹匣容量：5发、20发
- 步枪类型：半自动步枪

ZH-29是捷克斯洛伐克枪械设计师伊曼纽尔·哈力克在20世纪20年代设计的一款半自动步枪，该枪由位于布尔诺市的陆军兵工厂进行生产。

ZH-29半自动步枪采用长行程活塞传动式自动工作原理，枪机偏移式闭锁机构。该枪整体制作精良，并具有一部分超前的设计，比如双动式扳机系统。当然精密的机械对于使用者总是有着较高的要求，如保养维护不及时，也容易发生可靠性不足的问题。

ZH-29半自动步枪发射7.92毫米×57毫米毛瑟步枪弹，使用可拆卸式弹匣进行供弹，弹匣容量5发。该枪可使用ZB-26轻机枪配用的20发弹匣，以提升火力持续性。

ZH-29半自动步枪的机械瞄具由片状准星与缺口式照门组成，射手可通过调整表尺，来射击不同距离的目标。

ZH-29半自动步枪的机匣分解与内部构造

ZH-29半自动步枪的机匣顶部特写

ZH-29 半自动步枪的使用

ZH-29半自动步枪曾出口至埃塞俄比亚、泰国等国家，并在20世纪30年代参与美军的半自动步枪选型实验，可以说这是一款能与M1伽兰德半自动步枪同台竞技的武器。

不过，在选型实验中，精密的构造与较高的生产成本也使ZH-29半自动步枪成为劣势，由于综合表现欠佳，最终在选型中失利。

1939年，捷克斯洛伐克被德国占领，ZH-29半自动步枪也因此停产。

捷克斯洛伐克

Vz.52 半自动步枪

主要参数

- 枪口口径：7.62毫米
- 初速：744米/秒
- 全枪长度：1003毫米
- 枪管长度：523毫米
- 空枪质量：4.1千克
- 供弹方式：弹匣
- 弹匣容量：10发
- 步枪类型：半自动步枪
- 有效射程：400米

Vz.52半自动步枪由捷克斯洛伐克CZ公司设计并生产，这款枪的原型枪最初被命名为"CZ493"，后来改为"CZ502"，被捷克斯洛伐克军队采用后于1952年正式列装，并被命名为"Vz.52半自动步枪"。

Vz.52半自动步枪采用导气式自动工作原理，与多数采用导气式自动工作原理的步枪不同。该枪的导气装置未设有活塞筒，而是用一个套在枪管上的气塞套筒做活塞头。气塞套筒与起到活塞杆作用的连杆套筒连接，连接件是一个长度较短的半圆形金属筒。通过连杆套筒上一对带有复位簧的叉杆将冲击力传递到枪机框使其后坐，枪机框带动枪机开锁并完成抽壳、抛壳等动作。在复进的过程中推弹入膛，而后完成闭锁，使步枪重新进入待机状态。

Vz.52半自动步枪采用前端带有闭锁凸榫的偏转式枪机，因此，该枪的枪机与机匣受力的部分比较短，如此设计在一定程度上提高了射击精度。不过，在开、闭锁动作中，枪机

前端会出现较大的垂直运动，使抽壳钩定位困难，从而造成抛壳故障。为解决这一问题，CZ公司将该枪的抽壳钩做成了马镫形，在闭锁动作完成时，抽壳钩的锁杆向下，使其从上方钩住待击发子弹的弹壳。

Vz.52半自动步枪只能进行单发射击，该枪的发射机构包括一个双钩击锤和两个阻铁，即第一阻铁和第二阻铁。单发杆是实施单发射击的主要部件，当枪机后坐压倒击锤时，单发杆将击锤挂在第二阻铁上。假如射手想要再次击发枪弹，需要先松开扳机使击锤后钩与第二阻铁解脱，使击锤前钩被第一阻铁挂住进入待击状态。

Vz.52半自动步枪发射7.62毫米×45毫米中间威力步枪弹，使用弹匣进行供弹，弹匣容量10发。该枪还设有空仓挂机功能，弹匣打空后，托弹板上抬，空仓挂机卡榫将枪机阻于后方位置，提醒射手弹药耗尽。重新装填后，射手只需将位于后侧的拉机柄向后拉动一小段行程即可使枪机复位并推弹入膛，使步枪再次进入待击状态。

Vz.52半自动步枪的机械瞄具由片状准星和带有弧形标尺的U形缺口式照门组成。该枪的准星外侧带有护圈，在瞄准时可有效降低虚光的影响，横向移动准星座可进行水平调整，而上下拧动准星可进行高低调整。此外，该枪的表尺射程划分也有别于多数步枪，最小表尺射程50米，最大表尺射程为450米。

Vz.52半自动步枪独特的枪弹规格

Vz.52半自动步枪配用的弹药并不是苏制M43中间威力步枪弹（7.62毫米×39毫米，西蒙诺夫SKS半自动步枪、AK-47突击步枪配用的子弹），而是捷克斯洛伐克独立研制的7.62毫米×45毫米中间威力步枪弹。在华约组织中，多数国家都为了作战、训练协同的便利采用苏联制式的枪支与弹药，至多在仿制时进行一些改进。但由于捷克斯洛伐克有着较好的工业基础及丰富的轻武器制造经验，因此，没有选择仿制苏联武器，而是独立设计。

1955年后，为了在华约内部实现轻武器口径统一，捷克斯洛伐克放弃了自行研制的中间威力步枪弹，改用苏联的7.62毫米×39毫米M43中间威力步枪弹，并将Vz.52步枪加以改进。1958年后，Vz.58突击步枪定型，Vz.52半自动步枪从捷克斯洛伐克军队中陆续撤装。

自动步枪

美国

勃朗宁M1918自动步枪

主要参数

- 枪口口径：7.62毫米
- 初速：860米/秒
- 全枪长度：1194毫米
- 枪管长度：610毫米
- 空枪质量：7.2千克
- 供弹方式：弹匣
- 弹匣容量：20发
- 步枪类型：战斗步枪

勃朗宁M1918自动步枪由美国著名枪械设计师约翰·勃朗宁于1917年设计，并成功被美国军队采用作为制式步枪列装，正式命名为"勃朗宁M1918自动步枪"。

勃朗宁M1918自动步枪采用长行程活塞导气式自动工作原理，枪机偏移式闭锁机构，开膛待击式结构设计。该枪的机匣则是由一整块钢板加工而成的，拉机柄位于机匣左侧。除此之外，勃朗宁M1918自动步枪的枪管并不能快速拆装，因为该枪枪管是拧进机匣前端枪管节套中的。

勃朗宁M1918自动步枪可简称为"M1918 BAR"

勃朗宁M1918自动步枪的手动保险机构还兼作快慢机使用。手动保险柄位于机匣左侧，有三个挡位可选择，分别为"S""F""A"，其中"S"挡为保险，"F"挡为单发射击，"A"挡为全自动射击。

勃朗宁M1918自动步枪的枪托和护木为木质结构，枪管前端安装有消焰器，可在一定程度上降低后坐力对于射击精度的影响。

一战时期美军勃朗宁M1918自动步枪手的战斗携行具，每个弹匣袋可装一个弹匣

勃朗宁M1918自动步枪发射.30-06步枪弹，该弹种规格为7.62毫米×63毫米，采用可拆卸式弹匣进行供弹，弹匣容量20发。

勃朗宁M1918自动步枪的机械瞄具由柱形准星和带有表尺的照门组成，最小表尺射程100米，最大表尺射程1500米。除此之外，勃朗宁在一开始还为该枪设计配有刺刀，装在枪口消焰器下方，但由于该枪较重，不便于拼刺刀，因此刺刀并未量产。

勃朗宁M1918
自动步枪的衍生型号

M1922自动步枪

M1922自动步枪以勃朗宁M1918自动步枪为原型于1922年改进而成。主要改动为安装重型枪管，并在枪管表面增设散热筋，枪管节套上安装有可调节长度的两脚架。枪托底端增加单脚架，再加上枪托底板还设有铰接式支肩板，方便射手在进行全自动射击时控枪。该型号主要装备美国骑兵部队。

M1918A1自动步枪

M1918A1自动步枪于1937年设计，目的在于改进勃朗宁M1918自动步枪全自动射击时的操控性。该型号步枪加装了可调整高度的两脚架，并在枪托底板增设支肩板。不过，这个型号产量较少，保存到现在的M1918A1自动步枪则更为稀少。

M1918A2自动步枪

M1918A2 自动步枪

M1918A2自动步枪于1938年开始研制，1939年定型，次年装备美军。该型号取消了勃朗宁M1918自动步枪的半自动发射功能，增设射速控制功能，依靠快慢机完成。当快慢机选择"F"挡时，射速为每分钟300~450发；而当快慢机选择"A"挡时，射速即提高到每分钟500~650发。

从外观上看，M1918A2自动步枪改变了护木形状和尺寸，并使用底部带有防滑板的两脚架，两脚架安装在枪口装置上，非常容易拆卸。美军士兵通常会拆掉两脚架，将这款枪当作自动步枪而非轻机枪使用。

M1918A2 自动步枪

第一款应用于战场的
自动步枪
——勃朗宁M1918自动步枪

勃朗宁M1918自动步枪为了能够使步兵在行进时抵肩射击而设计，因此，配发至美军班一级作战单位，作为支援火力。该枪于1918年7月运抵法国，装备参与第一次世界大战的美国陆军第79步兵师，首次投入实战是1918年9月。

尽管勃朗宁M1918自动步枪于第一次世界大战后期才投入使用，但

M1918A2自动步枪的照门分划

还是产生了较大的影响。该枪被广泛使用于默兹－阿戈讷进攻战，其强大的火力给美国的盟友较深的印象，为此，法国也订购了15000支勃朗宁M1918自动步枪用于装备法国军队。

勃朗宁M1918自动步枪虽然被定位为步枪，但在美军班组中实际担任轻机枪的角色。这是因为在当时的英文词汇中还没有"轻机枪"这个单词，再加上当时将这种弹匣供弹且质量较轻，并可以全自动射击的武器归类为"Machine Rifle"，可译为"机关步枪"。直到现在，美军仍将使用M249轻机枪的射手称为"Automatic Rifleman"，也就是"自动步枪手"，其实就是源于勃朗宁M1918自动步枪在美军步兵班组中的职能。

除此之外，勃朗宁M1918自动步枪也存在着一些缺陷。比如该枪的枪管无法快速更换，在连续射击几百发子弹后枪管会变红，并烧焦护木，使枪管掉落。再加上该枪弹匣容量较少，只有20发子弹。虽然所有勃朗宁M1918自动步枪射手都必须学会打3~5发短点射，但即便如此，往往扣动几下扳机也就会将弹匣打空。因此，在后来美军由每班装备一支勃朗宁M1918自动步枪改为每班装备两支，一支M1918自动步枪的弹匣打空后另外一支立即开火，以保持对敌方的火力压制。

美国

M1 卡宾枪

主要参数
- 枪口口径：7.62毫米
- 初速：600米/秒
- 全枪长度：904毫米
- 枪管长度：458毫米
- 空枪质量：2.36千克
- 供弹方式：弹匣
- 弹匣容量：15发、30发
- 步枪类型：卡宾枪

1938年，美国陆军计划为二线部队提供一种发射中等威力弹药的抵肩射击武器，用于替代手枪和冲锋枪，作为军士、炮兵、通信兵等兵种的自我防卫武器。这种武器由温彻斯特公司研究所所长艾德温·巴格思雷领导团队设计，并从公司外请来大卫·马绍尔·威廉斯协助设计。1941年10月，M1卡宾枪定型，被美军采用作为军用制式卡宾枪。

M1卡宾枪采用短行程活塞导气式自动工作原理，导气孔位于枪管中间部位，距弹膛115毫米，导气活塞位于枪管下方，运动距离为3.5毫米。子弹被击发后，火药燃气通过导气孔进入导气室并推动导气活塞向后运动，导气活塞推动枪机框，枪机框带动枪机后坐开锁，并完成抽壳、抛壳，以及压倒击锤的动作。枪机后坐到位后在复进簧的作用下复进，枪机在复进的同时推弹入膛，此时枪机停止复进，枪机框继续复进并带动枪机闭锁，此时步枪进入待击状态。该枪的导气式自动工作原理和枪机都类似M1伽兰德步枪，只不过枪机尺寸按比例略微缩小了。

M1卡宾枪的保险机构位于扳机护圈前方，该枪早期型号的保险采用横推式按钮开关，后来改用回转式杠杆开关。这是由于早期型号在连续射击时保险按钮会变得过热，而弹匣卡榫又紧挨着保险按钮，温度较高的保险按钮不仅影响保

未安装弹匣的M1卡宾枪

险机构的操作，还会影响射手换弹匣时的操作。

M1卡宾枪发射7.62毫米×33毫米卡宾枪弹，使用可拆卸式弹匣进行供弹，弹匣分为15发和30发两种，使用方便且操作可靠。

7.62毫米×33毫米卡宾枪弹也被称为".30卡宾枪弹"，是温彻斯特公司根据美国军方提供的指标，在1905式.32半自动步枪弹的基础上改进而成的。

M1卡宾枪与该枪配备的弹匣袋

M1卡宾枪的机械瞄具由准星和觇孔式照门组成，该枪的觇孔式照门为L形翻转式，小觇孔有效射程设定为300码（约275米），而大觇孔有效射程设定在150码（约137米）。

M1卡宾枪的衍生型号

M1A1卡宾枪

虽然M1卡宾枪的尺寸相比M1伽兰德步枪要短得多，但由于该枪仍采

用木质固定式枪托结构，因此，美国陆军空降部队特别要求研制一款能够折叠枪托以缩短全枪长度的卡宾枪，并在枪托折叠的状态下也能够正常射击。

1942年3月，带有折叠金属枪托的M1A1卡宾枪问世，主要装备美军空降部队。

M1A1卡宾枪的照门

M1A2卡宾枪

M1A2卡宾枪的照门可调节风偏，但这一型号并未量产。

M1A3卡宾枪

M1A3卡宾枪以M1A1卡宾枪为基础并加以改进，将折叠式枪托改为伸缩式枪托，配备15发标准弹匣，不过也未量产。

M2卡宾枪

M2卡宾枪于1944年9月定型，该枪在M1A1卡宾枪的基础上增设快慢机，可选择全自动或半自动发射。由

M2卡宾枪

于全自动发射耗弹较快，因此配用30发弹匣，不过该枪也可以使用M1系列卡宾枪的15发弹匣。该枪主要装备美军基层军官或参谋士官，作为个人防卫武器使用。

M2卡宾枪的快慢机

M3卡宾枪

M3卡宾枪又被称为"T3卡宾枪"或"T120卡宾枪"。该型号卡宾枪是1944年初应美国陆军要求而设计的一款用于夜间的近战武器。M3卡宾枪在M2卡宾枪的基础上增设红外夜视瞄准装置，前护木下方安装有一个带控制开关的握把，并取消M2卡宾枪全自动射击模式。由于主要在夜间使用，因此该枪的枪口装有喇叭形消焰器，以降低枪口焰对夜视瞄准镜的影响。

美国

主要参数
- 枪口口径：7.62 毫米
- 全枪长度：1016 毫米
- 枪管长度：508 毫米
- 空枪质量：3.4 千克
- 供弹方式：弹匣
- 弹匣容量：20 发
- 步枪类型：战斗步枪

AR-10 自动步枪

AR-10自动步枪是由美国枪械设计师尤金·斯通纳设计，阿玛莱特公司生产的一款可全自动发射的步枪。

AR-10自动步枪采用直接导气式自动工作原理，也可称为"气吹式工作原理"，导气装置由导气管、导气箍、气室组成，无导气活塞。子弹被击发后，火药燃气通过导气管进入气室并直接推动枪机框后坐，枪机框带动枪机开锁并完成抽壳、抛壳动作。枪机后坐到位后复进，复进的同时会推弹入膛，枪机停止复进后，枪机框继续复进并带动枪机旋转，完成闭锁，使步枪再次进入待击状态。这款枪的导气阀位于导气箍内，射手可通过调节导气阀来控制火药燃气进入气室中的气体量。

AR-10自动步枪大量使用质量较轻的铝合金材料，如机匣和发射机座。机匣上方装有提把，抛壳窗位于机匣右侧。抛壳窗的上方设有防尘盖，可防止灰尘进入枪机内部而造成故障。发射机座右侧设弹匣解脱钮，左侧设空仓挂机解脱钮和快慢机。

早期型AR-10自动步枪的枪口消焰器

AR-10自动步枪的机匣铭文特写

AR-10自动步枪的手动保险也兼作快慢机使用，分别为保险、单发和连发三种挡位。

AR-10自动步枪的枪托采用直托

式设计，枪托、机匣和枪管为一条直线。与倾斜式枪托步枪相比，直托式步枪后坐力较小，使射手在射击时更容易控枪。此外，该枪的复进装置位于枪托内部，由复进簧导杆、复进簧、缓冲器，以及阻铁等零部件组成。

照门安装在提把后端，最小表尺射程200米，最大表尺射程700米。由于该枪采用直托式设计，为了方便射手瞄准，AR-10自动步枪准星和照门的高度都比较高，也就是通常人们说的"瞄准基线较高"，其实这个高度的基线在瞄准时非常舒适。

机匣右侧弹匣上方的按钮为弹匣解脱钮，若射手用右手持枪，可使用食指进行操作

AR-10自动步枪发射7.62毫米×51毫米北约标准步枪弹，这是一种全威力步枪弹，使用可拆卸式弹匣供弹，弹匣容量20发。此外，AR-10自动步枪的人机工效良好，换弹方便。在弹匣打空后，射手按压弹匣解脱钮即可使弹匣解脱，插上一个新弹匣后，按压空仓挂机解脱钮即可使枪机复进并推弹入膛，使步枪进入待击状态。

AR-10自动步枪的快慢机位于机匣左侧，握把上方，机匣左侧弹匣上方的按钮为空仓挂机解脱钮

AR-10自动步枪的机械式瞄具由准星和带有表尺的觇孔式照门组成，

M14自动步枪的竞争对手
——AR-10自动步枪

1950年代初，美国陆军要求以弹匣供弹式自动步枪替代较为老旧的M1伽兰德步枪，为此，美国军方发起竞标。参与竞标的包括阿玛莱特公司的AR-10自动步枪，FN公司的FAL自动步枪，以及春田公司以M1伽兰德步枪改进而成的T44步枪。最终T44步枪胜出，成为美军下一代制式步枪，并被重新命名为"M14自动步枪"。

AR-10自动步枪产量不高，虽在美国国内落选，但也有一部分销往国外，当时主要采购该枪的国家有缅甸、古巴、苏丹，以及葡萄牙等。除此之外，意大利、奥地利，以及南非也曾少量进口AR-10自动步枪进行测试评估。

美国

M14自动步枪

主要参数
- 枪口口径：7.62毫米
- 初速：850米/秒
- 全枪长度：1120毫米
- 枪管长度：560毫米
- 空枪质量：3.9千克
- 供弹方式：弹匣
- 弹匣容量：20发
- 步枪类型：战斗步枪

M14自动步枪由美国春田兵工厂生产，是M1伽兰德步枪的改进型自动步枪。这款枪于1957年定型，成为美国军队的制式步枪。

M14自动步枪采用短行程活塞导气式自动工作原理，回转闭锁式枪机。此外，该枪还是第一款采用膨胀式导气装置并获得专利的步枪，这种导气装置的特点在于可以自动关闭导气孔，限制进入导气筒内的火药燃气。

子弹被击发后，弹头通过导气孔，其中部分火药燃气会经由导气孔进入活塞头内。由于导气箍前端为封闭状态，因此，火药燃气只能在活塞头内膨胀，从而推动活塞向后方运动。活塞向后方行程约4毫米时，原本与导气孔对正的孔就会错开，阻止火药燃气持续进入活塞头，因此，这种膨胀式导气装置并不需要气体调节器。此时，与枪机框相连的活塞继续后坐，推动枪机框带动枪机开锁，并

M14自动步枪机匣左视图

在完成抽壳、抛壳、压倒击锤的动作后，枪机框与枪机共同复进。枪机在完成推弹入膛动作后停止复进，枪机框继续复进使枪机闭锁，此时步枪再次进入待击状态。

M14自动步枪机匣右视图

M14自动步枪的击发机构直接由M1伽兰德步枪演变而来，如双钩击锤、扳机连杆、扳机，以及第一阻铁和第二阻铁等设计都较为相似。

M14自动步枪的手动保险与M1伽兰德步枪相似，位于扳机护圈前方。该枪的手动保险装置从外观上来看是一个带有圆孔的方形金属片，将这一装置向后压可开启保险，使步枪进入保险状态，解除保险只需将这一装置向前推动即可。

M14自动步枪的机匣铭文

M14自动步枪设有快慢机，射手可自由切换半自动或全自动射击模式。此外，美军所装备的M14自动步枪多数都设有快慢机锁。快慢机锁是一个替代快慢机的零部件，装上快慢机锁后，快慢机就被固定至半自动状态，步枪只能进行半自动发射。如果想要进行全自动发射，只需将快慢机锁卸下，装上快慢机柄并选择全自动模式即可。

M14自动步枪发射7.62毫米×51毫米北约标准全威力步枪弹，使用可拆卸式弹匣进行供弹，弹匣容量20发。换弹时，除了更换弹匣外，射手还可以拉动枪机，从枪机上方的抛壳窗向弹匣内压入子弹。

M14自动步枪的机械式瞄具由准星和觇孔式照门组成，瞄准基线较长，再加上该枪发射全威力步枪弹，因此有着良好的精度和杀伤力。

M14自动步枪的衍生型号

M1A步枪

M1A步枪是M14自动步枪的半自动民用型号，由春田公司生产，主要面向民用市场销售。与M14自动步枪相比，M1A步枪无法进行全自动射击。这款枪的机匣采用高精密度铸造生产的AISI8620低碳合金钢制成，有效增强了枪机强度，当然，价格也水涨船高。

可进行战术改装的 M1A 步枪

MK14增强型战斗步枪

MK14增强型战斗步枪

由于可根据战场情况的不同更换不同的战术附件，因此，MK14增强型战斗步枪是一款能够适应当代战场的步枪。但是，M14自动步枪本身就有重心过于靠前的缺点，因此，在使用时，MK14增强型战斗步枪不宜在前部加装过多的战术附件。

MK14增强型战斗步枪的英文名称为"Mark 14 Mod 0"，是美国特种作战司令部根据海军海豹突击队的要求，在2000年左右向各大枪械厂商招标的一款用于进行室内近距离战斗（CQB）的步枪。经过选型实验，最终采用塞奇国际公司所提供的改装型M14自动步枪。

MK14增强型战斗步枪采用了M14自动步枪的内部设计，外部零部件为全新设计。如增设手枪握把、伸缩枪托和哈里斯两脚架，护木四周设有四条皮卡汀尼导轨，方便射手安装各种战术附件，如瞄准镜、战术灯、激光指示器等。

美国

AR-15 突击步枪

主要参数
- 枪口口径：5.56 毫米
- 全枪长度：991 毫米
- 枪管长度：406 毫米
- 空枪质量：2.89 千克
- 供弹方式：弹匣
- 弹匣容量：20 发、30 发
- 步枪类型：突击步枪

AR-15突击步枪由美国阿玛莱特公司枪械设计师尤金·斯通纳于1957年设计，该枪是第一款发射5.56毫米步枪弹的小口径步枪，并具备半自动和全自动射击模式。因此AR-15突击步枪被定义为"开创了步枪小口径化的先河"的突击步枪，对此后突击步枪的发展产生了非常大的影响。

AR-15突击步枪结合许多世界著名步枪的研究成果，比如采用AG-42半自动步枪的直接导气式自动工作原理，通俗来说也就是"气吹式自动工作原理"，这种导气系统无导气活塞，减少了步枪的零部件数量，降低了生产成本。而AR-15突击步枪的闭锁机构则借鉴了M1941约翰逊半自动步枪。除此之外，AR-15突击步枪带有照门的提把，类似英国EM-2突击步枪，抛壳口防尘盖借鉴了德国STG44突击步枪，机匣盖和枪尾则借鉴了FN FAL自动步枪。

使用20发弹匣的AR-15突击步枪

与同为阿玛莱特公司产品的AR-10自动步枪相比，AR-15突击步枪延续了其质量较轻的优点，该枪空枪质量仅有2.89千克，战斗质量约3.5千克。不过，尤金·斯通纳也在设计上犯了一些错误，比如他认为没必要为枪膛镀铬，当然，当时的阿玛莱特公司也并没有给枪膛镀铬的技术。

AR-15突击步枪发射5.56毫米×45毫米小口径步枪弹，采用可拆卸式弹匣进行供弹，标准弹匣有20发和30发

使用30发弹匣的AR-15突击步枪

两种。

AR-15突击步枪的机械瞄具由准星和觇孔式照门组成，准星支架的侧截面是一个直角三角形，觇孔式照门位于提把上方尾端。

AR-15突击步枪的测试与使用

由于M14自动步枪已在AR-15突击步枪推出前成功定型，为了能够更快推动小口径步枪在美军中的使用，AR-15突击步枪在定型后的9个月便开始进行测试。

从1958年至1959年，美国陆军在本宁堡、奥德堡，以及阿伯汀等地的试验场，将AR-15突击步枪与M14自动步枪进行对比测试。通过测试，美军测试人员发现AR-15突击步枪质量轻、易操作、分解简单，并且一些步兵单位报告AR-15突击步枪将会是M14自动步枪的一个合适替代品。

不过在此后的测试中，AR-15突击步枪也暴露出一些问题。比如枪口焰过大，射击精度也不怎么理想，侵彻力不足，并且在使用30发标准弹匣时故障率过高等。除此之外，枪管在进水后还会造成炸膛事故，哪怕只是雨水。

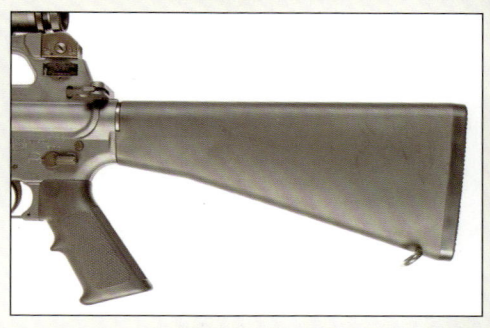

1960年，AR-15突击步枪在美国得克萨斯州的空军基地进行试验。

由于该枪在空军基地的测验表现不错，因此，美国国防部正式指示在实战条件下试验AR-15突击步枪。实战测验结果表明AR-15突击步枪在性能上优于其他武器，尤其是在越南战场的丛林环境中完全胜过了M14自动步枪。

1963年，美国空军将在越南使用的改进型AR-15突击步枪命名为"XM16突击步枪"，其中大部分提供给陆军特种部队和空中机动战术部队试用。

1964年2月，美国空军将XM16突击步枪正式命名为"美国5.56毫米口径M16步枪"，至此，AR-15突击步枪正式成为美军的制式步枪，其改进型一直使用至今。

美国

M16系列突击步枪

主要参数
（M16A4突击步枪）

- 枪口口径：5.56毫米
- 空枪质量：3.77千克
- 初速：945米/秒
- 供弹方式：弹匣
- 全枪长度：1000毫米
- 弹匣容量：30发
- 枪管长度：510毫米
- 步枪类型：突击步枪

脱胎于AR-15突击步枪的M16系列突击步枪作为世界两大突击步枪枪族之一，已在美军中服役半个世纪之久。此外，该枪还有繁多的衍生型号，被近百个国家使用，并掀起了步枪小口径化的浪潮。

M16系列突击步枪采用气吹式自动工作原理，枪机回转式闭锁机构。枪弹被击发后，火药燃气进入导气管直接作用于枪机框，使枪机框后坐带动枪机开锁并完成抽壳、抛壳等动作后，枪机框与枪机在复进簧的作用下复进。枪机将弹匣内的子弹推入弹膛后停止复进，枪机框继续复进，并使

M16系列突击步枪配用的20发（左）与30发（右）弹匣

枪机旋转闭锁，此时步枪再次进入待击状态。

M16系列突击步枪大致可分为三代，第一代为美军于20世纪60年代装备的M16突击步枪和M16A1突击步枪，第二代为美军于20世纪80年代装备的M16A2突击步枪，第三代也就是美军于21世纪后装备的M16A4突击步枪。

美军换装M16系列突击步枪，主要原因还是由于M14自动步枪在越南战场表现不佳。在丛林环境中，两军交火的距离较近，有时甚至可以说是短兵相接。发射7.62毫米×51毫米北约标准全威力步枪弹的M14自动步枪在使用全自动模式射击时后坐力非常大，让射手难以控制，射击精度差。因此，使用M14自动步枪的士兵在近距离作战时总是被使用AK-47突击步枪的对手压制，美军士兵对此苦不堪言，换枪也逐渐提上日程。

此时，AR-15突击步枪进入美国军方的视野内，并对该枪进行实战试验，试验结果表明该枪的性能胜过其他步枪，同时部分美军部队也开始少量装备AR-15突击步枪。为此，1963年1月，美国国防部长麦克纳马拉命令停止采购M14自动步枪。同年11月，柯尔特公司获得了来自美国空军和陆军订购AR-15突击步枪的订单，其中空军订购的AR-15突击步枪被命名为"XM16突击步枪"，而陆军订购的AR-15突击步枪则被命名为"XM16E1突击步枪"。1964年，美国空军将装备的XM16突击步枪正式命名为"美国5.56毫米口径M16步枪"。

美国陆军装备的XM16E1突击步枪与空军的XM16突击步枪有所差异，该型号步枪的枪机上增加了复进助推器。不过，从1966年秋季开始，战场上总是传出XM16E1突击步枪或XM16突击步枪出现故障的消息，美军许多战斗失利的报告都提到过该枪的故障问题。而故障产生的原因多种多样，如气候潮湿、温度高时，假如步枪未及时进行分解维护，就非常容易生锈。

除此之外，XM16E1突击步枪或XM16突击步枪最大的问题在于该型号突击步枪的可靠性不足，这与M16系列突击步枪的气吹式自动工作原理有关。子弹被击发后，枪管中的火焰燃气从导气孔通过，导气管直接作用

于枪机框来带动枪机后坐,这样的设计确实减少了零部件的数量,但火药燃烧后剩下的残渣也会被直接吹入枪机组内,使步枪出现故障。为此,比起活塞导气式工作原理的步枪,气吹式需要射手更频繁地清洁维护才能保证步枪稳定工作。

此外,XM16E1突击步枪和XM16突击步枪的可靠性不足跟发射药也有直接关系。如果使用原本配套的单基管状发射药或许能像柯尔特公司宣传那般"可靠性强,无须维护",但偏偏五角大楼下令使用燃烧更快的双基球形发射药。这种发射药虽然提高了子弹的射速,但残渣较多,再加上M16系列突击步枪采用气吹式工作原理,非常容易使枪机组件积碳,从而造成卡壳等故障。为了避免故障,XM16E1突击步枪或XM16突击步枪需要经常维护才能保证可靠性。

M16系列突击步枪与AK-47突击步枪的首次较量是在越南战场,在一些对比两款步枪性能的报告中都会提及美军士兵在缴获AK-47突击步枪后,宁愿扔掉M16突击步枪而使用AK-47突击步枪。其实美军士兵扔掉M16突击步枪是确实存在的事实,但远不如人们想象得那么普遍。因为在战场上使用不同型号的武器涉及训练水平的有效发挥,以及配用弹药补给等问题。除非是自己的武器无法正常使用又没有备用武器,否则一般不会捡取敌人的武器使用,但足以说明M16系列突击步枪在实战中还是存在一系列问题。

M16系列突击步枪的改进型号

M16A1突击步枪

柯尔特公司着手对M16系列突击步枪的问题进行改进。首先,将子弹发射药中容易产生残留物的含钙元素的碳酸盐含量由原来的1%减少至0.25%,使抽壳困难得到解决;其次,重新设计枪托,把清洁维护工具放置在枪托内;最后,将枪膛镀铬,并严格控制生产工艺,提高产品质量。这种改进型步枪被命名为"M16A1突击步枪"。

相比早期M16突击步枪,M16A1突击步枪的可靠性大幅度提高。每一批M16A1突击步枪在配发到部队前,都会随机抽取部分步枪进行可靠性测试,测试结果表明M16A1突击步枪平均故

M16A1 突击步枪的机匣

障率为0.033%，低于0.15%的指标要求，平均无故障发射数量为3000发。

M16A1突击步枪的上机匣、护木、枪管

M16A2突击步枪

M16A2 突击步枪

北约组织于1977年至1979年启动了一项新型标准化小口径中间威力步枪弹的选型测试，测试结果：比利时5.56毫米SS109弹胜出，美国5.56毫米M193弹落选。因此，美国选定SS109弹作为新的制式步枪弹，而使用新型步枪弹需要对步枪的枪管、膛线等进行修改。此时，柯尔特公司根据美国海军陆战队关于使用M16A1突击步枪的意见，并结合使用新型步枪弹的要求，对该枪进行修改，改进型被称为"M16A1E1突击步枪"。

相较M16A1突击步枪，M16A1E1

M16A2突击步枪（上）与M16A1突击步枪（下）

突击步枪的主要改动为：缩短了膛线缠距，提高了理论射速；将护木前方的枪管外径加粗至18.5毫米，使其接近消焰器直径，并提高了枪管强度，使枪管抗弯曲能力增强；枪托加长16毫米，更符合人体工程学；觇孔式照门直径由原来的2毫米改为5毫米，方便瞄准近距离运动目标，准星由圆柱形改为方柱形；抛壳窗后方增加一个凸起的弹壳导向装置，使射手左手持枪射击时弹壳不会"打脸"；将三角形护木改为圆柱形，使手掌较小的射手也能舒适握持；为了节省弹药，将全自动射击模式改为三发点射模式。

打开机匣的 M16A2 突击步枪

1982年，M16A1E1突击步枪正式定型为M16A2突击步枪，美国海军陆战队于1983年装备该型号步枪，美国陆军则于1985年装备该枪。

M16A2突击步枪最大的特点其实就在于用三发点射模式替代了全自动射击模式。美国军方高层认为这样能够在战斗中节约弹药，而一些军事专家或枪械技术专家，包括尤金·斯通纳本人都对此持相反意见。用三发点射代替全自动射击模式，与突击步枪的设计意图背道而驰，因为突击步枪的战术使用目的就是利用突然和猛烈的火力压制、阻止或歼灭敌人。

99

M16A2 突击步枪

此外，M16A2突击步枪的三发点射机构并不完善。每次发射3发子弹，棘轮会转动半圈，但如果在三发点射发射过程中过早松开扳机，那么射击也就会中断，扳机组无法重新设定。也就是说，如果射手在使用三发点射模式射击2发子弹后松开扳机，那么再次扣动扳机只能发射出1发子弹。而使用半自动模式射击时，由于每射击一次棘轮停止的位置都不同，扳机力也会受到影响，从而影响射击精度。

即使存在较多的争议，但M16A2突击步枪的地位依旧未被撼动。1989年，美军开展一项先进战斗步枪计划，这个计划的目的就是为了寻求M16A2突击步枪的替代品。最终，没有一款竞标武器的综合性能能够超越M16A2突击步枪，该项计划也不了了之。

M16A3突击步枪

M16A3 突击步枪

M16A3突击步枪的机匣铭文（上图）、可拆卸提把（中图）、快慢机（下图）特写

M16A3突击步枪是M16A2的全自动改进型，该型号步枪的扳机组件与M16A1突击步枪相同。M16A3突击步枪主要装备美国海军，用于舰艇守卫，因此较少用于实战，生产数量并不多。

M16A4突击步枪

M16A4 突击步枪

20世纪90年代，美国陆军宣布将装备M4卡宾枪，用来替代原来的M16A2突击步枪，海军陆战队也紧随其后，欲使用M4卡宾枪替代M16A2

安装了多种战术附件的M16A4突击步枪

突击步枪。不过在此后，海军陆战队经过测试和评比，宣布放弃全面换装M4卡宾枪，而改为采购M16A4突击步枪。

为什么美国海军陆战队会"吃回头草"去选择M16系列突击步枪呢？这是由于在战场上，海军陆战队使用的SS109步枪弹缺乏杀伤力，而使用M4卡宾枪发射时更为明显，海军陆战队士兵普遍认为这种初速较低的卡宾枪难以对目标造成理想创伤。因此海军陆战队还是决定选择枪管更长、初速更高并且射程更远的M16A4突击步枪。

作为M16系列突击步枪中的第三代，M16A4突击步枪在美军野战手册中被称为"M16A4 MWS"，即模块化武器系统，也就是由枪械和火控系统结合而成的整体。M16A4突击步枪采用KAC公司的M5 RAS护木，护木上的皮卡汀尼导轨可安装激光指示器、战术灯、直角握把，以及垂直握把等战术附件。此外，该型号步枪改用可拆卸式提把，卸掉提把后机匣顶端是一条战术导轨，射手可自由更换机械瞄具以及全息衍射式、红点反射式等光学瞄具。

M16A4突击步枪的射击模式只有半自动和三发点射两种，采用铝合金弹匣进行供弹，弹匣容量30发。

北约标准化
——M16系列突击步枪的弹匣

外形上为"直一弯一直"设计的北约标准弹匣

起初，AR-15和XM16突击步枪使用的弹匣为20发直弹匣，后来采用有弯曲弧度的30发弹匣。北约组织在确定使用5.56毫米×45毫米步枪弹作为标准中间威力步枪弹后，在1980年确定了北约4179号标准化弹匣，通常称为"北约标准弹匣"，也就是M16系列突击步枪的标准30发弹匣。其他北约成员国也开始在本国装备的步枪上使用统一标准的弹匣，增强了武器通用性的同时，减轻了后勤的压力。

分解状态的M16A4突击步枪

美国

AR-18突击步枪

主要参数
- 枪口口径：5.56毫米
- 全枪长度：965毫米
- 枪管长度：457毫米
- 空枪质量：3千克
- 供弹方式：弹匣
- 弹匣容量：20发、30发
- 步枪类型：突击步枪

在美军决定采用AR-15突击步枪作为制式步枪后，阿玛莱特公司在转型后决定设计一款新型步枪与其竞争市场。新型步枪由阿玛莱特公司首席设计师亚瑟·米勒设计，被命名为"AR-18突击步枪"。

AR-18突击步枪采用短行程活塞导气式自动工作原理，未设有气体调节阀。导气孔距离枪管尾端面324毫米，40毫米长的活塞筒采用不锈钢材料制成，安装于枪管上方。活塞筒设有3个闭气环，当活塞向后行程约13毫米时，上方的排气孔露出，火药燃气经过排气孔向外排出。

AR-18突击步枪的主要零部件由枪机、机框、上机匣、下机匣、导气装置、枪管、上下护木、枪托和弹匣组成，枪机呈短圆柱形，并配有拉机柄。闭锁凸榫位于枪机前端，经22.5°旋转即可卡入枪管节套中的闭锁槽，使枪机完成闭锁。

AR-18突击步枪的枪托采用折叠式设计，枪托可向左侧折叠。折叠后枪托不会遮挡快慢机和扳机护圈，因此在短兵相接时，使射手无须打开枪托就可以扣动扳机击发。

枪托展开状态的AR-18突击步枪

AR-18突击步枪发射5.56毫米×45毫米步枪弹，使用可拆卸式弹匣进行供弹，弹匣容量30发。此外，该枪还可以使用AR-15突击步枪的20发、30发弹匣。

AR-18突击步枪的枪托采用折叠式设计

AR-18突击步枪的机械式瞄具由柱形准星和带有L形表尺的照门组成，照门可调整风偏和高低，机匣上方还配有瞄准镜座，方便射手安装光学瞄准镜。

安装30发弹匣的AR-18突击步枪

AR-18突击步枪的实际应用

在美国，由于M16系列突击步枪逐渐成熟，AR-18突击步枪未被美军采用。除此之外，这款枪也未被任何国家采用作为军用制式步枪，只有部分国家的军队少量购买作为试验用枪，其中包括美国、英国、日本等。总体而言，AR-18突击步枪的失败并非因为这款枪的设计有重大缺陷，而是阿玛莱特公司缺乏市场营销能力。

虽然AR-18突击步枪未被各国军队采用，但这款枪的设计影响深远，英国的SA80、新加坡的SAR-80，以及德国的G36等突击步枪都借鉴了AR-18突击步枪的设计。

美国

M4卡宾枪

主要参数

- 枪口口径：5.56毫米
- 初速：884米/秒
- 全枪长度：840毫米
- 枪管长度：368毫米
- 空枪质量：2.68千克
- 供弹方式：弹匣
- 弹匣容量：30发
- 步枪类型：卡宾枪

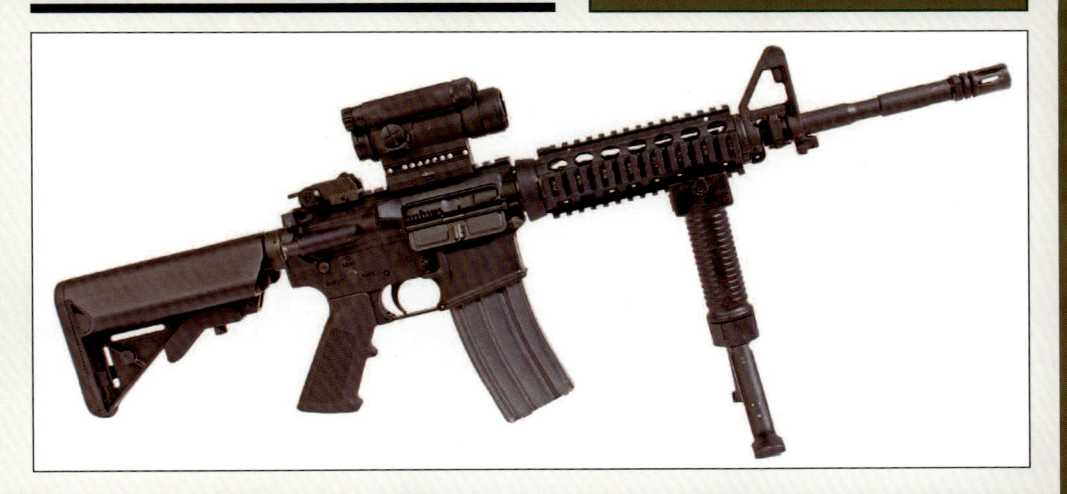

M4卡宾枪左视图

　　M4卡宾枪是美国柯尔特公司在M16A2突击步枪的基础上设计的一款短管型突击步枪，可以看作M16A2突击步枪的轻量化、小型化衍生型武器。

　　M4卡宾枪采用直接导气式自动工作原理，枪机回转式闭锁机构，这种自动工作原理也被称为"气吹式"。子弹被击发后，火药燃气进入导气管，直接作用于枪机框。这种自动工作原理减少了枪支零部件数量，从而在一定程度上降低了生产成本。

　　M4卡宾枪的枪托采用伸缩式设计，枪托在缩起状态时全枪长757毫米，而枪托在完全展开状态时全枪长840毫米。这样的枪托设计考虑到了使用者体型各不相同，而固定枪托必然不能"照顾"到所有人。

　　M4卡宾枪发射5.56毫米×45毫米北约标准中间威力步枪弹，使用可拆卸式弹匣进行供弹，弹匣容量30发，通用北约标准弹匣。由于美军高层对于弹药节约的考虑，M4卡宾枪只有半自动和三发点射两种射击模式，并不能进行全自动发射。

　　M4卡宾枪的机械式瞄具由准星和觇孔式照门组成，有别于M16A2突击步枪800米的最大表尺射程，M4卡宾枪的最大表尺射程为600米。

M4卡宾枪护木与枪管特写

M4卡宾枪的机匣铭文

M4卡宾枪的改进型号

M4A1卡宾枪

早期的M4A1卡宾枪，护木与机匣均未安装皮卡汀尼导轨

M4A1卡宾枪是M4卡宾枪的改进型，主要改动为增加了全自动射击模式和取消三发点射模式。M4A1突击步枪广泛装备于美军常规部队和特战单位，是现在美军中最常见的步枪型号。

M4A1卡宾枪机匣特写

M4 MWS

使用平顶机匣的M4 MWS

M4 MWS是英文"M4 Modular Weapon System"的缩写，可译为"M4模块化武器系统"，该型号也被称为"M4E2"。M4 MWS配备有RIS护木，并配有多种战术挂件。提把可拆卸，方便射手安装全息衍射式、红点反射式等光学瞄具。护木上的皮卡汀尼导轨亦可安装垂直握把、直角握把、战术灯和激光指示器等战术挂件。

M4系列卡宾枪的使用情况

柯尔特公司生产的新型号M4卡宾枪

M4系列卡宾枪有着紧凑的外形，较短的枪身和枪管适合机械化步兵机动。但由于该枪枪管较短，因此初速较低，膛口噪声也比较大，与M16系列突击步枪相比，M4系列卡宾枪的护木在射击时也更容易发热。在战场上，许多美军士兵都抱怨M4系列卡宾枪射程不足，无法有效命中300米外的目标，而这也直接促成了美国海军陆战队放弃全员换装M4系列卡宾枪，转而大量装备M16A4突击步枪。而在巷战环境中，可全自动射击的M4A1卡宾枪就成了近战利器，因此，该枪获得了美军特种部队和空降部队等快速反应部队的支持。当然，考虑到步兵班组近战火力的问题，美军的步兵武器也以M16A4突击步枪为主，并搭配少量M4A1卡宾枪，作为150米内的压制火力的武器使用。

M4 MWS可搭载的战术挂件

美国

XM29单兵战斗武器系统

主要参数
- 枪口口径：5.56毫米
- 全枪长度：864毫米
- 枪管长度：254毫米
- 空枪质量：8.17千克
- 供弹方式：弹匣
- 弹匣容量：30发
- 步枪类型：突击步枪

XM29单兵战斗武器系统概念图

20世纪90年代，美军开启了研究单兵战斗武器系统的计划，英文全称"Objective Individual Combat Weapon"，简称"OICW"，可译为"理想单兵战斗武器"，并由美国陆军正式命名为"XM29"，是美军"未来战斗武器计划"的重要组成部分。

XM29主要可分为三个部分，分别由XM8突击步枪、XM25榴弹发射器，以及XM104火控系统组成，组合后被称为"单兵战斗武器系统"。当然，突击步枪和榴弹发射器也可以在拆卸后独立使用。

XM8突击步枪由德国黑克勒-科赫（HK）公司研发，这款枪是一种模块化步枪，与M16系列突击步枪相比，这款步枪使用更为方便。在整个XM29单兵战斗武器系统中，XM8突击步枪是最早研制完成的。

XM25榴弹发射器是XM29单兵战斗武器系统的榴弹发射器部分。XM25是一款半自动榴弹发射器，发射25毫米×40毫米普通榴弹或电子引信榴弹，采用可拆卸式弹匣供弹，杀伤范围大，射程可达到1000米。在与步枪结合时，XM25榴弹发射器的枪托则作为整个XM29单兵战斗武器系统的枪托使用。

XM29单兵战斗武器系统最重要的部分——XM104火控系统安装在榴弹发射器机匣顶端，这一火控系统内置电子处理器，可识别敌我、计算目标距离，并可设定电子引信榴弹的引爆高度和时间，使枪榴弹能够在目标上空爆炸，形成无死角杀伤。

XM29单兵战斗武器系统的研发

在XM29单兵战斗武器系统开发的初期阶段，美国ATK公司与AAI公司分别设计样枪进行竞争。1998年，美军对两个公司的样枪进行比较，最终ATK公司胜出，取得了制造6支样枪的合同，并决定XM29单兵战斗武器系统由德国HK公司和美国ATK公司共同开发。其中HK公司负责步枪部分，而ATK公司则负责火控系统和榴弹发射器。

XM29单兵战斗武器系统于1999年初步定型，同年7月，样枪被送至本宁堡步兵学校，并由美国陆军25步兵师进行靶场、沙漠、丛林，以及各种恶劣环境测试。在1999年9月的一次试验中，一发榴弹在枪管中爆炸，美军的试验人员受伤，但这并未影响XM29单兵战斗武器系统的总体试验进程。

2000年，XM29单兵战斗武器系统被美军采用作为下一代步兵武器，并预计于2009年装备部队。在之后的几年内，ATK公司根据美军的反馈不断对该系统进行改进，如增加数字摄影仪等。除此之外，当时XM29单兵战斗武器系统最大的缺陷是过于沉重，有8.17千克。如此沉重的单兵武器使用是非常不便的，ATK公司也深知这一点。因此，ATK公司计划通过采用新材料技术、改进火控系统和电池，以及改良武器结构等方案减重，并预计将整个武器系统质量降低至6.81千克。进入生产阶段后，总质量实际降低至6.36千克。

美国

主要参数
- 枪口口径：5.56 毫米
- 全枪长度：845 毫米
- 空枪质量：2.66 千克
- 供弹方式：弹匣
- 弹匣容量：30 发
- 步枪类型：突击步枪

XM8突击步枪

　　XM8即XM29单兵战斗武器系统的突击步枪部分，作为美军"未来战斗武器计划"的一部分，曾被计划用来替换美军中的M4系列卡宾枪或M16系列突击步枪。该枪由德国黑克勒-科赫（HK）公司研制，原型枪在2003年推出。

　　从外观上看XM8突击步枪，能明显看出G36突击步枪的特征。实际上，XM8突击步枪就是HK公司以G36突击步枪为基础进行改进后设计而成的，如拉机柄位于提把下方，可向左右两侧转动，方便不同使用习惯的射手使用。除此之外，该枪还克服了G36突击步枪的一些固有缺点，可看作G36突击步枪的升级型步枪。

　　XM8突击步枪采用模块化结构设计，可通过更换枪管和其他模块组件来将步枪改为其他型号，使一支突击步枪快速转换为卡宾枪、精确射手步枪等多种步枪。而不同长度的枪管也可以用于不同的用途，甚至还可以更

换机匣组件，发射俄制7.62毫米×39毫米M43中间威力步枪弹。因此，XM8突击步枪可转换为四个型号，分别为标准型、紧凑型、精确射击型和重型枪管自动步枪型。

标准型XM8突击步枪发射5.56毫米×45毫米北约标准中间威力步枪弹，使用可拆卸式弹匣进行供弹，弹匣容量30发。

2004年，HK公司在采纳了美军士兵的反馈意见后对XM8突击步枪做出修改，推出第二代XM8突击步枪。与第一代相比，第二代做出了相当多的改进，比如第一代XM8突击步枪的瞄具只有一种红点反射式瞄准装置，而第二代XM8则提供两种瞄准装置。

XM8突击步枪研究计划的暂停

在实际使用中，XM8突击步枪也出现了一些致命缺陷。其最严重的就是精度不够理想，这是由于美国陆军对XM8突击步枪指标中的整枪重量要求很低。为此，在当时的技术条件下HK公司为了达标只能采用短枪管型号的XM8突击步枪作为标准型使用，枪管短了质量自然就会减轻，但射击精度也随之降低。而M16系列突击步枪恰恰就有着高精度的优点，这样一来，用惯了M16系列突击步枪的美军士兵必然对XM8突击步枪的精度表现出不满。

屋漏偏逢连夜雨，此时其他武器生产商又连同美国政客出来指责陆军没有经过招标就选定唯一的供应商是不公平的，必须重新投标。因此，美国陆军"情非得已"地于2005年宣布暂停XM8突击步枪的研发，并开始进门新型步枪的招标。

美国

SR-47 突击步枪

主要参数
- 枪口口径：7.62毫米
- 全枪长度：826毫米
- 空枪质量：3.5千克
- 供弹方式：弹匣
- 弹匣容量：30发
- 步枪类型：突击步枪

SR-47突击步枪是美国KAC武器公司应美国特种作战司令部的要求研制的一款突击步枪。"SR"即"Stoner Rifle"的缩写，可译为"斯通纳步枪"，主要供美军特种部队在敌后行动时使用。

从外观上看，SR-47突击步枪与M4卡宾枪基本相同，其实该枪就是在M4卡宾枪的基础上将口径改为7.62毫米的突击步枪。而该枪的内部构造与M16系列突击步枪也极为相似，均采用直接导气式自动工作原理，甚至有一些零部件还可以通用。当然，由于改用更大的口径，SR-47突击步枪也在M4卡宾枪的基础上"放大"了枪管及枪机组件。

SR-47突击步枪发射俄制7.62毫米×39毫米M43中间威力步枪弹，使用可拆卸式弹匣进行供弹，弹匣容量30发。为了使美军特种部队在敌后作战时方便补给弹药，该枪通用多数国家所生产的AK-47突击步枪标准弹匣，这也就是SR-47突击步枪命名中"47"的由来。

SR-47突击步枪是一款模块化步枪，其机匣顶部和护木四周都设有皮卡汀尼导轨，以方便射手安装各种战术挂件。该枪的准星和照门也并未采用固定式设计，而是安装在导轨前后两端，在必要时可折叠或卸下机械瞄

具并加装红点反射式或全息衍射式等光学瞄具。除此之外，该枪的护木也可以安装激光指示器、直角握把、垂直握把或两脚架等战术挂件。良好的拓展性，使SR-47突击步枪能够适应多种战术与作战环境。

快交由美军进行试验，而在试验中，该枪的致命缺陷也逐渐暴露出来。

SR-47突击步枪脱胎于M4卡宾枪，这两款步枪均采用气吹式自动工作原理，这种自动原理对子弹发射药的要求非常高。而许多仿制版的AK-47步枪弹使用的发射药质量参差不齐，对于一些质量较差的发射药，有可能会导致SR-47突击步枪出现致命故障。再加上气吹式突击步枪想要在恶劣环境中正常使用，需要经常进行保养，可靠性不如活塞导气式突击步枪。

因此，SR-47突击步枪的研究项目最终被取消，该型号步枪也只有7支样枪，6支交由美国特种作战司令部，剩余的1支则被放在KAC武器公司博物馆保存。

SR-47突击步枪的研发背景与项目的取消

KAC武器公司应美国特种作战司令部的要求设计了SR-47突击步枪，这是由于美军在阿富汗所采取的军事行动中，美军特种兵经常涉及敌后特种作战。然而特种兵在进行长时间的渗透行动中，携带的弹药量总是有限的，此时就会出现弹药难以补充的问题。

为了能够让美军特种兵在敌后也能随时随地补给AK-47突击步枪的弹药，SR-47突击步枪在设计完成后很

安装了两脚架的SR-47突击步枪

美国

主要参数
- 枪口口径：5.56毫米
- 全枪长度：546毫米
- 枪管长度：292毫米
- 空枪质量：3.1千克
- 供弹方式：弹匣
- 弹匣容量：30发
- 步枪类型：突击步枪

LR-300 突击步枪

LR-300M/L 突击步枪

完全分解状态的 LR-300M/L 突击步枪

LR-300突击步枪是美国Z-M武器公司以M16系列突击步枪为基础设计的突击步枪，可以说，它是AR-15突击步枪众多的衍生型之一。

LR-300突击步枪采用独特的延迟冲击导气系统，由Z-M武器公司创始人艾伦·齐塔设计。与AR-15突击步枪和M16系列步枪的直接导气式自动工作原理相比，延迟冲击导气系统在运作时火药燃气都处于导气座内，不会进入机匣内部。因此，火药残渣也不会残留在机匣内，这样就保持了枪机机构的清洁，提高了步枪的可靠性。

除此之外，LR-300突击步枪与M16系列突击步枪另一个不同之处就是该枪的复进簧处于机匣内，而不像M16系列突击步枪那样，复进簧从机匣尾端延伸而出并有一部分藏于枪托内部。因此，M16系列突击步枪只能使用固定枪托或伸缩枪托，但LR-300突击步枪则可以使用折叠式枪

LR-300突击步枪可配备的准星（左图）和照门（右图）

安装战术灯与激光指示器的导轨（上图）与安装两脚架的架座（下图）

自动步枪

LR-300突击步枪发射5.56毫米×45毫米北约标准中间威力步枪弹，当然该枪一些型号也能发射.223雷明顿步枪弹，使用可拆卸弹匣进行供弹，弹匣容量30发，可通用AR-15突击步枪或M16系列突击步枪的弹匣。

Z-M武器公司最初提供的LR-300突击步枪只有两个型号，分别为军警型LR-300M/L（Military/Law）和运动射击型LR-300SRF（Sport Rifle）。LR-300M/L型拥有半自动/全自动射击模式和纯半自动射击模式两种型号，而LR-300SRF型只有半自动射击模式，射手可通过更换机匣和枪管的方式实现军警型和运动射击型的转换。当然，在美国民用枪械市场上是买不到LR-300M/L型及其零件的。早期型号的LR-300突击步枪都采用尼拉特隆材料的护木，后期Z-M武器公司又增加了两种铝合金护木衍生型号。因此，该公司将原来两个型号的LR-300突击步枪重新命名为"LR-300M/L-N"和"LR-300SRF-N"，而采用新型铝合金护木的LR-300突击步枪则被命名为"LR-300M/L-A"和"LR-300SRF-A"。

托。而且枪托在向枪身左侧折叠后不会挡住扳机护圈和扳机，以及机匣右侧的抛壳窗，且不会造成在不展开枪托的情况下直接射击。此外，折叠式枪托可以有效缩短整支步枪的长度，适合步兵、空降兵和特警在步战车内等狭窄空间机动。

113

美国

罗宾逊XCR突击步枪

主要参数
- 枪口口径：5.56毫米、6.8毫米
- 空枪质量：3.4千克
- 供弹方式：弹匣
- 弹匣容量：30发
- 步枪类型：突击步枪

　　罗宾逊XCR突击步枪由美国罗宾逊公司推出，该枪命名中的"XCR"为英文"Xtreme Conditions Rifle"的简称，可译为"极端环境步枪"。

　　罗宾逊XCR突击步枪采用活塞导气式自动工作原理，是一支模块化突击步枪，可更换多种口径。整支步枪由上、下机匣构成，更换上机匣组件可快速改变口径，而击发机构则位于下机匣内。

　　罗宾逊XCR突击步枪采用M16系列突击步枪的握把，扳机与M16系列突击步枪看来也较为相似，不过该枪的扳机为一道火式扳机。XCR突击步枪的拉机柄则借鉴了比利时FN FAL自动步枪，装在机匣左侧，符合人体工程学，并可以在枪机复进不到位时辅助枪机闭锁。此外，XCR突击步枪的快慢机位于机匣两侧握把上方，使射手双手都可以方便操作。

　　罗宾逊XCR突击步枪发射5.56毫米×45毫米北约标准中间威力步枪弹。除此之外，该枪还可以发射6.8毫米SPC步枪弹。其中，5.56毫米口径使用北约标准STANAG弹匣（M16弹匣），而6.8毫米口径则使用专用弹匣供弹。

　　罗宾逊XCR突击步枪拥有强大的拓展性，机匣顶部的皮卡汀尼导轨与护木顶部的导轨合二为一。该枪的机械式瞄具被安装在上导轨的前后两端，当然，射手也可以安装红点反射式、全息衍射式等光学瞄准镜，为了不阻挡瞄准镜的视野，可以将机械瞄具折叠或拆除。除此之外，XCR突击步枪的护木两侧和底部也有导轨，射手可根据使用习惯或作战环境来安装战术挂件，如直角握把、垂直握把、战术灯、激光指示器等。

XM8突击步枪的竞争者
——罗宾逊XCR突击步枪

2003年，美国特种作战司令部正式提出特种作战部队战斗突击步枪的招标计划"Special Operations Forces Combat Assault Rifle"，简称"SCAR"，该计划的目的在于采用一种全新设计的模块化步枪来代替M16系列突击步枪。罗宾逊公司的XCR突击步枪正是为了这次竞标推出的，是FN SCAR步枪以及XM8突击步枪的竞争对手。

不过，与FN SCAR步枪和XM8突击步枪相比，罗宾逊XCR突击步枪的外形与内部设计并不出众，因此在竞争中失败，为此，罗宾逊公司转向其他用户推销这款步枪。为军事机构和执法机构提供的罗宾逊XCR突击步枪设有快慢机，而面向民间市场销售的罗宾逊XCR突击步枪只能进行半自动射击。

美国

雷明顿ACR突击步枪

主要参数
- 枪口口径：5.56毫米
- 弹匣容量：30发
- 空枪质量：3.17千克
- 步枪类型：突击步枪
- 供弹方式：弹匣

ACR突击步枪又被称为"Masada步枪系统"，由大毒蛇公司设计并生产。后来大毒蛇公司被雷明顿公司收购，因此，现在雷明顿ACR突击步枪由雷明顿公司负责生产。

雷明顿ACR突击步枪是一款模块

化步枪,可通过更换不同口径转换套件来发射相应口径的子弹。该枪采用短行程活塞导气式自动工作原理,活塞系统为枪管的一部分。这样设计的优点在于,假如射手想要改变口径,直接更换口径转换套件即可,无须再次调整活塞系统。

装有全息衍射式瞄具、榴弹发射器和消音器的雷明顿ACR突击步枪

雷明顿ACR突击步枪发射5.56毫米×45毫米北约标准中间威力步枪弹,此外,这款枪还可以更换口径转换套件来发射俄制7.62毫米×39毫米M43中间威力步枪弹。该枪配有专用的弹匣,弹匣容量30发。也可以使用M16系列突击步枪的北约标准弹匣和AK-47突击步枪的弹匣。

雷明顿ACR突击步枪另一处比较特别的模块化设计就在于,这款枪能够迅速更换不同长度的枪管。这款枪的枪管共有四种长度,分别为292毫米、368毫米、457毫米和508毫米,并有不同长度的护木与这四种枪管配套,射手可根据不同的使用场合选择不同长度的枪管。当然,雷明顿ACR突击步枪更换枪管也非常容易,首先顶出护木的固定销,然后向前取出护木,再向下扳动枪管下方的U形扳手,这一部件是枪管固定环的助力装置,然后旋转约90°,即可取出枪管固定环,并将枪管拆掉。

雷明顿ACR突击步枪的拉机柄(左上)、左侧机匣(右上)、抛壳窗(左下)、伸缩枪托(右下)特写

雷明顿ACR突击步枪的护木和机匣顶部整合有一条皮卡汀尼导轨,该枪的机械瞄具安装在顶部导轨的前后两端,准星和照门均为折叠式,在射手安装红点反射式、全息衍射式等光学瞄具时不会遮挡瞄准视野。而ACR突击步枪护木的两侧与下方也设有皮卡汀尼导轨,射手可根据使用环境选择相应的战术挂件,如直角握把、垂直握把、两脚架、战术灯和激光指示器等。

雷明顿ACR突击步枪的枪托可以伸缩调节长度,以适合不同体型的射手

苏联

费德洛夫M1916自动步枪

主要参数
- 枪口口径：6.5毫米
- 全枪长度：1045毫米
- 枪管长度：520毫米
- 空枪质量：4.4千克
- 供弹方式：弹匣
- 弹匣容量：25发

M1916自动步枪由苏联轻武器设计师费德洛夫设计，1916年定型并生产，被称为"现代突击步枪的先驱"。

费德洛夫M1916自动步枪采用枪管短后坐式自动工作原理，双卡榫摆动式闭锁机构，整支步枪零件较多，结构较为复杂。在枪膛内的弹药被击发后，枪管与枪机会共同后坐一小段距离。此时，枪管复进簧被压缩，闭锁卡榫向下转动，使枪机从枪管后方解脱并在开锁后继续后坐。在完成抽壳、抛壳、压倒击锤的动作后复进，同时推弹入膛并闭锁，使枪支再次进入待击状态。

费德洛夫M1916自动步枪可进行半自动或全自动发射，该枪的快慢机位于扳机后方，使用方便、操作可靠。

费德洛夫M1916自动步枪发射6.5毫米×50毫米有阪步枪弹，采用可拆卸式弹匣进行供弹，弹匣容量25发。射手也可以打开机匣顶部的抛壳窗，使用桥夹一次性向弹匣内压入5发子弹。

除此之外，为了让射手在全自动射击时控枪更加容易，费德洛夫M1916自动步枪的弹匣前端安装有一个小握把。这种设计比较像加装了垂直握把的现代突击步枪，但在当时并不普遍，也足以说明设计师费德洛夫眼光的超前性。

苏军第一支自动步枪
——费德洛夫M1916自动步枪的使用

十月革命后，苏联工业部报告费德洛夫M1916自动步枪可快速生产，并装备苏军。不过苏军在使用中也发现了一些问题。首先，用惯了莫辛－纳甘步枪的苏军士兵对于费德洛夫M1916自动步枪非常不适应；其次，这款枪在连续射击后枪管散热性能不良，过热的枪管容易影响枪械的射击精度，无法有效命中目标；最后，由于费德洛夫M1916自动步枪结构复杂，因此保养极为不便，不符合苏军对于枪械结构"简单可靠"的要求。

1924年，苏军采用7.62毫米×54毫米步枪弹作为制式步枪弹，费德洛夫M1916自动步枪也因此停产，在苏军中服役至1928年撤装，生产总数约为3200支。

M1916自动步枪的设计者费德洛夫

苏联轻武器设计师费德洛夫全名为弗拉基米尔·格里高利耶维奇·费德洛夫。当时世界各国普遍认为步枪最重要的是射程，而费德洛夫则超前地认为，射速高及小口径才是步枪发展的方向。除了设计枪械外，费德洛夫还出版了许多著作，对培养新的设计师、军械师起到了积极作用。值得一提的是，AK-47突击步枪的设计者卡拉什尼科夫就是在费德洛夫的书籍引领下，走上了轻武器设计的道路。

苏联

AK-47 突击步枪

主要参数

- 枪口口径：7.62毫米
- 初速：710米/秒
- 全枪长度：870毫米
- 枪管长度：415毫米
- 空枪质量：3.8千克
- 供弹方式：弹匣
- 弹匣容量：30发
- 步枪类型：突击步枪

1946年，苏联著名枪械设计师米哈伊尔·季莫费耶维奇·卡拉什尼科夫设计出一款发射中间威力步枪弹的突击步枪，样枪被命名为"AK-46"。该枪的设计思路来自德国STG44突击步枪，在经过一系列测试与修改后，1949年，卡拉什尼科夫设计的这款突击步枪最终定型并命名为"AK-47"，于同年被苏军采用。

根据生产年份的不同，AK-47突击步枪可分为3种型号。第1型AK-47突击步枪的机匣和许多配件都使用冲压工艺生产，优点是生产效率高并且材料消耗少，降低了生产成本和时间成本。而第1型AK-47突击步枪的缺点为连发精度较低，枪机框后坐时撞击机匣底部则是造成这一缺点的主要原因。此外，第1型的AK-47突击步枪并没有配备刺刀。

第2型AK-47突击步枪于1951年研制，主要改进是将机匣的生产方式由冲压改为锻压和机加生产，通过机

完全分解状态的AK-47突击步枪

第2型AK-47突击步枪配备剑形刺刀

械铣削而成的机匣强度高、不易损坏。而缺点则是整枪较重，且材料消耗大，生产成本高、效率低。生产一个质量不超过0.65千克的锻压机匣，竟需要2.65千克的钢材。第2型AK-47突击步枪的枪托、握把，以及发射机构都经过加强，并增加单刃刺刀。该型号产量较少，很快就被第3型替代，因此并不常见。

第3型AK-47突击步枪于1953年定型，改进了第2型枪托的连接方式，并简化了机匣的机械加工方式，使其质量更轻，并方便兵工厂进行量产。此外，这一型的AK-47突击步枪改进方面也包括弹匣的改进，使用轻金属的新型弹匣强度更高，也可以与前两型的钢制弹匣互换。第3型AK-47突击步枪大量装备苏联军队，因此，真正让"AK"闻名于世的就是这一型。

AK-47突击步枪采用长行程活塞导气式自动工作原理，枪机回转式闭锁机构，击锤回转式击发机构。导气管位于枪管上方，子弹被击发后，火药燃气通过导气孔进入导气管，活塞推动枪机框使枪机框后坐，枪机框带动枪机开锁后完成抽壳、抛壳等动作，并在压倒击锤后复进。枪机在推弹入膛后停止复进，枪机框继续复进

自动步枪

带动枪机旋转闭锁，使步枪再次进入待击状态。

AK-47突击步枪的快慢机位于机匣左侧，扳机的正上方，兼作手动保险。该枪的快慢机共三个挡位，分别为保险、全自动和半自动挡位。将快慢机拨到上方挡位时，可使枪支进入保险状态，无法扣动扳机。将快慢机向下拨动至中间挡位则可以使步枪保险解除，进入全自动发射模式。由于单发阻铁的后突出部分被快慢机下突出部分压住，不能转动，所以扣动扳机就可以进行全自动射击。将快慢机拨动至下方挡位则可以使枪支进入半自动发射模式。在射击第一发子弹后，单发阻铁会扣住击锤呈待击状态，扣动扳机后，阻铁解脱击锤，单发阻铁也一起向前回转，此时即使扣住扳机不放，击锤也会在被压倒的同时被单发阻铁扣住。假如想要再次射击，必须松开扳机再扣动，使单发阻铁解脱击锤，才能击发枪弹。

AK-47突击步枪配用的刺刀是一种短刀型刺刀，可兼作匕首在格斗时使用。其实这款枪早期的刺刀为双刃型，采用木制刀柄和金属刀鞘。后来改为单刃并缩短刺刀长度，刺刀和刀鞘配合可切割铁丝。

AK-47突击步枪配用的刺刀

AK-47突击步枪发射7.62毫米×39毫米M43中间威力步枪弹，使用弧形金属弹匣进行供弹，弹匣容量30发。

7.62毫米×39毫米M43中间威力步枪弹

AK-47突击步枪的机械式瞄具由准星和带有表尺的缺口式照门组成，准星两侧有护翼，最大表尺射程800米，最小表尺射程100米。

为空降部队研制的AKS-47突击步枪，采用向前折叠的枪托

AK-47突击步枪的表尺分划

AK-47突击步枪的使用

AK-47突击步枪结构简单，其最大的优点就是该枪可靠性强，即使有沙尘等异物进入枪机组内，该枪仍然可以正常射击。无论是在寒带、热带、沙漠、丛林等环境中都不易出现故障，使用方便且操作可靠。

低廉的价格、优良的性能，以及简单的结构让AK-47突击步枪被世界多国军方所接受，直到今天依旧能够看到许多使用AK-47突击步枪的军队。据统计，AK-47突击步枪是世界上产量最多的步枪，但全球范围内的AK-47突击步枪大约九成都是仿制品，产地为苏联的仅有10%。

不过，AK-47突击步枪也存在着一些缺陷。首先，该枪的枪管膛线缠距小，M43步枪弹形状欠佳，因此弹头在命中目标时比较稳定，这也就造成了该枪的杀伤效果不够理想；其次，

AK-47突击步枪在进行全自动射击时后坐力较大，枪口上跳严重；最后，AK-47突击步枪最大的问题是该枪的精度较差，虽说有效射程为400米，但300米以外就很难命中目标了——这是由于该枪枪机框在后坐时会撞击机匣底，使机匣不稳，因此，照门只能安装于机匣顶部前端，这样一来瞄准基线就被缩短，再加上该枪的枪管也较短，难以命中远距离目标。

虽说AK-47突击步枪结构简单，可靠性强，但由于世界上生产这款枪的国家太多，质量也是参差不齐。

在今天，AK-47突击步枪对于现代战争的需求来说已然落后，但作为风靡一时的武器，当今的AK-47突击步枪更是一种枪械文化的象征。

AK-47突击步枪的弹匣为双排双进式

苏联

AKM突击步枪

主要参数

- 枪口口径：7.62毫米
- 初速：715米/秒
- 全枪长度：870毫米
- 枪管长度：415毫米
- 空枪质量：3.1千克
- 供弹方式：弹匣
- 弹匣容量：30发
- 步枪类型：突击步枪

AKM突击步枪全称为"卡拉什尼科夫自动步枪改进型"。这款枪由苏联著名枪械设计师卡拉什尼科夫在1953至1954年以AK-47突击步枪为基础改进而成，并于1959年被苏联军队采用。

AKM突击步枪最特别的改进之处就是在扳机组上增加了击锤延迟机构，这种机构的存在并不是用降低射速的方式来提高射击精度（AKM突击步枪的理论射速依旧为每分钟600发），而是为了提升该枪的击发的可靠性。由于AK-47突击步枪的枪机框在实现闭锁复进到位后，时常出现两三次轻微回跳，而该枪击发时击锤会首先击打枪机框后部才能击打到击针，这种轻微回跳会导致击针击打枪弹底火的力量减弱，对于需要一定击发强度的枪弹底火来说，会造成哑火的故障。为了降低这种故障隐患，击锤延迟机构应运而生，该机构在击发时能够使击锤延迟几毫秒再向前运动，以保证枪机框在前方完全停止后，击锤再击打击针，有效提高了击发可靠性。

AKM突击步枪

AKM突击步枪的枪机和枪机框表面都经由磷化处理，活塞筒前端有4个半圆形缺口，与导气箍类似的缺口相配合。

为了减轻质量，与AK-47突击步枪相比，AKM突击步枪采用冲铆

AKM突击步枪发射7.62毫米×39毫米M43中间威力步枪弹，使用可拆卸式弹匣进行供弹，弹匣容量30发，可进行半自动或全自动发射，使用方便且操作可靠。

机匣代替铣削机匣，有效降低了生产成本，提高了生产效率。除此之外，卡拉什尼科夫还将握把、枪托，以及护木的制作材料改为树脂合成材料。弹匣由轻合金制成，后期还研发出玻璃纤维塑料压模成型的弹匣，为方便后勤补给，AKM突击步枪也能通用AK-47突击步枪的钢制弹匣。因此，该枪的空枪质量只有3.1千克。

AKM突击步枪与该枪的不完全分解状态

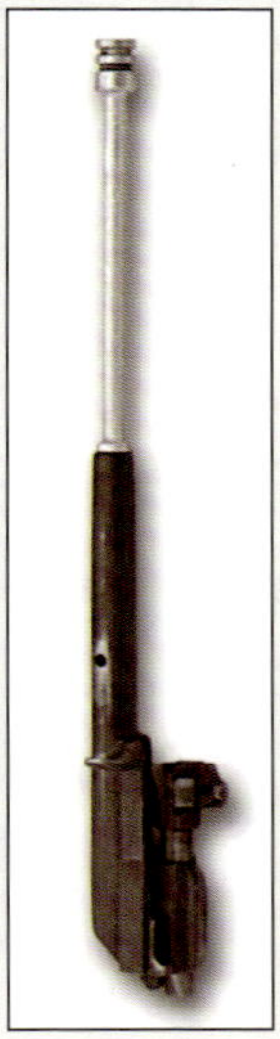

与枪机框为一体的活塞杆

AKM突击步枪还在一定程度上提高了人机工效，例如在护木上增设手指槽，使射手在进行全自动射击时可以更容易地控制武器。

1959年，第3型AKM突击步枪问世。该型号步枪与其他AK系列步枪最大的不同就在于枪口安装有一个斜切口形的防跳器，螺接在枪口上，用以提高全自动射击时的散布精度。

AKM突击步枪的机械瞄具由准星和U形缺口式照门组成。准星两侧有弧形金属护翼，照门安装在表尺座上，与AK-47突击步枪相比，该枪的最大表尺射程增至1000米。除此之外，AKM突击步枪的准星和照门都配有可翻转的附件，内装有荧光材料，方便射手在光线较弱的环境中瞄准。

AKM突击步枪的内部构造图

自动步枪

123

AKM突击步枪的改进型号

AKMS突击步枪

AKMS突击步枪，与AKM突击步枪一样，可使用弹鼓

AKMS突击步枪为苏军空降兵研制，是AKM突击步枪的改进型号。该型号取消了枪口防跳器，并改用向护木底端折叠的金属枪托。AKMS突击步枪展开枪托时全长880毫米，枪托处于折叠状态时全枪长640毫米，空枪质量为3.3千克。

AKM突击步枪（上）与AKMS突击步枪（下）

AKM突击步枪的使用情况

AKM突击步枪自1959年装备苏军后便逐渐取代AK-47突击步枪在苏军中的地位，即使苏军在装备小口径化的AK-74突击步枪后，AKM突击步枪也并未全部退出现役。直至今天，AKM突击步枪仍是俄军二线部队及执

AKM突击步枪（上）与SKS半自动步枪（下）

法部门的储备武器，人们甚至可以看到俄军特种部队使用改进后的AKM突击步枪，这是由于俄军认为AKM突击步枪比AK-74突击步枪这种小口径步枪在巷战中使用的效果更佳。

苏联

AK-74 突击步枪

主要参数
- 枪口口径：5.45毫米
- 初速：900米/秒
- 全枪长度：930毫米
- 枪管长度：415毫米
- 空枪质量：3.2千克
- 供弹方式：弹匣
- 弹匣容量：30发
- 步枪类型：突击步枪

　　AK-74突击步枪由著名枪械设计师卡拉什尼科夫设计，1974年定型，是苏联装备的第一款小口径突击步枪，同时也是继美国M16系列步枪之后世界上第二种大规模装备的小口径突击步枪。

　　AK-74突击步枪以AKM突击步枪为基础研发而成，两支步枪的自动工作原理、闭锁机构、供弹方式，以及击发发射机构等内部构造完全一样。当然，为了发射口径更小的5.45毫米×39毫米M74中间威力步枪弹，AK-74突击步枪的枪机、枪机框，以及导气箍等零部件也做了相应的改进。例如缩短了枪管膛线的缠距，在击发时能够使弹头转速更高，飞行也更加稳定。重新设计枪机、抽壳钩等组件，使该零部件的强度有效提高。

安装了刺刀的AK-74突击步枪

　　除此之外，AK-74突击步枪增加了一种新型的枪口装置，这种装置可有效抑制枪口上跳，并降低后坐力。该枪的枪口装置为圆柱形，内部为双室结构，前室两侧开有两个方形开口，开口的后断面切割出锯齿形槽。后室开有3个直径为2.5毫米的泄气孔，分布于整个装置的上方和右侧。根据气体动力学原理，从枪口喷出的火药燃气在这一装置中进行两次冲击和膨胀。气体首先通过后室并从3个泄气孔喷出，可达到制退和减震的综合作用。而通过前室时，大开口后端面的槽会使气体偏流25°，让足够多的气体反冲在开口的

自动步枪

125

AK-74突击步枪枪口特写

前端面，进一步降低后坐力。向右上方喷出的气体能够减轻射击时的枪口上跳，有效提升了射击精度。当然，这种枪口装置也存在着一些缺陷，比如会使枪口焰更加明显，这一弱点在夜晚射击时尤为突出。

不完全分解状态的AK-74突击步枪

AK-74突击步枪与AKM和AK-47突击步枪的外形较为相似，除了观察机匣铭文，还可以通过观察弹匣弧度和枪口装置来区分。

AK-74突击步枪的枪口制退器

AK-74突击步枪发射5.45毫米×39毫米M74中间威力步枪弹，采用可拆卸式弹匣进行供弹，弹匣容量30发，可进行半自动或全自动射击。

AK-74突击步枪的机械瞄具由准星和缺口式照门组成，准星两侧设有弧形护翼，照门安装于表尺座上，最大表尺射程1000米。

AK-74突击步枪的衍生型号

AKS-74突击步枪

1987年后生产的AKS-74突击步枪采用了深棕色玻璃纤维护木，此前生产AKS-74突击步枪的护木则与AK-74突击步枪一样为木质纹路

AKS-74突击步枪主要装备苏军空降部队。主要改动是将固定枪托改为折叠枪托，枪托可向机匣左侧折叠，并将护木改为塑料材质。枪托展开时全枪长933毫米，枪托折叠状态时全枪长694毫米，空枪质量3.2千克，战斗状态质量为3.5千克。

AKS-74U短枪管型突击步枪

AKS-74U短枪管型突击步枪

AKS-74U是苏军于1979年装备的AKS-74的短枪管型突击步枪。由于枪管较短，因此枪口初速也略有降低，射程也不如标准枪管型的AKS-74突击步枪。主要作为近距离防卫武器使用，主要装备特战分队、空降部队，或作为工兵、通信兵、炮兵、车辆驾驶员，以及飞机机组成员的防卫武器使用。

AKS-74U短枪管型突击步枪采用折叠式枪托，枪口初速每秒750米，枪托展开时全枪长720毫米，枪托折叠时全枪长480毫米，空枪质量2.8千克。

AK-74M突击步枪

AK-74M突击步枪是AK-74系列步枪中的现代化改进型号，于1987年研制，1991年投产。

AK-74M突击步枪采用新型黑色玻璃纤维护木与折叠枪托，枪托可向机匣左侧折叠。这种接近暗黑色的色调比木质纹路的枪托更具现代感，而且这种材料的质量轻、强度高，可适应现代战争的需求。

除此之外，AK-74M突击步枪还能通用AK系列步枪的多数附件，包括PBS消音器、枪口装置、瞄准镜座、大容量弹匣或弹鼓、光学瞄具、夜视瞄具等。

AK系列突击步枪光学瞄具的安装方式

机匣左侧的突出部分就是AK系列突击步枪的瞄准镜基座

假如射手想要在一支AK突击步枪上安装瞄准镜座和光学瞄具，并不能直接安装在机匣顶端，这是由于AK系列突击步枪的通病——射击时枪机框撞击机匣底，使机匣顶端不够稳定。因此，AK系列突击步枪的瞄准镜座多数固定在机匣左侧再延伸至上方，不与机匣顶端直接接触。

当然，另外一种安装方式就是将步枪的护木换为一些军火公司推出的鱼骨护木，然后将红点反射式、全息等光学瞄具安装于护木顶端的导轨上。这种改装方式较为简单，因此应用普遍。

战术改装后的AK-74M突击步枪，可以看到瞄准镜座并不与上机匣接触

苏联

AEK-971 突击步枪

主要参数
- 枪口口径：5.45毫米
- 初速：880米/秒
- 全枪长度：965毫米
- 枪管长度：420毫米
- 空枪质量：3.3千克
- 供弹方式：弹匣
- 弹匣容量：30发
- 步枪类型：突击步枪

AEK-971突击步枪由苏联科夫罗夫设计局的首席设计师科沙诺夫于1972年设计，曾在选型试验中与AK-74和AN-94突击步枪竞争，不过最后并未被苏军采用。

枪托折叠状态的AEK-971突击步枪

AEK-971突击步枪采用了依据平衡动作原理设计的较为独特的回转式闭锁枪机系统。而所谓"平衡动作"即指该枪的导气装置由两个导气室和两个导气活塞组成。第一个导气活塞像多数步枪那样，导气杆与机框相连并一起运动。而第二个导气活塞则与配重装置连接，且运动方向与第一个活塞相反，这种同步反方向移动的配重装置抵消了子弹击发时枪械所产生的后坐力，使步枪在进行全自动射击时更加平稳。当然，为了能够使两组活塞同步运动，两部活塞杆之间需要通过一个齿轮来联动。所以，相比AK系列步枪，AEK-971突击步枪的零部件更多。

枪托展开状态的AEK-971突击步枪

初期的AEK-971突击步枪的理论射速为每分钟1500发，AK-47与AKM突击步枪的理论射速只有每分钟600发。如此高的射速虽然使得射击火力很猛烈，但射手在射击时非常不

不完全分解状态的AEK-971突击步枪

AEK-971突击步枪上机匣内部构造

容易控枪，弹药消耗也很快。为此，AEK-971突击步枪的实际射速被降低为每分钟900发。

AEK-971突击步枪的枪口装置

为了把AEK-971突击步枪在全自动射击时的后坐力降低到可控范围，该枪还采用了新型的制动装置。这种制动装置可根据射手开火时的稳定程度来调整枪口制退器孔径大小，例如射手在运动速射中，进行短点射或长点射时，可通过缩小制退器的孔径来降低后坐力；而射手在进行有依托射击时，可通过扩大制退器孔径来提升射击精度。此外，这种制动装置还可以对枪口制退器排出的火药燃气造成影响，使AEK-971突击步枪在进行连发射击时垂直面的稳定性得到有效提升。

AEK-971突击步枪的枪托有两种类型：一种是聚合物材料制成的固定枪托，另一种为折叠式金属枪托。折叠式金属枪托外表包裹着一层聚合物材料，使射手可以在较热或极寒的环境中贴腮射击。

AEK-971突击步枪发射5.45毫米×39毫米M74中间威力步枪弹，使用可拆卸式弹匣进行供弹，标准弹匣容量30发，也可以使用45发加长弹匣或75发弹鼓进行供弹。该枪共两种发射模式，为全自动和半自动模式。

AEK-971突击步枪的机械瞄具由准星和照门组成，准星两侧设有弧形护翼，照门安装于表尺座上，可根据射击距离来调整表尺射程。

AEK-971突击步枪的扳机与快慢机

AEK-971突击步枪的衍生型号

AEK-972突击步枪

AEK-972突击步枪发射5.56毫米×45毫米北约标准步枪弹，为AEK-971突击步枪的5.56毫米口径衍生型号。枪口初速每秒850米，枪托展开时全枪长965毫米，枪托折叠时全枪长720毫米，枪管长420毫米，空枪质量3.3千克。

AEK-973突击步枪

AEK-973突击步枪发射7.62毫米×39毫米M43中间威力步枪弹，是AEK-971突击步枪的7.62毫米口径衍生型。该枪枪口初速每秒700米，全枪和枪管的长度与AEK-971和AEK-972突击步枪的相同。标准弹匣容量30发，并可以使用40发加长弹匣或75发弹鼓进行供弹。

AEK-971突击步枪的使用数据

后期型 AEK-971 突击步枪

AEK-971突击步枪在选型试验中落选并不是因为这款枪性能的问题，而是因为苏联军方在很大程度上对于AK系列步枪情有独钟。1972年的步枪选型试验中，在零下50摄氏度的低温环境中，AK-74突击步枪的第一发子弹能够命中靶心，其余子弹呈扇形分布状。而AN-94突击步枪的前两发子弹能够命中靶心，AEK-971突击步枪则前三发子弹都可以命中靶心。

在全自动射击时，AEK-971比AK-74突击步枪的命中率高15%~20%，而AN-94突击步枪只有在进行2发点射时才有这样的射击精度。在全自动模式下进行3~5发短点射或长点射时，AEK-971突击步枪的命中率都比AN-94突击步枪高。

虽未被苏军采用，但AEK-971突击步枪优秀的性能却引起了俄罗斯军队的注意。而对于AEK-971突击步枪的改进工作仍在继续，俄军也采购了一批该枪进行试验。

苏联

APS水下突击步枪

主要参数
- 枪口口径：5.66毫米
- 全枪长度：823毫米
- 枪管长度：303毫米
- 空枪质量：2.4千克
- 供弹方式：弹匣
- 弹匣容量：26发
- 步枪类型：水下突击步枪

20世纪70年代初期，苏联中央精密机械工程研究院研制出一款可在水下发射的突击步枪，这款武器被命名为"APS水下突击步枪"，于1975年开始装备苏联海军战斗蛙人部队，至今仍在使用。

APS水下突击步枪是一款由AK系列步枪衍生而成的武器，采用导气式自动工作原理，枪机回转式闭锁机构。这款枪的导气系统采用了自动调节导气箍，因此，APS水下突击步枪无论在水上还是水下都可以正常工作。

APS水下突击步枪

APS水下突击步枪的机匣左侧设有一个快慢机柄，该快慢机柄同时兼作手动保险机构。射手可选择全自动、半自动射击模式，或开启手动保险，使枪支进入保险状态。

APS水下突击步枪发射5.66毫米×39毫米水下步枪弹，与SPP-1水下手枪弹弹头相同，均为箭形。这种水下子

131

APS水下突击步枪的研发背景与使用

20世纪60年代，北约各国多次组织蛙人对苏联舰队进行抵近侦察，一些蛙人甚至还曾潜入过塞瓦斯托波尔军港。为了有效制约北约蛙人，苏联海军装备了SPP-1水下手枪，但由于这支手枪有效射程较短，只能作为防卫武器使用，因此，苏联海军对于水下突击步枪也有了需求。

APS水下突击步枪问世后在军队中服役至今。虽说该枪在水上与水下都可正常使用，但为了延长枪支使用寿命，一般只在水下使用。在水上使用的话，会将该枪的使用寿命降低至180~200发左右，而在水下的使用寿命则达到了2000发。与SPP-1水下手枪和梭镖枪相比，APS水下突击步枪具有更强的侵彻力和停止作用，可穿透经过增强的潜水服、防护头盔或呼吸器材。

弹的弹壳由5.45毫米×39毫米M74中间威力步枪弹壳扩大颈部改成。弹头长度120毫米，弹头直径5.66毫米，全弹长150毫米，弹头质量20.2克，全弹质量27.5克。在被击发后，弹头依据流体力学原理维持稳定性，因此枪管无膛线。使用APS水下突击步枪在水下5米发射时有效射程为30米，在水下20米发射时有效射程为20米，在水下40米发射时有效射程为11米。

APS水下突击步枪采用可拆卸式弹匣进行供弹，弹匣容量26发。该枪的弹匣由聚合物材料制成，由于5.66毫米×39毫米水下步枪弹整体形状细长，因此对弹匣的要求特别高。APS水下突击步枪弹匣的前后较宽，避免了枪机同时推两发或三发子弹进入枪膛。

APS水下突击步枪的机械瞄具由准星和照门组成，准星和照门无法调整。伸缩式枪托由钢丝制成，枪托完全伸出时，全枪长823毫米；枪托缩起时，全枪长614毫米。

为弹匣装填子弹

APS水下突击步枪在水下发射的瞬间

虽然APS水下突击步枪的威力远超SPP-1水下手枪，但苏军的战斗蛙人还是更喜欢使用SPP-1水下手枪。这是由于APS体积较大，且瞄准需要花费较长的时间，在出水后枪管和体积较大的弹匣内灌满了水，会影响运动速度。因此，苏军战斗蛙人更喜欢在水下使用SPP-1水下手枪，在水面上则使用常规突击步枪。

苏联

AS "VAL" 微声突击步枪

主要参数
- 枪口口径：9毫米
- 全枪长度：875毫米
- 枪管长度：200毫米
- 空枪质量：2.5千克
- 供弹方式：弹匣
- 弹匣容量：20发
- 步枪类型：突击步枪

AS "VAL" 微声突击步枪是苏联中央精密机械工程研究院的彼得罗·谢尔久科领导研发小组在20世纪80年代后期研制的一款特种突击步枪。其中，命名中的AS即"Avtomat Spetsialnij"的缩写，可译为"特种突击步枪"。

AS "VAL" 微声突击步枪采用导气式自动工作原理，枪机回转式闭锁机构，这一机构改进自AK系列步枪，不过这款枪的枪机头有6个闭锁凸榫。当然，这款枪也是一支击锤击发式突击步枪。

AS "VAL" 微声突击步枪采用整体式双室型消音器，发射特制的亚音速重型弹头。该枪的枪管上有一些孔径细小的泄气孔，位于枪膛的阴线上。子弹被击发后，火药燃气通过泄

133

AS "VAL"微声突击步枪枪托的展开与收起状态

气孔进入第一个气室并膨胀，第一个气室内绕着一层金属网，这些金属网阻缓了火药燃气的膨胀速度，从而使压力和温度降低。之后火药燃气进入第二个气室再次膨胀，使声音大为减弱，只有在很近的距离内才能听到。除此之外，AS"VAL"微声突击步枪的消音器还可以进行独立分解维护。

AS"VAL"微声突击步枪（下）与"近亲"VSS狙击步枪（上）

AS"VAL"微声突击步枪发射特制的9毫米×39毫米亚音速步枪弹，使用可拆卸式弹匣进行供弹，弹匣容量20发，另外还配有一种10发弹匣，可以在全自动或半自动模式下射击。

AS"VAL"微声突击步枪的机械瞄具由准星和照门组成。除此之外，该枪还设有瞄准镜安装架，位于步枪机匣左侧，使射手可安装AK系列步枪或SVD系列狙击步枪的光学瞄准镜，如4倍PSO-1瞄准镜和3.46倍1PN52-1瞄准镜。

AS"VAL"微声突击步枪后视图

特种部队手中的特种武器
——AS"VAL"微声突击步枪

苏军特种部队时常会实施突袭行动、化装侦察、伪装渗透、搜集情报等秘密行动。但需要隐蔽携行时，加装了消音器的AK系列步枪却因为精度低、体积大而难以胜任，为此，AS"VAL"微声突击步枪应运而生。

俄罗斯

OTs-14 武器系统

主要参数

- 枪口口径：9毫米
- 全枪长度：700毫米
- 枪管长度：200毫米
- 空枪质量：4千克
- 供弹方式：弹匣
- 弹匣容量：30发
- 步枪类型：突击步枪

OTs-14并不是一支常规意义上的突击步枪，而是一种包含了卡宾枪、突击步枪以及榴弹发射器的武器系统。OTs-14是由俄罗斯中央设计局运动和狩猎武器部于1992年设计的，1994年由图拉兵工厂正式生产。

OTs-14卡宾型步枪

OTs-14突击型步枪

OTs-14最初是为俄罗斯内务部特种部队设计的一套作战武器系统，设计上要求此系统能够在野外进行快速转换。因此，OTs-14武器系统由卡宾枪、突击步枪、微声突击步枪，以及榴弹发射器组成。

在更换短枪管后，OTs-14变成卡宾枪；而更换带有小握把的长枪管后，OTs-14即为突击步枪；在使用短枪管并加装消音器后，OTs-14则是一支微声突击步枪。除此之外，OTs-14武器系统第四种组合方式为使用长枪管并加装榴弹发射器，可进一步增强单兵火力。值得注意的是，前三种组合方式只需要更换枪管即

位于提把前后两端。由于枪管长度和瞄准基线较短使该枪在稍远距离瞄准精度较差，因此该枪只适用于较近距离的战斗。

可，而假如射手想将OTs-14转换为加挂榴弹发射器的突击步枪时，还必须更换射击控制模块，即扳机组和握把部分。在这一模块中，可使用同一个扳机控制榴弹发射器和步枪，并通过一个标有"榴弹"和"步枪"的选择杆控制发射对象。

OTs-14消音型步枪

OTs-14发射9毫米×39毫米步枪弹，使用可拆卸弹匣进行供弹，弹匣容量30发。

OTs-14整体采用无托式结构设计，握把上方装有提把，准星和照门

俄罗斯

9A-91 突击步枪

主要参数
- 枪口口径：9毫米
- 初速：270米/秒
- 全枪长度：605毫米
- 空枪质量：1.75千克
- 供弹方式：弹匣
- 弹匣容量：20发
- 步枪类型：突击步枪

20世纪90年代初期，俄罗斯图拉仪器设计局（俄文缩写为"KBP"）对于便携式武器的潜在市场需求产生了极大的兴趣，因此于1992年独立设计出一款新型突击步枪，并被命名为"9A-91突击步枪"。这款武器比5.45毫米口径的AKS-74U短枪管型突击步枪更轻，是一款小型突击步枪。

9A-91突击步枪采用长行程活塞导气式自动工作原理，枪机回转式闭锁机构，导气活塞位于枪管上方，回转式枪机则有4个闭锁凸榫。在被击发后，部分火药燃气进入气室，推动导气活塞，使枪机框在导气活塞的作用下后坐，带动枪机后坐并旋转开锁。枪机在后坐的过程中完成抽壳、抛壳等动作后，枪机框与枪机共同复进。枪机在完成推弹入膛后停止复进，枪机框继续复进带动枪机旋转闭锁，此时步枪进入待击状态。

9A-91突击步枪的拉机柄位于枪机框右侧。早期生产的拉机柄通过焊接固定，而后期生产的9A-91突击步枪拉机柄可以向上方折叠，这样设计的好处在于快速出枪时不易钩挂衣物，使用方便，操作可靠。

值得一提的是，有一些9A-91突击步枪的快慢机位于机匣左侧，这是由于1995年以前在设计时，考虑到使用右手持枪时拇指能够快速操作快慢机，切换射击模式，因此将快慢机设计在机匣左侧。后来为了在机匣左侧安装瞄准镜基座，因此将快慢机改到了机匣右侧。

枪托展开状态的9A-91突击步枪

早期生产的9A-91突击步枪配有斜切形的枪口防跳器，不过后期生产的9A-91突击步枪都取消了这一装置，并在枪口设有螺纹，方便射手安装消音器。而在射手不使用消音器时，可在枪口装一个枪口帽，可避免枪口因碰撞或剐蹭而损坏。

9A-91突击步枪发射9毫米×39毫米亚音速穿甲步枪弹，使用可拆卸式弹匣进行供弹，弹匣容量20发。可进行全自动或半自动射击，理论射速每分钟900发，近距离火力较猛。

9A-91突击步枪的机械瞄具由准星和照门组成，照门安装在L形翻转表尺上，最小表尺射程100米，最大表尺射程200米，瞄准基线较短，机匣左侧设有瞄准镜导轨。由于9A-91突击步枪主要用于杀伤100米内的有生目标，射手通常会安装红点反射式、全息衍射式等为近距离作战设计的光学瞄具。

9A-91突击步枪的应用范围

9A-91突击步枪于1994年在图拉兵工厂进行小批量生产，同年，第一批9A-91突击步枪交付俄罗斯内务部使用。整体来看，这款枪外形小巧、质量轻、近距离火力猛，与9毫米×19毫米帕拉贝鲁姆手枪弹相比，9毫米×39毫米步枪弹有更好的侵彻力和停止作用。因此，9A-91突击步枪也比其他冲锋枪或短枪管型突击步枪杀伤力更强，可广泛用于巷战或反恐行动。虽然这款枪射击100米以外的有生目标时会比较困难，但对于一支便携的短枪管型突击步枪而言，近战火力才是重中之重。

除此之外，为了获得更多的订单，9A-91突击步枪还有其他三种口径：7.62毫米、5.45毫米、5.56毫米。与9毫米口径的9A-91突击步枪不同的是，这三种口径的9A-91突击步枪的最大标尺射程为250米。

俄罗斯

A-91 突击步枪

主要参数
- 枪口口径：7.62 毫米、5.56 毫米、5.45 毫米
- 全枪长度：660 毫米
- 枪管长度：415 毫米
- 空枪质量：3.97 千克
- 供弹方式：弹匣
- 弹匣容量：30 发
- 步枪类型：突击步枪

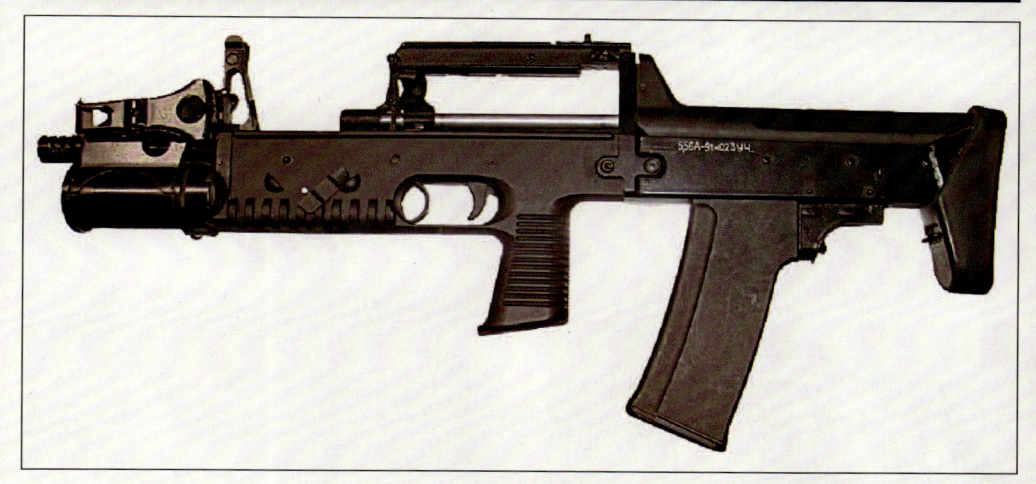

　　A-91突击步枪是俄罗斯图拉仪器设计局在20世纪90年代以9A-91突击步枪为基础，研发出的一款无托式突击步枪，可以看作9A-91突击步枪的无托衍生型号。

　　A-91突击步枪保留了9A-91突击步枪的导气系统，击发机构和枪机均采用长行程活塞导气式自动工作原理，枪机回转式闭锁机构。但A-91突击步枪的整体结构改成了无托式设计，并采用聚合物材料枪身，枪管下方整合有一个40毫米的榴弹发射器，可用于提供火力支援。

　　作为一款无托式突击步枪，A-91突击步枪采用向前抛壳系统。这是由于20世纪60年代苏联枪械设计师发现，虽然无托结构的步枪可以在保证枪管长度的前提下缩短全枪长度，但却也带来了一些缺陷。比如当射手使用左手持枪时，抛出的弹壳很容易打脸。击发后从抛壳口泄出的火药燃气会熏到射手的眼睛，使瞄准受到干扰等等。

早期型A-91突击步枪

因此，对于无托式突击步枪而言，向前抛壳系统尤为重要。A-91突击步枪的向前抛壳系统位于握把内，空弹壳被枪机头向前推，并通过一段较短的抛壳管后被送到抛壳口，在惯性的作用下，弹壳向右前方被抛出。

量产型A-91突击步枪

早期型A-91突击步枪的榴弹发射器扳机位于前握把的前方，在正式定型后则改用双扳机设计。扳机护圈有两个扳机，前扳机控制榴弹发射器，而后扳机则控制步枪。值得一提的是，这款枪的后扳机还配有一个类似于格洛克17手枪的自动扳机保险机构，只有在按下之后才能解除保险。

A-91突击步枪发射7.62毫米×39毫米M43中间威力步枪弹，采用可拆卸式弹匣供弹，弹匣容量30发。为了进一步扩大市场，俄罗斯图拉仪器设计局在2003年又推出了发射5.56毫米×45毫米北约标准步枪弹的和5.45毫米×39毫米步枪弹A-91突击步枪。

A-91突击步枪的机械瞄具由圆柱形准星和位于提把尾端的觇孔式照门组成，表尺射程可调。该枪的提把顶部装有一条战术导轨，可用于安装红点反射式、全息衍射式等光学瞄具。

A-91突击步枪的使用

就目前来说，两种口径的A-91突击步枪都有少量生产，并装备俄罗斯一些执法机构和特种部队。当然，也有一批A-91突击步枪被销往国外，装备一些国家的警察单位或保安部门。

5.56毫米口径的A-91突击步枪

俄罗斯

SR-3突击步枪

主要参数
- 枪口口径：9毫米
- 初速：290米/秒
- 全枪长度：610毫米
- 枪管长度：156毫米
- 空枪质量：2千克
- 供弹方式：弹匣
- 弹匣容量：20发
- 步枪类型：突击步枪

枪托展开状态的SR-3突击步枪

20世纪80年代末期，苏联中央精密机械工程研究院以AS"VAL"微声突击步枪为基础，设计出一款结构紧凑、易于隐蔽的突击步枪，于1996年定型并被命名为"SR-3突击步枪"。

由于SR-3突击步枪由AS"VAL"微声突击步枪改进而成，因此两支步枪的自动工作原理、击发机构等内部构造基本相同。SR-3突击步枪采用长行程活塞导气式自动工作原理，枪机回转式闭锁机构，枪管上方的导气活塞与枪机框刚性连接，枪机有6个闭锁凸榫。

SR-3突击步枪并没有设置拉机柄，而是在前护木上方设有两个滑块，向后拉动滑块就可以操作枪机。当子弹被击发时，滑块并不随枪机后坐或复进，如果发生枪机复进不到位或其他需要手动闭锁的故障时，射手可操作枪机框右侧的内部有防滑纹的

水滴形凹处，将枪机向前推动。

SR-3突击步枪发射9毫米×39毫米亚音速步枪弹，使用可拆卸式弹匣进行供弹，弹匣容量20发，可进行全自动或半自动射击。快慢机是位于握把上方的横推式按钮，左侧三点标注对应全自动模式，右侧单点标记为半自动模式。

SR-3突击步枪的机械瞄具由准星和翻转式L形照门组成，最小表尺射程100米，最大表尺射程200米，准星和照门两侧都设有护翼。由于这款枪的瞄准基线较短，因此并不适合用来杀伤较远距离的有生目标。

SR-3突击步枪的研发

1989年，苏联当时负责政要保护的苏联部长会议国家安全委员会第九局明确提出需要装备一款结构紧凑、便于隐藏的突击步枪，火力要超过原有的斯捷奇金APS冲锋手枪。中央精密机械工程研究院最终选定以9毫米×39毫米亚音速步枪弹作为该武器的配用口径，并改装AS"VAL"微声突击步枪以满足联部长会议国家安全委员会第九局的要求，进行可行性研究。

首先，中央精密机械工程研究院的设计师们拆掉了AS"VAL"微声突击步枪沉重的消音器，并在枪口的钢套中安装准星，这款试验型武器被命名为"MA"，也就是小型自动步枪"Malogabaritnyj Avtomat"的缩写，代号"旋风"。对于MA的初步测试表明这款枪的性能能够满足苏联部长会议国家安全委员会第九局的要求，因此设计师们将这一项目命名为"RG-051"，并继续深入研究。

1991年，第一批RG-051突击步枪被交给苏联部长会议国家安全委员会。1996年，经过广泛实战测试的RG-051突击步枪被俄罗斯联邦安全局和联邦警卫局采用，正式命名为"SR-3突击步枪"，代号仍为"旋风"。

俄罗斯

SR-3M 突击步枪

主要参数
- 枪口口径：9毫米
- 初速：290米/秒
- 全枪长度：610毫米
- 枪管长度：156毫米
- 空枪质量：2千克
- 供弹方式：弹匣
- 弹匣容量：10发、20发、30发
- 步枪类型：突击步枪

俄罗斯图拉仪器设计局推出了与SR-3突击步枪用途相似，而且更便宜的9A-91突击步枪。再加上一些SR-3突击步枪的用户并不是用于政要保护，而是作为室内近距离战斗（CQB[①]）武器使用，因而对步枪有着更高的人机工效和改装要求。为此，俄罗斯中央精密机械工程研究院在21世纪初推出了SR-3M突击步枪。

SR-3M突击步枪其实并不能算是SR-3突击步枪的直接改进型，而是混合了AS"VAL"微声突击步枪和SR-3突击步枪特点的新武器。SR-3M突击步枪继承了SR-3突击步枪的快慢机和机械瞄具，AS"VAL"微声突击步枪的枪管、拉机柄、手动保险杆，以及折叠枪托。

SR-3M突击步枪的护木下方增设一个可折叠的小握把，使射手可以根据不同的使用习惯或使用场合进行更换，有效提升了步枪的人机工效。此外，该枪的枪口安装有鸟笼形制退器，并配有外接消音器，使步枪可作为消声武器使用。

SR-3M突击步枪发射9毫米×39毫米亚音速步枪弹，使用弹匣进行供弹，可使用AS"VAL"微声突击步枪与SR-3突击步枪的20发标准弹匣，也可以使用VSS狙击步枪的10发标准弹匣。由于有SR-3突击步枪的用户反馈需要大容量弹匣，SR-3M突击步枪还配备了最新研究的30发弹匣。

SR-3M突击步枪的机械瞄具由准星和照门组成，机匣左侧整合有一

条俄式导轨，可安装PSO-1瞄准镜或俄制红点反射式瞄准镜。

枪托收起状态的SR-3M突击步枪

未安装消音器的SR-3M突击步枪

SR-3M突击步枪的前握把可折叠收纳至护木底端的凹槽内

SR-3M突击步枪的实际应用

根据SR-3M突击步枪的用户反馈，射速每分钟900发的SR-3M突击步枪是一款优秀的CQB利器，有效射程可达到100米至150米，在穿透硬障

【注释】

① "CLOSE QUARTER BATTLE" 简称为"CQB"，即"室内近距离战斗"，是各国军方及警方的突击队、反恐怖特种部队等特勤单位配合当今的作战环境需要，发展出来的一种战斗技巧及战术模式，以应付城市中的恐怖活动、犯罪，以及特种作战的需求。这套战斗技巧和战术与传统的野战、丛林作战等完全不同，而且多应用在敌人指挥部、大楼、民居、小巷等室内狭小环境，所以这种战术被称为"室内近距离战斗"，但并不是所有在室内所发生的战斗都称为"CQB"。

碍物后还具有相当好的停止作用，可有效杀伤覆有装甲的目标。由于9毫米×39毫米步枪弹是一种亚音速步枪弹，因此消音效果良好，适合隐蔽接敌，并能"一击致命"。

装有皮卡汀尼导轨的改进型SR-3MP突击步枪，可将折叠式枪托倒过来安装在握把底部，适合戴防弹面罩或头盔的射手使用

俄罗斯

AK-101突击步枪

主要参数
- 枪口口径：5.56毫米
- 空枪质量：3.4千克
- 初速：910米/秒
- 供弹方式：弹匣
- 全枪长度：943毫米
- 弹匣容量：30发
- 枪管长度：415毫米
- 步枪类型：突击步枪

AK-101突击步枪是俄罗斯伊兹马什公司在AK-74M突击步枪的基础上设计出的衍生型步枪，用以扩大AK系列步枪的市场。

AK-101突击步枪的内部结构基本沿用AK-74M突击步枪的设计，采用活塞导气式自动工作原理，枪机回转式闭锁机构，导气管位于枪口上方。枪弹被击发后，火药燃气通过导气孔进入导气管并推动活塞，活塞推动枪机框后坐。枪机框带动枪机旋转开锁，并完成抽壳、抛壳、压倒击锤等动作后，在复进簧的作用下，枪机框带动枪机复进。枪机在推弹入膛后停止复进，枪机框继续复进并带动枪机旋转闭锁，复进到位后，步枪再次进入待击状态。

AK-101突击步枪的外形与AK-74M突击步枪也基本相同，枪托采用玻璃纤维增强塑料制成，并采用折叠式设计，枪托可向机匣左侧折叠。

AK-101突击步枪发射5.56毫米×45毫米北约标准中间威力步枪弹，使用可拆卸式弹匣进行供弹，弹匣容量30发。该枪的弹匣外形与AK-74M突击步枪弹匣外形基本相同，弹匣体上方标有铭文"5.56 NATO"。此外，AK-101突击步枪的弹匣与北约国家的北约标准弹匣并不能通用。

AK-101突击步枪的机械瞄具由准星和缺口式照门组成，准星两侧设有弧形金属护翼，照门安装在表尺上，射手可根据目标的距离来调整不同的表尺射程。

主要用于出口的AK-101突击步枪

AK-101突击步枪并未装备俄罗斯军队或警察，主要用于出口，销往国外。葡萄牙特种部队曾装备过AK-101突击步枪，印度尼西亚的警察部队也是这款枪的主要用户。除此之外，斐济、安哥拉，以及部分维和部队也装备了AK-101突击步枪。

俄罗斯

主要参数
- 枪口口径：7.62毫米
- 初速：750米/秒
- 全枪长度：943毫米
- 枪管长度：415毫米
- 空枪质量：3.4千克
- 供弹方式：弹匣
- 弹匣容量：30发
- 步枪类型：突击步枪

AK-103 突击步枪

AK-103突击步枪是以AK-74M突击步枪为原型研制出的衍生型步枪，发射7.62毫米×39毫米M43中间威力步枪弹，由俄罗斯伊兹马什公司研发生产。

AK-103突击步枪的内部构造同样沿用AK-74M突击步枪的构造设计，采用活塞导气式自动工作原理，枪机回转式闭锁机构。虽然这款枪并不是由卡拉什尼科夫设计的，但由于其内部构造基本全部沿用AK系列步枪，因此也成了AK系列枪族的一员。

AK-103突击步枪可以看作一款采用现代化技术的AK-47突击步枪。例如该枪使用AK-74M突击步枪的枪口制动器，使7.62毫米口径的后坐力有效降低。此外，AK-103突击步枪也采用折叠式枪托设计，枪托可向枪身左侧折叠。较短的枪身也方便机械化步兵机动，并且向左折叠的枪托不会挡住扳机护圈以及快慢机，在遇到紧急情况时，不用打开枪托就可以直接扣动扳机击发。

AK-103突击步枪发射7.62毫米×39毫米M43中间威力步枪弹，使用可拆卸式弹匣进行供弹，弹匣容量30发。弹匣由黑色工程塑料制成。当然，这款枪的弹匣与AK-47突击步枪的钢制弹匣、AKM突击步枪的工程塑料弹匣也是通用的。

AK-103突击步枪的使用情况

伊兹马什公司推出AK-103突击步枪的原因是考虑到世界上仍有很多国家流行7.62毫米×39毫米M43中间威力步枪弹，而事实也确实如此。为此，AK-103突击步枪是AK-100系列步枪出口数量和授权生产数量最多的一个型号。

在俄罗斯，特警和俄军特种部队都有少量警察和士兵使用AK-103突击步枪，不过俄军内部并没有使用这款枪完全替代AKM突击步枪作为中口径突击步枪的计划。

进口AK-103突击步枪的主要用户包括伊朗、印度、巴基斯坦、委内瑞拉，以及埃塞俄比亚等国家。

AK-103突击步枪的机械瞄具由准星和缺口式照门组成，准星两侧具有弧形金属护翼，照门安装在表尺上，射手可根据射击目标距离来调整表尺射程。

AK-103突击步枪与该枪的不完全分解状态

标准型AK-103突击步枪可进行全自动或半自动发射，还有一些出售至国外民用市场的AK-103为符合出口国或当地法律法规，被改装为只能进行半自动发射的步枪。除此之外，AK-103突击步枪还有一种具有三种射击模式的型号，被称为"AK-103-2"。快慢机从上往下挡位分别为保险、全自动、三发点射和半自动模式。

AK-103突击步枪的表尺分划

俄罗斯

AN-94 突击步枪

主要参数
- 枪口口径：5.45 毫米
- 初速：900 米/秒
- 全枪长度：943 毫米
- 枪管长度：405 毫米
- 空枪质量：3.85 千克
- 供弹方式：弹匣
- 弹匣容量：30 发
- 步枪类型：突击步枪

由于在战场上AK-74突击步枪出现了精度不足的缺陷，因此，苏联军方开启了一项名为"阿巴甘"的新一代突击步枪研制计划。经过多次对比试验，在1994年俄罗斯军方选中了伊兹马什公司设计的ASN步枪，并正式定型为"AN-94突击步枪"。

AN-94 突击步枪

AN-94突击步枪的整体外形比较另类，内部构造设计也较为特别。该枪采用长行程活塞导气式自动工作原理，枪机回转式闭锁机构，其自动工作原理和枪机闭锁机构由卡拉什尼科夫的设计改进而成。AN-94突击步枪的枪管和气室安装在机匣上，而该枪的枪管设计比较特别，枪弹被击发后，枪管会后坐一段距离。

AN-94突击步枪的最大优点是两发点射精度非常高，这是由于该枪采用"改变后坐冲量的枪机后坐系统"，该系统全称"Blowback Shifted Pulse"，缩写"BBSP"。而这一系统则是利用高射速进行两发点射，使枪机在实现两次射击循环、完成两发高射速点射后才后坐到位，以避免步枪射击所产生的后坐力对精度造成影响。除此之外，AN-94突击步枪的两发点射射速可达到每分钟1800发，但在全自动模式下射击，只有前两发会

149

保持每分钟1800发的射速，第三发开始会自动降速为每分钟600发。松开扳机后再次扣压，即可重复两发高速射击后转为标准射速的循环。

加装了榴弹发射器的AN-94突击步枪

除此之外，AN-94突击步枪两发点射模式的供弹方式也较为特殊，其枪机组安装在一个浮动滑块上，浮动滑块的下方有一个推弹滑块。第一发枪弹被击发后，枪机后坐，推弹滑块前伸将弹匣中的枪弹推出至预装填的供弹板上（位于弹匣与弹膛之间）。枪机后坐到位后复进并推弹入膛，击发。为此，AN-94突击步枪的弹匣与机匣并不像多数步枪那样呈垂直状态，而是向右侧倾斜约15°，这样的设计是为了让出两发点射模式下第二发枪弹的预装填位置。

AN-94突击步枪手动保险机构与

AN-94突击步枪机匣左侧设有瞄准镜基座，可用于安装瞄准镜架

快慢机是分开的，保险机构位于扳机护圈内部，而快慢机位于机匣左侧。快慢机有三种模式，分别为全自动、半自动，以及两发点射模式。

AN-94突击步枪所采用的枪口制退器从外形上看像是一个阿拉伯数字"8"，其内部有两个空腔，并带有自我清洁的能力，在不使用时可以从枪口拆下。

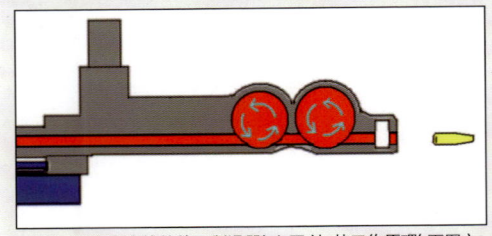

AN-94突击步枪的枪口制退器(上图)与其工作原理(下图)

AN-94突击步枪采用枪托折叠式设计，不同于AK系列步枪向机匣左侧折叠枪托，AN-94突击步枪是向机匣右侧折叠枪托的，这样的设计可以使射手打开枪托的速度更快。当然，假如该枪的枪托处于折叠状态时，习惯右手持枪的射手是无法扣动扳机进行射击的。

AN-94突击步枪发射5.45毫米×39

毫米M74中间威力步枪弹，使用可拆卸式弹匣进行供弹，弹匣容量30发。

AN-94突击步枪的机械式瞄具由准星和觇孔式照门组成，与AK系列步枪的机瞄有着明显差异。准星周围的护翼为方形全包式结构，觇孔式照门安装于机匣顶端后方，不同高度的觇孔呈星形分布，觇孔内可装发光源，使射手能够在光照不良的条件下瞄准。

分解状态的AN-94突击步枪

AN-94突击步枪的照门特写

AN-94突击步枪的使用情况

AN-94突击步枪在两发点射模式下有着出色的射击精度，甚至一些训练有素的射手可以使用这款枪的两发点射在100米靶打出一个孔。不过这样的精度并不是所有士兵的需求，对于步兵而言，这款枪的两发点射可能并没有多大的帮助，因为突击步枪的意义在于火力压制。因此，从突击步枪的职能来看，AN-94突击步枪不能全方位压制AK-74突击步枪。而对于特种部队来说，他们确实可以将AN-94突击步枪的精度优势发挥得淋漓尽致。但在现代战争中，精确射击的任务已越来越多地靠狙击步枪或精确射手步枪来完成，因此AN-94突击步枪的地位略显尴尬。

除此之外，AN-94突击步枪的人机工效也存在着很大的问题。例如快慢机与保险分开，并且形状和尺寸设计都太不理想。此外，由于弹匣向枪身右侧倾斜了15°，这也让一些习惯左手换弹匣的俄军士兵感觉很不习惯，无法快速换弹。再加上一些人欣赏不了AN-94突击步枪这种另类的外形，因此，自1994年俄军宣布采用这款枪至今已20多年，但始终没有大量装备。

目前，AN-94突击步枪只少量装备俄罗斯联邦警察、俄军，以及内务部特种部队。即使是俄军的特战单位，装备数量最多的步枪仍然是AK-74系列步枪。

俄罗斯

AK-12 突击步枪

主要参数
- 枪口口径：5.45毫米
- 全枪长度：945毫米
- 枪管长度：415毫米
- 空枪质量：3.3千克
- 供弹方式：弹匣
- 弹匣容量：30发
- 步枪类型：突击步枪

AK-12突击步枪与该枪的分解状态

使用弹鼓并加挂榴弹发射器的AK-12突击步枪

AK-12突击步枪是俄罗斯伊兹马什公司于2012年推出的新款突击步枪，虽然这款枪的命名仍是"卡拉什尼科夫自动步枪"，但实际上卡拉什尼科夫本人并未参与该枪的设计。

AK-12突击步枪采用活塞导气式自动工作原理，枪机回转式闭锁机构。虽然导气系统与AK系列步枪相同，但伊兹马什公司重新设计了该枪的枪机系统，因此AK-12突击步枪的零部件在射击时更为柔和，不会像AK-47、AKM和AK-74突击步枪一样在射击时出现上机匣盖不稳定的问题。

除此之外，AK-12突击步枪大量使用聚合物材料，机匣形状采用全新设计，固定方式也与AK-47、AKM和AK-74突击步枪完全不同。

AK-12突击步枪的枪托采用折叠式设计，早期生产的枪托向机匣右侧折叠；2015年以后生产的量产型AK-12突击步枪的枪托则向左侧折叠。

AK-12突击步枪发射5.45毫米×39毫米M74中间威力步枪弹，使用可拆卸式弹匣进行供弹，弹匣容量30发。该枪共有三种发射模式，分别为全自动、半自动和三发点射模式。快慢机位于握把上方，枪身左右两侧各有一个。

AK-12突击步枪的机械式瞄具由

AK-12突击步枪的最终投产型号

AK-12突击步枪的测试与"新型号"的量产

准星和缺口式照门组成,准星两侧设有弧形金属护翼。由于解决了机匣盖稳定性的问题,因此缺口式照门安装在机匣顶端后侧,与其他AK系列步枪相比,AK-12突击步枪的瞄准基线更长,射击精度也更好。

AK-12突击步枪还设有空仓挂机功能,因此伊兹马什公司设计了新型弹匣供这款枪使用。当然,AK-12突击步枪仍然可以使用原有AK系列步枪的弹匣。

除此之外,AK-12突击步枪有着出色的扩展性。这款枪的机匣顶端与护木四周都整合有皮卡汀尼导轨,因此射手可根据作战环境或使用习惯来选择战术挂件,如红点反射式等光学瞄具、垂直握把、直角握把、战术灯、激光指示器等。

前文介绍的AK-12突击步枪可统称为"AK-12原型枪",因为俄军装备的AK-12突击步枪与AK-12原型枪有着较大的区别。

2012年11月,俄军开始对AK-12原型枪进行严寒、沙漠、潮湿、灰尘等极端环境测试。但由于AK-12原型枪存在一些缺陷,再加上当时俄军的AK-74M突击步枪库存较多,因此AK-12原型枪的装备也一再受阻。

到2015年1月,俄罗斯国防部才传出决定采用AK-12突击步枪的消息。

2016年9月,伊兹马什公司公开了AK-12突击步枪的最终投产型号,而最终投产型号是由AK-400突击步枪改进而成,只是沿用"AK-12"的命名,并取代此前AK-12原型枪,成为俄军新一代的制式步枪。

德国

FG42伞兵步枪

主要参数

- 枪口口径：7.92毫米
- 初速：762米/秒
- 全枪长度：937毫米
- 枪管长度：502毫米
- 空枪质量：4.5千克
- 供弹方式：弹匣
- 弹匣容量：10发、20发
- 步枪类型：战斗步枪

FG42伞兵步枪是第二次世界大战期间德国专门为伞兵设计的一款可全自动发射的步枪，FG42即德文"Fallschirmjägergewehr 42"的缩写，可译为"42型伞兵步枪"。

FG42伞兵步枪与配备的弹匣与刺刀

FG42伞兵步枪采用长行程活塞导气式自动工作原理，枪机回转式闭锁机构。这款枪的活塞位于枪管下方，枪机有两个闭锁凸榫。

FG42伞兵步枪可选择半自动或全自动射击模式，击发机构设计独特。当步枪处于半自动射击模式时，击发机构为闭膛待击式，可有效提高单发射击的精度。而当步枪处于全自动射击模式时，击发机构则变为开膛待击，有助于冷却枪膛。

FG42伞兵步枪的枪托是一个由钢板冷锻而成的直型枪托，枪机尾部、复进簧，以及后坐缓冲器都被收纳在枪托中，在一定程度上缩短了枪支的整体长度。此外，该枪的枪口还装有制退器，并配有两脚架，再加上枪托与枪管成一条直线的设计，可在一定程度上降低步枪在击发时所产生的后坐力。

安装了两脚架的FG42伞兵步枪

FG42伞兵步枪发射7.92毫米×57毫米毛瑟步枪弹，使用可拆卸式弹匣进行供弹。弹匣水平插入机匣左侧，击发后，弹壳从机匣右侧的抛壳窗抛出。

FG42伞兵步枪的机械式瞄具由准星和照门组成。由于采用直型枪托设计，因此瞄准基线比较高。除此之外，该枪还可以在机匣顶端安装瞄准镜，供射手在进行精确射击时使用。

FG42伞兵步枪的研发与使用

在FG42伞兵步枪研制成功之前，德国伞兵作为德国空军的精锐突击力量，却与其他常规步兵作战单位使用一样的毛瑟98K卡宾枪，MP38/40冲锋枪，MG34、MG42通用机枪进行空降作战。德军伞兵军官和士官可配MP38/40冲锋枪跳伞，其他士兵落地时只有随身携带的手枪和手榴弹，他们必须在盟军的火力下寻找分散空投的武器。很显然，这样过于被动。由于常规步兵使用的武器在跳伞时不便携带，都不适合进行空降作战。因此，FG42伞兵步枪应运而生。

FG42伞兵步枪主要装备德国空军伞兵部队，首次亮相于1943年9月德国空降部队的一次营救行动中。在1943年以后，由于德军制空权逐渐丧失，因此，伞兵部队也常常被当作步兵使用，这种伞兵步枪也就不再被需要，并于1944年停产。截至第二次世界大战结束，德国生产了7000余支FG42伞兵步枪。

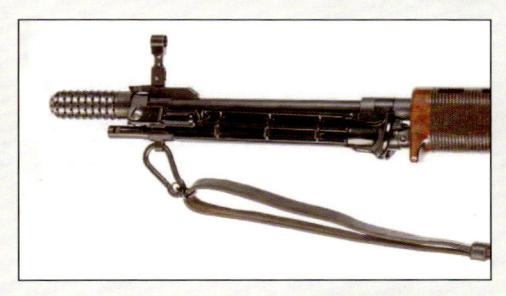

德国

STG44 突击步枪

主要参数
- 枪口口径：7.92毫米
- 全枪长度：940毫米
- 枪管长度：419毫米
- 空枪质量：5.22千克
- 供弹方式：弹匣
- 弹匣容量：30发
- 步枪类型：突击步枪

STG44突击步枪是第二次世界大战后期德国使用的突击步枪，同时也是世界上第一款使用了短弹壳、减装药的中间威力步枪弹，并应用于实战的突击步枪，具有重要的里程碑意义。

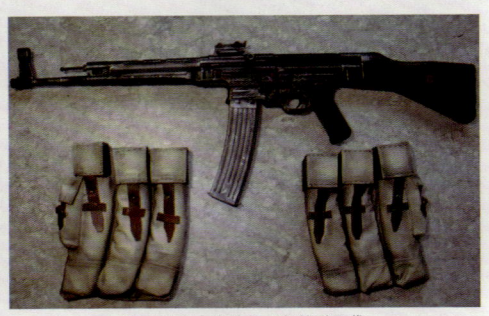

STG44突击步枪与配备的弹匣袋

STG44突击步枪采用活塞导气式自动工作原理，枪机偏转式闭锁机构。该枪的导气管位于枪管上方，并延伸至准星架后方。子弹被击发后，部分火药燃气进入导气管，推动导气活塞，活塞推动枪机框，使枪机框后坐。枪机框在后坐的过程中带动枪机开锁，使枪机完成抽壳、抛壳等动作后，枪机框与枪机在复进簧的作用下复进。枪机在推弹入膛中停止复进，枪机框继续复进并带动枪机闭锁，此时步枪再次进入待击状态。

STG44突击步枪的成功，实际上很大程度上在于新型步枪弹的使用。1941年，经过反复的试验，德国研制出一种使用短弹壳、减装药的步枪短弹。与弹头直径7.92毫米，弹壳长度57毫米的毛瑟全威力步枪弹相比，这种新型步枪弹弹头虽然直径同样为

7.92毫米，但减轻了弹头质量，弹壳长度减少至33毫米，发射药的装药量也相应减少，因此这类短弹被称为"中间威力步枪弹"。

STG44突击步枪的左侧机匣特写

STG44突击步枪发射7.92毫米×33毫米中间威力步枪弹，使用可拆卸式弹匣进行供弹，弹匣容量30发。由于使用中间威力步枪弹，这款枪的初速、射程、精度都不如毛瑟98K卡宾枪。但使用中间威力步枪弹的STG44突击步枪在400米射程内精度尚可，进行全自动射击时也比较容易控制，再加上火力猛烈，STG44将步枪和冲锋枪的性能特点很好地结合在一起，其设计理念的影响也一直延续到今天。

STG44突击步枪的机械瞄具由准星和缺口式照门组成，准星四周装有一个金属圆形护翼，缺口式照门与表尺座为一体式设计，最小表尺射程100米，最大表尺射程800米，射手可根据目标距离来调整表尺。

第一支应用于战场的突击步枪
——STG44突击步枪

在STG44突击步枪的研制的初期阶段，其先进的设计理念并不被二战期间德国部分将领们所认可，他们所持的观点是该枪无法利用存量较大的毛瑟步枪弹，必须使用新型步枪弹，并且连发射击耗弹量惊人。而军方一些人又不愿放弃这种新式步枪，因此只能采用折中办法，将该枪以冲锋枪的编号MP43/44投入使用。结果MP43/44在实战中表现出色，获得好评，并被命名为"Sturmgewehr 44"，简称"STG44"。

STG44突击步枪的早期编号——MP44

STG44突击步枪全面装备德军时，战争已进入到第二次世界大战后期。从1944年7月到1945年5月德国投降，生产了大约40万支STG44突击步枪。

在实战中,三四个手持STG44突击步枪的德军士兵即可压制住一个班的美军或苏军士兵,美军手中的M1伽兰德步枪和苏军手中的波波沙冲锋枪的火力与STG44突击步枪无法相提并论。当然,即使单兵火力再强也无法改写战争的最终结局,1945年4月30日,苏军攻占德国国会大厦;5月8日,德国无条件投降。

虽然STG44突击步枪在战争中并未发挥太大的作用,但该枪的设计理念却被很多国家重视,同时也为二战之后突击步枪成为步兵的主要武器奠定了基础。

第二次世界大战时期,使用加装瞄准镜的STG44突击步枪的德军士兵

德国

STG45 突击步枪

主要参数

- 枪口口径:7.92 毫米
- 初速:685 米/秒
- 全枪长度:940 毫米
- 枪管长度:419 毫米
- 空枪质量:5.22 千克
- 供弹方式:弹匣
- 弹匣容量:30 发
- 步枪类型:突击步枪

STG45突击步枪由德国毛瑟公司于1945年研发生产,是第二次世界大战末期德国研制的一款试验型突击步枪。

STG45突击步枪革命性地采用滚柱延迟反冲式枪机,虽然是一款试验型步枪,但这种技术在后来被广泛应用,例如HK G3、赛特迈,以及西格SIG510等自动步枪。

此外,STG45突击步枪还设有快慢机。快慢机操作杆位于机匣左侧,握把的正上方,射手可通过拨动快慢机以调整不同的发射模式。

STG45突击步枪发射7.92毫米×33毫米中间威力步枪弹，使用可拆卸式弹匣进行供弹，弹匣容量30发，可直接使用STG44突击步枪的弹匣。考虑到STG44耗弹量大的问题，STG45突击步枪的射速被降低至每分钟350发左右。

除了耗弹量方面，与STG44相比，STG45突击步枪的生产速度更快，生产成本也更低，当时每支枪成本仅为45马克，而STG44突击步枪的生产成本则为70马克。对于战争末期资源捉襟见肘的德国来说，STG45突击步枪更加适合装备部队，当然，这也是一种无奈之举。

STG45突击步枪的机械式瞄具由准星和缺口式照门组成，准星四周有一圈金属护翼，而照门与表尺座为一体式设计，射手可根据目标距离来调整表尺射程。

联邦德国

HK G3 自动步枪

主要参数
- 枪口口径：7.62毫米
- 初速：800米/秒
- 全枪长度：1026毫米
- 枪管长度：450毫米
- 空枪质量：4.41千克
- 供弹方式：弹匣
- 弹匣容量：20发
- 步枪类型：战斗步枪

HK G3自动步枪的原型枪为赛特迈步枪，由半刚性滚柱闭锁枪机的设计者路德维希·福尔格里姆勒设计。1954年，联邦德国需要新枪装备部队，赛特迈步枪便进入联邦德国军队进行试验。1958年联邦德国政府将生产任务交给黑克勒-科赫（HK）公司，黑克勒-科赫公司则根据部队使用反馈对赛特迈步枪加以改进，并重新命名为"G3自动步枪"。

HK G3自动步枪采用滚柱延迟反冲式闭锁枪机。在步枪处于待击状态时，机头抵住子弹底端，此时在闭锁楔铁前端斜面的作用下，滚柱卡入枪管节套的闭锁槽内并完成闭锁，击锤

使用伸缩枪托及聚合物护木的HK G3A4自动步枪

被击发阻铁挂住而形成待击状态。在步枪击发后，阻铁下降并从击锤上的缺口处解脱，击锤向前运动打击击针尾端，使击针击打子弹底火，从而击发子弹。

使用伸缩枪托及塑料护木的HK G3A4自动步枪

现代化改进的HK G3自动步枪，在北约国家通常作为精确射手步枪使用

HK G3自动步枪发射7.62毫米×51毫米北约标准全威力步枪弹，使用可拆卸式弹匣进行供弹，弹匣容量20发。

在火药燃气的作用下，弹头被推出枪膛，而弹壳底端平面则受到一个向后的作用力，并带动机头后坐，不过只有在闭锁滚柱完全进入机头后，机头才能自由后坐。而在滚柱运动的过程中，枪机体的后坐行程是机头的6倍，枪机在开锁后完成抽壳、抛壳、压倒击锤的一系列动作，在复进簧和缓冲器簧的作用下复进，并在复进过程中推弹入膛。在完成闭锁后步枪会再次进入待击状态，扣动扳机即可击发。

HK G3自动步枪与配备的刺刀

HK G3自动步枪的机械式瞄具由准星和转鼓式照门组成，准星四周有一个圆形全包式护翼，在瞄准时可减轻虚光的影响。转鼓式照门可调整风偏和距离，有100米、200米、300米和400米共四种距离可选，射手可通过旋转照门设定不同的照门射程。其中，100米照门为缺口式，200米、300米、400米照门均为觇孔式。

HK G3自动步枪设有快慢机，并兼作手动保险机构。这款枪可进行全自动或半自动射击，快慢机操作杆位于机匣左侧握把上方，射手可方便地使用右手拇指操作，共有保险（S）、半自动（E）、全自动（F）三个挡位。

转鼓式照门

HK G3自动步枪的实际使用情况

使用木质枪托和护木的早期型HK G3自动步枪

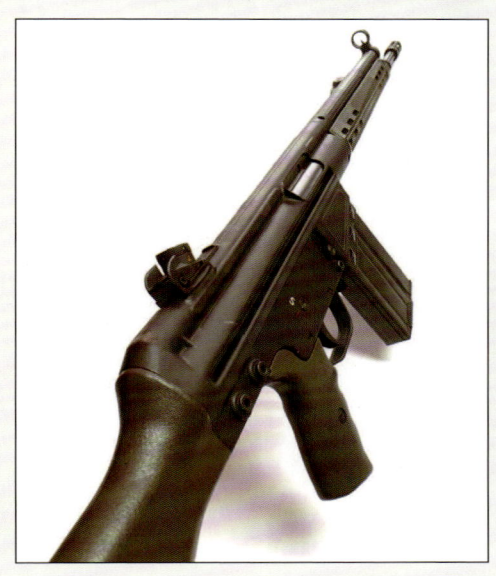

HK G3自动步枪与该枪的分解状态

1959年，HK G3自动步枪正式成为联邦德国军队的制式步枪，其射程远、精度高，并且枪弹侵彻力和停止作用都相当优秀。不过HK G3自动步枪也存在着一些缺陷，比如射速较慢，无法在近距离为步兵提供火力压制。这款枪还存在着所有发射全威力步枪弹的战斗步枪都存在的缺点——全自动射击时后坐力较大，即使经验丰富的射手也难以有效控枪。

HK G3自动步枪虽然有着一些缺陷，但并不影响全世界共计80多个国家购买并装备这款枪，其中还包括美国等军火制造大国。早年间，在美国精锐特战单位三角洲特种部队中，一些经验丰富的老兵会将HK G3作为狙击步枪使用，足以证明该枪优秀的精度。

HK G3自动步枪的使用也不仅限于现实中，在电子游戏中也被广泛使用，例如《使命召唤4》中的HK G3自动步枪就很好地还原了这款枪在现实中威力大、精度高，但后坐力也足够大的特点，非常适合射击较远距离的目标。

使用HK G3自动步枪的士兵

联邦德国

HK33 突击步枪

主要参数

- 枪口口径：5.56毫米
- 全枪长度：919毫米
- 枪管长度：390毫米
- 空枪质量：3.81千克
- 供弹方式：弹匣
- 弹匣容量：25发、30发、40发
- 步枪类型：突击步枪

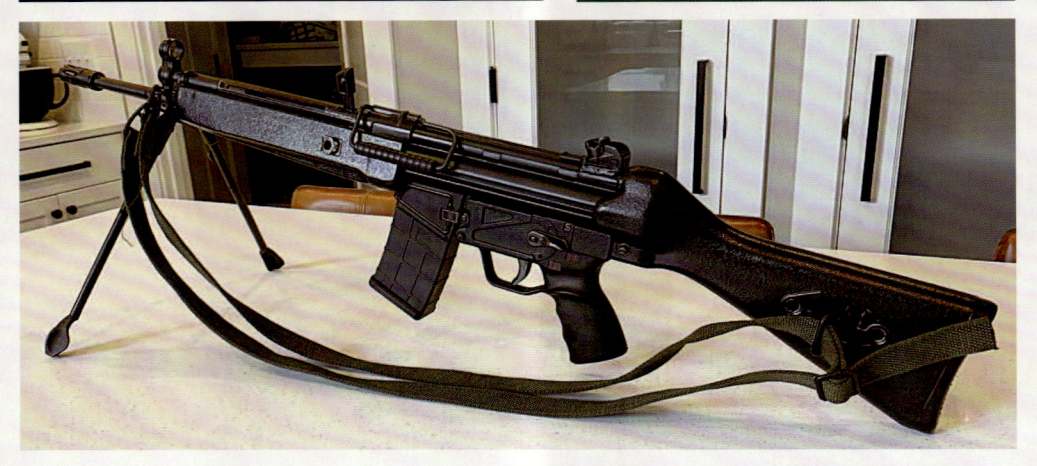

在美军装备M16突击步枪后，世界掀起了步枪小口径化的浪潮。为此，联邦德国的黑克勒-科赫（HK）公司以G3自动步枪为基础，研发出一款发射5.56毫米步枪弹的步枪，并命名为"HK33突击步枪"。

HK33突击步枪机匣特写

HK33突击步枪的自动工作原理、闭锁机构以及击发和发射机构都沿用HK G3自动步枪的设计，因此也可以将其看作HK G3的"缩小版"。

早期生产的HK33突击步枪的枪管膛线缠距为305毫米，后来因为北约统一更换标准步枪弹，HK33突击步枪的枪管膛线缠距改为178毫米。

HK33突击步枪发射5.56毫米×45毫米北约标准中间威力步枪弹，使用可拆卸式弹匣进行供弹。标准弹匣采用钢材制成，容量25发；加长型弹匣采用质量较轻的铝材制成，弹匣容量

HK33突击步枪右视图

40发。除此之外，HK公司近年间为了向军用市场或执法机关出售HK33突击步枪，还特别推出了30发弹匣。弹匣做工精良，可直接承受车辆的碾压而不变形。

HK33突击步枪的侧后视图

HK33突击步枪的机械式瞄具由准星和转鼓式照门组成，准星四周具有一个圆形全包式护翼，在瞄准时可减轻虚光的影响。转鼓式照门可调整风偏和距离，有100米、200米、300米和400米共四种距离可选，射手可通过旋转照门装定不同的照门射程。其中，100米照门为缺口式，200米、300米、400米照门均为觇孔式。

在HK33系列步枪中，产量最多的是HK33A2型与HK33A3型突击步枪，HK33A2型采用固定式枪托设计，而HK33A3型则采用伸缩式枪托设计。此外，HK公司还特别推出了用于出口的E型——HK33EA2型与HK33EA3型突击步枪，使用较为广泛。

转鼓式照门
——HK33突击步枪的照门详解

在光学瞄具广泛普及之前，机械瞄具作为辅助射手瞄准射击的工具可谓举足轻重。纵观步枪型号，会发现步枪的机械瞄具基本都由准星和照门组成，准星基本相同，多为片状或圆柱状，护翼的形状各有不同，如全包式、半包式、全包开顶式等等。

照门则多数采用缺口式照门或觇孔式照门，这两种照门各有各的优点，也各有各的缺陷。例如缺口式照门在瞄准时视线广阔，适合射击移动目标，但射击精度较低并且瞄准目标的速度较慢；而觇孔式照门在瞄准时射手的视线容易被阻挡，但这种照门射击精度高，瞄准目标的速度也更快。

那么，有没有一种步枪的照门系统整合了缺口式和觇孔式呢？

答案是——有。

HK G3自动步枪与其衍生型HK33突击步枪的"转鼓式"照门就整合了缺口式和觇孔式照门。转鼓式

不完全分解状态的HK33突击步枪

照门的不同"照门"处分别标有1~4这四个阿拉伯数字,"1"代表100米,"2"代表200米,以此类推。使用转鼓式照门的步枪最大照门射程为400米。在射击近距离目标时,将照门装定至"1",此时照门为缺口式,适合射手射击移动目标;而假如需要射击较远距离的目标时,将照门装定于"2""3"或"4",照门均为觇孔式,可射击不同距离目标,并使射击精度得到有效提升。

联邦德国

主要参数
- 枪口口径: 4.73毫米
- 全枪长度: 750毫米
- 枪管长度: 540毫米
- 空枪质量: 3.6千克
- 供弹方式: 弹匣
- 弹匣容量: 50发
- 步枪类型: 突击步枪

G11无壳步枪

20世纪60年代,联邦德国开展了一项设计无托式突击步枪的研究计划,这项计划的目的在于研制一款革命性的步兵战斗武器,使其能使用一种新型的无壳步枪弹。这项计划由两个公司参与,黑克勒-科赫(HK)公司负责枪械部分的设计,诺贝尔火药公司则负责设计无壳步枪弹。1986年,在经过长期的设计与试验后,14号原型枪被联邦德国军队采用,并命名为"G11无壳步枪"。

G11无壳步枪采用罕见的转膛式枪机,并设有快慢机,有全自动、半自动、三发点射三种射击模式。其

14号原型枪

中，这款枪在全自动模式下射速较低，使射手在打连发时也能够有效控枪，并提升射击精度。

G11无壳步枪采用无托式结构设计，这种结构又被称为"犊牛式结构"，其结构优点在于：在保证枪管长度的同时缩短了枪支的整体长度，使用灵活，适合快速出枪和快速瞄准；重心靠后，不易出现"前重后轻"的情况，使射手在使用时更加省力。

G11无壳步枪快慢机特写

G11无壳步枪发射诺贝尔火药公司研发的4.73毫米×33毫米无壳步枪弹，使用可拆卸式弹匣进行供弹，弹匣容量50发，安装于机匣上方并与枪管平行，因此该枪子弹的弹头垂直向下，子弹与枪管呈90°。

4.73毫米×33毫米无壳步枪弹

无托式步枪虽然有着枪身较短、使用灵活等优点，但也存在着人机工效不佳的缺陷。例如无托式步枪的抛壳窗通常位于弹匣上方，射击时贴近射手面部，因此抛壳窗必须开在面部的另一侧，如射手使用右手持枪那么抛壳窗就要开在右边，否则即使安装弹壳前抛系统，射手也会担心出现"弹壳打脸"的状况。

而G11无壳步枪就不存在这一顾虑，因为该枪所发射的枪弹并没有用金属弹壳包裹，而是将压制成正方体的发射药与弹头结合，没有弹壳自然不需要设计抛壳窗，因此即使"左利手"射手使用G11无壳步枪也不用担心"弹壳打脸"。

G11无壳步枪的内部结构图

1990年，在G11无壳步枪完成一系列试验后，HK公司收到了来自联邦德国军方的采购单，总价值约6000万马克。不过，也就是在1990年，两德统一，东部地区急需资金建设，由于来自军事上的威胁减少，军队全面换装新型步枪也就不再迫切。为此，G11无壳步枪的生产、采购与装备计划都被取消了。

德国

G36突击步枪

主要参数
- 枪口口径：5.56 毫米
- 全枪长度：998 毫米
- 枪管长度：480 毫米
- 空枪质量：3.6 千克
- 供弹方式：弹匣
- 弹匣容量：30 发
- 步枪类型：突击步枪

G36突击步枪是德国黑克勒-科赫（HK）公司在1995年推出的一款突击步枪，用于替换联邦德国军队装备已久的G3自动步枪。

G36突击步枪并未沿用G3自动步枪的滚柱延迟反冲式闭锁枪机，而是采用与阿玛莱特AR-18突击步枪类似的短行程活塞自动工作原理和枪机回转式闭锁机构。枪弹被击发后，部分火药燃气通过枪管上的导气孔进入气室推动枪管上方的活塞向后运动几毫米后，被活塞头密封杆堵住的泄气孔通道就会露出，使多余的气体通过导气箍前方的泄气孔排出。此外，由于G36突击步枪的导气装置是一个封闭系统，因此火药燃气并不会进入枪机。

为了减少易损坏的零部件，G36突击步枪没有设计击针簧装置，因此击针在枪机中处于"浮动"状态，如此设计枪机会导致推弹入膛的同时使击针在惯性的作用下撞击子弹底火。尽管击针质量轻、行程也很短，但仍

G36突击步枪的战术改进型

能在底火表面打出小面积凹痕。HK公司作出的解释是，这种程度的撞击不足以击发枪弹。在随后的跌落试验中，一支保险未开启的G36突击步枪从两米处掉落，并未走火。

G36突击步枪的机匣、护木、枪托相对较轻，重心略微靠前，平衡性尚可。这款枪的战斗质量与M16突击步枪基本相当，但由于重心位置较好，因此使人感觉比实际质量要轻一些。

G36突击步枪的整体设计符合人体工程学，多数零部件左右手都可以进行操作，例如这款枪的拉机柄就可以向左右两侧转动。

现代改装型G36突击步枪，在外形上与原版G36有着较大的区别

G36突击步枪发射5.56毫米×45毫米北约标准中间威力步枪弹，使用可拆卸式弹匣进行装弹，弹匣容量30发。这款枪的弹匣由聚合物材料制成，多数为半透明设计，使射手可随时观察余弹数量。G36突击步枪的快慢机位于机匣左右两侧握把上方，方便持枪习惯不同的射手使用。

G36突击步枪的枪托采用折叠式设计，射手可通过折叠枪托来缩短步

G36突击步枪与单兵战术装具

枪整体长度。此外，这款枪的枪管与枪托为一条直线，枪管中轴线延伸至枪托底板的抵肩位置，使射手在射击时后坐力感更小。

由于结构设计的原因，G36突击步枪在射击后残留的火药残渣非常少，并极少受到泥水、风沙，以及冰雪的影响，步枪整体可靠性较强。

G36突击步枪的瞄准系统安装在一个"桥"形的装置上，这一装置又兼作提把。瞄具由上下两个瞄准镜组成，上方瞄准镜为红点瞄具，下方瞄准镜为3倍瞄具，无机械瞄具。

G36突击步枪瞄具的主要缺陷

直接使用光学瞄具作为一支步枪的瞄准系统，是因为设计人员认为双光学瞄具既有利于快速瞄准，又能够

167

提高较远距离的命中率。然而对于用户而言，G36突击步枪的瞄准系统则被认为是失败的设计。

其原因有二。

第一，光学瞄具通常不如机械瞄具坚固，容易损坏且难以修复。光学瞄具如果应用于反恐作战，并不算是什么问题，而军队训练和战斗通常要进行匍匐、跨越障碍等战术动作，摸爬滚打更是家常便饭，这也就是为什么各国士兵都能够将一支看似不易损坏的武器弄得狼狈不堪的原因。

第二，光学瞄具的使用非常容易受到外界因素的影响。在野外训练、行军或作战中，哪怕一丁点儿的泥、冰甚至是一滴小水珠粘在瞄具上，都会让瞄准镜暂时失效。由于G36突击步枪的瞄准镜直径较小，因此一旦遇到雨天，镜片就会被雨水打湿，从而导致视野模糊。

假如想要突击步枪在任何环境中都能正常工作，以当下的技术条件而言，纯光学瞄具还不能够实现。这一点已被使用G36突击步枪的德国军队反复论证，所以千万不要想当然地认为将步枪战术挂件挂成像"圣诞树"似的就一定好用。抛开步枪因重心不稳而导致的精度降低问题不谈，任何恶

劣环境对于电子仪器的腐蚀都是致命的。因此，一味忽略机械瞄具只重视光学瞄具的这种思想，是不可取的。

G36突击步枪的衍生型号

G36K短管突击步枪

G36K短管突击步枪

G36K短管突击步枪被简称为"G36K短突"，也可以称为"G36K卡宾枪"，该型号主要是为进行秘密行动的特种部队或经常上下步兵战车的机械化步兵设计。

使用G36K短管突击步枪的特警

G36K短管突击步枪全枪长860毫米，枪管长320毫米，空枪质量3.3千克，护木长度也比G36缩短了很多。由于缩短了枪管，导致火药燃气燃烧不够充分，因此该型号步枪采用较为独特的大型四叉型消焰器。

HK公司推出的新型G36KA4短管突击步枪

G36C短管突击步枪

G36C短管突击步枪又被称为"G36C突入步枪"，该型号命名中的"C"为"compact"的缩写，也可以译为"G36紧凑型"，主要为室内近距离作战（CQB）研制。

G36C短管突击步枪全枪长720毫米，枪管长228毫米，空枪质量2.8千克，可以说，"轻"与"短"就是该型号步枪的特点。

G36C短管突击步枪

除此之外，G36K和G36C短管突击步枪都取消了原来带有光学瞄具的提把，改为使用顶部整合有皮卡汀尼导轨并装有机械瞄具的提把。

德国

HK416 突击步枪

主要参数

- ■枪口口径：5.56毫米
- ■全枪长度：900毫米
- ■枪管长度：368毫米
- ■空枪质量：3.49千克
- ■供弹方式：弹匣
- ■弹匣容量：30发
- ■步枪类型：突击步枪

HK416突击步枪是德国黑克勒－科赫（HK）公司推出的一款以M16系列步枪为基础改进而成的新型步枪。这款枪有效改善了AR-15突击

步枪及M16系列步枪可靠性不足的缺陷，这款武器在原型阶段曾被命名为"HKM4"，后因与柯尔特公司的武器命名权发生冲突，HK公司将这款枪重新命名为"HK416"。

HK416突击步枪的机匣与抛壳窗特写

HK416突击步枪的外形与M4卡宾枪较为相似，并沿用M4的一些零部件，如枪机和抽壳钩。但是如果剖析两支枪的内部结构，就会发现两者并不相同。

HK416突击步枪采用短行程活塞导气式自动工作原理，与M4卡宾枪的直接导气式工作原理有所差异。M4卡宾枪的导气装置无导气活塞，导气管与枪机相连，因此很容易将枪管中的杂物（如火药残渣）吹入枪机，如不及时进行维护，很容易造成故障。假如将一支M4卡宾枪从水中取出并直接射击，有很大概率会造成炸膛事故，使射手受伤。

除此之外，HK公司的工程师经过研究发现，热量也是引起M16系列步枪、M4卡宾枪等采用直接导气式自动工作原理步枪可靠性降低的"隐藏杀手"。这种步枪击发后，从导气管进入枪机框内部的热量会使润滑剂迅速干燥并挥发，再加上枪机积碳，使步枪想不出故障都是一件相当困难的事情。

在M16系列步枪或M4卡宾枪安装了消音器后，还会导致气体过量的问题。由于枪管膛压改变，过多的火药燃气会进入枪机内部，这样会使枪机框内部零件过热，枪机积碳的程度也会加重，甚至还有可能存在火药燃气从拉机柄向后泄出，有灼伤射手眼睛的危险。这一问题在枪管较短的M4A1卡宾枪上表现得尤为严重。

由于HK416突击步枪采用了类似G36和XM8突击步枪的短行程活塞导气系统，因此枪支可靠性大大增强，枪机组件不仅不易积碳，且更容易冷却，同时延长了步枪使用寿命，也不存在气体过量的问题。枪弹被击发后，火药燃气通过导气孔进入导气室，使活塞受到压力向后运动，当活塞前端的密封杆从排气孔拔出时，会使剩余气体由前方的排气孔排出。此时，活塞在惯性的作用下继续运动，推动枪机框后坐一段距离后，活塞停止运动并在活塞杆簧的作用下复进，枪机框则在惯性的作用下继续后坐并带动枪机旋转开锁，使枪机完成抽壳、抛壳等动作。枪机框和枪机后坐到位在复进簧的作用下共同复进，枪机推弹入膛后停止复进，枪机框继续复进，并带动枪机旋转闭锁，此时步枪再次进入待击状态。

HK416突击步枪的枪管采用优质钢材冷锻而成。枪管包括254毫米、368毫米、419毫米以及508毫米四种不同长度。

368毫米枪管的HK416突击步枪

HK416突击步枪发射5.56毫米×45毫米北约标准中间威力步枪弹，使用可拆卸式弹匣进行供弹，弹匣容量30发。值得一提的是，HK416突击步枪的弹匣为钢质北约标准弹匣，与M16系列步枪的铝制弹匣相比，可靠性更高，因此美国也订购了大批HK416突击步枪的弹匣用来替换一部分M16系列步枪的铝质弹匣。

HK416突击步枪的枪机组件

HK公司还为HK416突击步枪增加了击针保险装置。而M4卡宾枪则是采用无击针簧的浮动式击针设计，由于没有击针簧，击针在枪机闭锁时会在惯性的作用下向前移动，从而撞击枪弹底火，当然这种程度的撞击不足以击发枪弹，只会磕出一个小凹坑。但是HK416突击步枪的枪机后坐速度比M4卡宾枪更快，并使用弹力更大的复进簧，导致浮动式击针在惯性的作用下前冲的力量也更大。因此HK416突击步枪的机框上增设了击针保险装置，以保证在枪机闭锁的瞬间，击针不会撞击底火。

419毫米枪管的HK416突击步枪

HK416突击步枪的机械瞄具由准星和转鼓式照门组成，准星和照门分别安装在步枪上导轨的前端和后端。此外该枪有着很强的扩展性，机匣顶端与护木顶部的导轨相连，可快速安装红点反射式或全息衍射式等光学瞄具；护木左右两侧与下方也整合有导轨，方便射手安装直角握把、垂直握把、战术灯，以及激光指示器等战术挂件。

为了进一步提高步枪使用寿命，

254毫米枪管的HK416突击步枪

508毫米枪管的HK416突击步枪

HK416突击步枪的衍生型号

HK416C短管突击步枪

HK416C短管突击步枪

HK416C短管突击步枪应英国特种空勤团（SAS）的要求研制，是HK416突击步枪多种型号中最短的一款，采用短枪管和伸缩式枪托设计。

HK416C短管突击步枪的可伸缩枪托

HK416C短管突击步枪在枪托展开状态时全枪长686毫米，在枪托缩起状态时全枪长560毫米，枪管长226毫米，空枪质量2.95千克，理论射速每分钟700~900发。

沙漠迷彩涂装的HK416C短管突击步枪

HK416A5突击步枪

297毫米枪管的HK416A5突击步枪

HK416A5突击步枪是HK416突击步枪的最新改进型，该型号步枪的主要改进方面为增加气体调节器，并在一定程度上增强人机工效。例如左右两侧都设有空仓挂机解脱钮，握把增设储物空间，准星可折叠在护木上，并扩大扳机护圈，使射手戴着防寒手套也能灵活操作。

368毫米枪管的HK416A5突击步枪

造价高昂的特种部队专用HK416突击步枪

HK416突击步枪是一款可靠、精确的突击步枪，这款枪的价格当然也不便宜，因此通常只有特种部队才能装备HK416突击步枪，即使是财大气粗的美军也没有大量装备该枪。

德国

HK417 自动步枪

主要参数
- 枪口口径：7.62 毫米
- 初速：750 米/秒
- 全枪长度：985 毫米
- 枪管长度：406 毫米
- 空枪质量：4.05 千克
- 供弹方式：弹匣
- 弹匣容量：10 发、20 发
- 步枪类型：战斗步枪

　　HK417自动步枪是德国黑克勒-科赫（HK）公司以HK416突击步枪为基础研发而成的。由于这款枪发射全威力步枪弹，因此也是一支战斗步枪。

安装高倍率瞄准镜和两脚架的HK417自动步枪即可作为精确射手步枪使用

　　HK417自动步枪采用短行程活塞导气式自动工作原理，枪弹被击发后，部分火药燃气通过导气孔进入气室，使活塞受到压力向后行进并推动枪机框后坐。枪机框在后坐一段行程后带动枪机旋转开锁，枪机在后坐的过程中完成抽壳、抛壳等动作后，枪机框在复进簧的作用下带动枪机复进。枪机在复进的同时推弹入膛，枪机框继续复进并带动枪机旋转闭锁，使步枪再次进入待击状态。

　　HK417自动步枪采用伸缩式枪托设计，枪托底部装有缓冲塑料垫，能够缓冲一部分后坐力。

HK417短枪管型自动步枪

　　HK417自动步枪发射7.62毫米×51毫米北约标准全威力步枪弹，使用可拆卸式弹匣进行供弹，弹匣容量30发，可进行全自动或半自动射击。

HK417自动步枪护木与枪口特写，可以看出该枪的做工非常精致

早期的HK417自动步枪曾采用G3自动步枪的20发弹匣，后改用新型半透明塑料弹匣，弹匣有10发和20发两种，方便射手随时观察余弹数量。

轨，使射手可以方便安装两脚架、垂直握把、直角握把、战术灯，以及激光指示器等战术挂件，扩展性强，能够适应多种作战环境。

HK417自动步枪机匣特写

HK417自动步枪的机械式瞄具由准星和转鼓式照门组成，准星和照门分别安装在上导轨前后两端。此外，上导轨还可以安装ACOG、红点反射式以及全息衍射式光学瞄准镜。当然，HK417自动步枪不止一条战术导轨，该枪护木两侧和下方也整合有导

HK417自动步枪的改进型号

HK417A2自动步枪

HK417A2自动步枪

HK417A2自动步枪由HK公司于2012年推出，是HK417自动步枪的改进型号。该型号主要改动为增设气体调节器，并扩大扳机护圈，即使射手戴着防寒手套也能轻松操作扳机。

英国

L85A1 突击步枪

主要参数

- 枪口口径：5.56毫米
- 初速：940米/秒
- 全枪长度：785毫米
- 枪管长度：518毫米
- 空枪质量：3.8千克
- 供弹方式：弹匣
- 弹匣容量：30发
- 步枪类型：突击步枪

在北约制式小口径步枪弹确定采用5.56毫米×45毫米SS109步枪弹后，英国也配合该标准设计出了SA80枪族，而SA80枪族的历史大概要从7毫米口径的EM2步枪谈起。EM是"Expenimental Model（试验型）"的缩写，EM2步枪则是英国人在小口径步枪理论上的一个试验。该枪采用无托结构，精度高、杀伤力强，原计划在20世纪50年代初投入批量生产，但由于美国在这时期大力推广7.62毫米×51毫米T65步枪弹作为北约标准步枪弹，而EM2步枪并不能装填英军仓促决定采用的T65步枪弹。因此，它既不受试验部门负责人的欢迎，又因一些"特殊"的原因被拒用，EM2步枪也就此夭折。

由于重新研制新枪费时费力，英国认为FN FAL自动步枪易于生产、价格较低、使用广泛，所以正式采用了FAL自动步枪，并改名为"L1A1自动步枪"。但在这个时候，美国却又推翻原来的战斗步枪远射程理论，决定选择一种口径更小、质量更轻、结构更紧凑的武器，这也正是英国当初研制EM2步枪的初衷。由于主导思想上的反复变化和混乱，设计师难以开展

L85A1突击步枪配用的刺刀

自动步枪

175

工作。直至1976年6月，英国恩菲尔德兵工厂才最终向外界公布其小口径"单兵武器"及其姊妹枪"轻型支援武器"。恩菲尔德兵工厂研制的这两款枪是根据精心研究的4.85毫米步枪弹而制造的，这种步枪弹的射击距离达800米，有较好的侵彻力，质量却仅是7.62毫米全威力步枪弹的一半。这两款枪与EM2步枪相似，均为无托结构，但却不具备EM2步枪的内部结构特点，而是仿造AR-18突击步枪。该枪族参加了1977年开始举行的北约下一代步枪选型试验。

然而北约又决定采用5.56毫米×45毫米步枪弹作为北约标准步枪弹，英国不得不在1980年放弃4.85毫米口径，而改用5.56毫米口径。于是，"在缺乏经验的士兵和民间枪械爱好者的参与下"（一名英国军官评论），恩菲尔德兵工厂自行设计、手工制作的第一支SA80样枪在沃明斯特进行了试验。样枪的机构源自AR-18突击步枪，基本上就是把AR-18的机构放进一个无托枪的外壳里面。这样做的目的是减少研制费用，因为前述的"特殊"原因造成的多番修改，整个"单兵武器"的研制费用已上升到令人吃惊的程度，至少要5亿英镑。因此英国人就采用了一种美国军方没有采用而性能与M16系列步枪匹敌的武器的结构。

SA80枪族是一个大家族，其中L85A1和L85A2为突击步枪型号，L86A1和L86A2为轻机枪型号，L22A1和L22A2为卡宾枪型号，L98A1为训练用步枪。

L85A1是世界上为数不多采用无托结构的突击步枪之一，这款枪于1985年正式装备英国海陆空三军，用以取代7.62毫米口径的L1A1自动步枪。

L85A1突击步枪采用导气式自动工作原理，枪机回转式闭锁机构，枪机组件由枪机框与枪机组成。枪机上有多个闭锁凸榫，导柱与枪机联结。枪机框上有开闭锁螺旋槽，枪机框是开闭锁的原动件，它通过其上的螺旋面对导柱的作用而使枪机回转，完成开闭锁动作。

L85A1突击步枪的机匣即为枪托，这样设计的好处在于可以在不缩短枪管的情况下缩短步枪的长度。无托步枪的好处是尺寸小，士兵携带方便，利于在狭小空间战斗，特别适合装备机械化步兵，具有灵活机动的优点。

L85A1突击步枪还配有一把不锈钢铸成的多用途刺刀。刺刀的中空刀柄可以安装在消焰器上，刀刃后部有锯齿，可以用来切割绳索。而将刺刀与刀鞘配合，还可以用来剪切铁丝网或电线。

L85A1突击步枪的刺刀刀鞘内侧配有碳化钨的锯条

L9A1氚光瞄准镜是L85A1突击步枪的主要配件之一，安装于机匣上方的滑座上。其瞄准分划用氚光照明，无须电池供电，放大倍率为4倍，视场10°。L9A1瞄准镜是完全封闭的，校零调整装置位于镜筒外表，结构非常结实。射手可根据体型与视力的不同，将瞄准镜分前、中、后三个位置安装在导轨上。除此之外，L85A1突击步枪还拥有应急机械瞄准具。

L85A1突击步枪结构复杂紧凑，大量采用冲压焊接结合工艺，仅有枪机、机框和枪管是由常规机加而成的。对于这种复杂的结构使用者必须对其进行精心保养，由于维护难度大，所以在恶劣条件下使用。L85A1突击步枪是同期枪支中故障率最高的一款。

L85A1突击步枪的瞄准镜分划

L85A1突击步枪的实际使用情况

安装微光瞄准镜的L85A1突击步枪

其实，试验中SA80枪族出现的问题远比报道的要多。这些问题使试验半途而废，乃至重新开始时，原班研发人马已更换，失去了试验工作的连续性。SA80样枪的"寒区"试验还没有做，"沙区"的试验就屡屡出现问题。但在这些问题出现以前，军方就已决定装备SA80枪族了。不管怎样，英国军队于1985年10月正式接收第一批SA80的步枪，并正式命名为

"L85A1"。1989年英军共计采购了共计17万支L85A1突击步枪及L86A1轻机枪，首先装备英国步兵、皇家海军陆战队和皇家空军团。最后共生产了近40万支。

安装机械瞄具的L85A1突击步枪

在英国军队开始装备SA80枪族时，就有大量基层反映该枪过重，使用不便的报告。事实上，刚研制成功的SA80枪族确实要比原设计指标重。除此之外，SA80枪族还有其他一些问题。首先，弹匣卡榫挂不牢弹匣，射击时弹匣容易自行脱落；其次，当射手处于下雨或在丛林环境中，步枪上的瞄准镜会模糊不清；再次，该枪的塑料零部件强度不足，非常容易折断；最后，该枪还有着击针容易破裂、全枪锈蚀严重等问题。

而L85A1突击步枪最主要的问题则是在射击中经常出现供弹故障，导致在实战环境中，该枪通常全自动发射，来降低故障率。而L86A1轻机枪则通常半自动发射，以避免因射弹散布过大而出现的精度欠佳现象。

上述缺点让两款武器的作用本末倒置。这是因为在战斗中，突击步枪通常以短点射来压制或精确杀伤对方有生目标，除非巷战否则一般不会使用全自动发射；而轻机枪通常采用长点射的方式，依靠高密度和大容量弹匣带来的火力持续性来压制或杀伤对方有生目标。

由于SA80枪族需要精心保养，因此每支枪都配备了一大套多功能维护工具，为了搞清楚工具的使用方法，

为避免出现故障，士兵将L85A1突击步枪裹得"严严实实"

分解状态的L85A2突击步枪

英国士兵不得不经常随身带上工具使用手册。

SA80枪族主要缺陷如下：

1.塑料件质量非常差，而且经常从枪身上脱落，枪体容易损坏；

机匣分解

2.弹匣解脱钮非常容易被意外触发，只需轻轻一碰，弹匣就会脱落，因此一些英军士兵用胶水在弹匣解脱钮周围粘上一个保护装置；

风沙是导致步枪出现故障的主要原因之一

3.导气装置的上盖不牢固，经常弹开，通常要用胶带封起来；

4.弹匣簧力量不足，通常只能装26~28发子弹，弹匣也必须保持清洁，并要经常检查弹匣口有没有凹陷；

5.L86A1轻机枪的弹匣容量只有30发，不能提供有效的火力压制，而且枪管容易过热（以短点射方式射击约120~150发后就开始过热）；

6.武器分解后很难重新组合，包含许多精密部件（尤其是枪机和枪机框的组合），分解导气活塞必须由专业军械师操作，否则组合后很容易卡壳。

此外，L85A1突击步枪还存在着一些人体工程学的问题，例如保险装置只能由操作扳机的手指操作，左手拉动拉机柄时必须把手伸到步枪右后方，以及快慢机操作不便，等等。

恩菲尔德兵工厂对SA80枪族作了一些小范围的改进从而缓解了一些问题，但仍未解决根本问题。在英国，有自行选择武器权利的特种部队，如英国特种空勤团（SAS）、英国特别舟艇中队（SBS）等都拒用这件"国货"。SAS在福克兰岛、海湾战争等军事行动中则使用M16A1、M16A2，以及AUG突击步枪。

1996年9月，北约将L85A1突击步枪从指定的轻武器列表中除名，这件事极大地刺激了英国军方高层，并决定对SA80枪族进行全面改进。于是HK公司在1997年获得了一份价值1.2亿美元的SA80枪族改进合约，并对武器的内部结构做出了多项修改。

L85A2突击步枪最终改进型，整合有多条皮卡汀尼导轨，增强了步枪扩展性，使射手能够根据作战需求或个人习惯的不同来安装战术挂件

比利时

FN FAL 自动步枪

主要参数
- 枪口径：7.62毫米
- 初速：840米/秒
- 全枪长度：1090毫米
- 枪管长度：533毫米
- 空枪质量：4.25千克
- 供弹方式：弹匣
- 弹匣容量：30发
- 步枪类型：战斗步枪

FN FAL自动步枪由比利时枪械设计师迪厄多内·塞弗于20世纪50年代初设计。FAL是法语"Fusil Automatique Léger"的缩写，可译为"轻型自动步枪"。

FN FAL自动步枪采用短行程活塞导气式自动工作原理，并沿用FN-49半自动步枪的偏移式枪机。导气装置位于枪管上方，其结构与勃朗宁自动步枪相似，活塞筒的前端置于导气箍内，与气体调节器相连。气体调节器通过改变排出气体量来控制用于推动活塞的气体量，射手可根据不同的气候环境或枪支受污染状况来调整适合的气体量，当然，在发射枪榴弹时需要关闭导气孔。

FN FAL自动步枪的枪机框部分位于枪机上方，枪机框连杆则通过铰

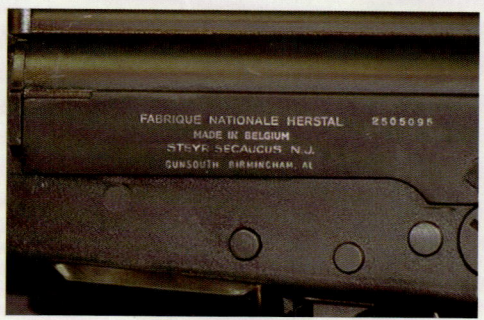

FN FAL自动步枪的机匣铭文

FN FAL自动步枪的快慢机位于机匣左侧，假如射手右手持枪，可使用持枪手大拇指操作快慢机

链接合于枪机框后端。在枪机框进行后坐时，通过连杆推动枪托中的复进簧，使复进簧伸展，又通过连杆来推动枪机框复进。枪机框设有开闭锁斜面，在自动工作循环过程中与枪机上对应的开闭锁斜面相互作用，使枪机后端上抬或下落来完成开闭锁动作。

早期的FN FAL自动步枪的机匣采用锻压技术制造。1973年，FN公司为了降低生产成本，将机匣的生产工艺改为包埋铸造法。据说，机匣采用锻压制造的FN FAL自动步枪寿命高达8万发，而采用包埋铸造机匣的FN FAL自动步枪寿命降低至4万发左右。

FN FAL自动步枪发射7.62毫米×51毫米北约标准全威力步枪弹，使用可拆卸式弹匣进行供弹。与多数战斗步枪只有20发弹匣容量不同，FN FAL自动步枪配有30发弹匣，有效提升了步枪的火力持续性。此外，FN FAL自动步枪的射击模式分为全自动和半自动两种。

FN FAL自动步枪的机械式瞄具由准星和觇孔式照门组成。觇孔式照门安装在表尺上，并且可以在表尺上滑动，在不使用时还可以将照门折叠，减少步枪在携行时造成钩挂的概率。

英制式与公制式
——FAL自动步枪的"两大分支"

英制式FAL自动步枪

最先装备FAL自动步枪的其实并不是比利时军队，而是英国军队。1953年12月，英军向FN公司订购5000支FAL自动步枪，在制定了英制FAL自动步枪的标准后，英国于1975年将本国生产的FAL自动步枪命名为"L1A1自动步枪"，由英国生产的FAL自动步枪被称为"英制式"。

181

比利时军队于1956年采用FAL自动步枪作为步兵制式武器，由FN公司进行生产。他们参考较早装备FAL自动步枪国家（如英国）的使用经验做出了一系列改进。此后，FN公司生产的FAL自动步枪被称为"公制式"，其公司除了为本国军队提供FAL自动步枪外，也为其他几十个国家生产这个型号步枪。

英制式FAL自动步枪采用标准化制造，所有零部件都可以互换，主要装备英国及英联邦成员国，如英国、澳大利亚等国家。而公制式FAL自动步枪主要装备除英联邦成员国以外的北约国家，之所以被称为"公制式"，是因为生产图纸及文件上的尺寸标注都采用公制单位。

英制式与公制式FAL自动步枪最大的不同在于取消了全自动射击模式，只能进行半自动击发。这是由于英国军方考虑到北约制式7.62毫米全威力步枪弹在射击时后坐力较大，射手难以控制，并且全自动射击还会增加弹药消耗。此外，英制式FAL自动步枪还取消了空仓挂机功能，使步枪的人机工效有所降低。

比利时

FN FNC 突击步枪

主要参数
- 枪口口径：5.56毫米
- 初速：965米/秒
- 全枪长度：997毫米
- 枪管长度：450毫米
- 空枪质量：3.85千克
- 供弹方式：弹匣
- 弹匣容量：30发
- 步枪类型：突击步枪

20世纪60年代，自M16系列突击步枪被美军采用作为制式步枪起，即在世界范围内掀起了步枪小口径化的浪潮。1967年，比利时FN公司在FAL自动步枪基础上研制出FN CAL突击步枪，但由于这款枪人机工效不良，FN公司在该枪基础上改进出FNC76突击步枪。后期FN公司又针对FNC76突击步枪可靠性不足等问题改进推出FNC80突击步枪。1987年，FN FNC80突击步枪被比利时军方采用，并命名为"FN FNC突击步枪"。

FN FNC突击步枪的枪托可向机匣右侧折叠

FN FNC突击步枪采用长行程活塞导气式自动工作原理，以及类似于AK-47突击步枪的枪机回转式闭锁机构。机头上装有两个凸耳，击针通过一个长76毫米的击针簧固定。枪弹被击发后，部分火药燃气通过导气孔进入气室并推动活塞，活塞推动枪机框后坐，枪机框在后坐的过程中带动枪机开锁，并完成抽壳、抛壳等动作。此后枪机框和枪机在复进簧的作用下复进，枪机推弹入膛后停止复进，枪机框继续复进带动枪机旋转闭锁，使步枪再次进入待击状态。

固定枪托型FN FNC突击步枪

FN FNC突击步枪的枪管采用优质钢材制成，内膛精锻成型，因此这款枪的枪管硬度、强度，以及韧性都很出色，不易出现故障。FNC突击步枪的枪管前部有一个直径22毫米的圆筒形消焰器，除了能够起到使枪口火光不明显的作用外，还可以作为榴弹发射器使用。在发射枪榴弹时，射手

183

可以用折叠在准星上方的榴弹发射表尺进行目标定位，并关闭导气孔，截断进入活塞筒的气流，以保证火药燃气全部作用于枪榴弹尾部。

FN FNC突击步枪的枪口特写

FN FNC突击步枪共三种射击模式，分别为全自动、半自动，以及三发点射模式。因此，这款枪的快慢机有四种操作方式。快慢机位于机匣左侧，握把上方，使用右手持枪的射手可用右手大拇指轻松操作。快慢机选项为"S""1""3""A"四挡。其中，"S"为保险，将快慢机杆拨动至这一挡位可以使步枪进入保险状态；"1"为半自动模式；"3"则为三发点射模式；而"A"则代表全自动模式。

FN FNC突击步枪发射5.56毫米×45毫米北约标准中间威力步枪弹，采用可拆卸式弹匣进行供弹，弹匣容量30发，与M16突击步枪的30发标准弹匣通用。

FN FNC突击步枪的机械式瞄具由准星和觇孔式照门组成，准星两侧设有金属护翼，照门可调整风偏，最大表尺射程450米。除此之外，在这款枪的机匣上部设计有瞄准镜基座，可安装FN公司的4×28毫米瞄准镜或其他北约标准规格的瞄准镜。

改进中求发展
——比利时FN FNC突击步枪

由FN CAL突击步枪改进而成的FNC突击步枪于1976年参加了"北约下一代步枪选型试验"。与CAL突击步枪相比，这款枪简化了机匣结构并更换了新型子弹，可靠性也有所提升。即便如此，由于FNC突击步枪在试验中出现枪机凸榫开裂等故障，因此退出了竞选行列。

与M16突击步枪一样，早期的FN FNC突击步枪若想安装M203榴弹发射器，需使用专用护木

从1976年至1978年，FN公司再次对FNC突击步枪进行改进。首先，将击针装在枪机框内，并减小击针孔径，降低小口径步枪容易出现的底火击穿、炸壳等故障；其次，对机匣和枪托做加强处理，并增设空仓挂机功能；最后，改进气体调节器、护木和弹匣卡榫等零部件的设计。

改进后的FN FNC突击步枪于1979年定型，并于1980年年底开始生产，并被命名为"FNC80"。

FNC突击步枪虽然在北约步枪选型试验中落选，但FN公司开发的5.56毫米×45毫米SS109步枪弹却在选型中胜出，并成为北约标准中间威力步枪弹。1981年10月，北约正式宣布将SS109步枪弹作为北约第二种标准口径步枪弹，并将其命名为"5.56毫米NATO步枪弹"。

1987年，比利时军方终于决定用FN FNC突击步枪取代FAL自动步枪。除比利时外，FNC突击步枪也被多国购买装备，一些国家甚至还被FN公司特许生产，足以见得FNC突击步枪使用的广泛。

比利时

FN F2000 模块化武器系统

主要参数
- 枪口口径：5.56毫米
- 初速：900米/秒
- 全枪长度：688毫米
- 枪管长度：400毫米
- 空枪质量：3.6千克
- 供弹方式：弹匣
- 弹匣容量：30发
- 步枪类型：突击步枪

考虑到士兵在战场上需要更换不同的部件以适应不同的战术需求，FN公司早在1995年就开始研制一种模块化单兵武器系统。2001年3月，FN公司将该武器系统命名为"F2000突击武器系统"，并首次公开展示这种新型武器。

FN F2000模块化武器系统由突击步枪、榴弹发射器，以及火控系统三部分组成，射手可根据不同的作战环境来选择不同的组合方式。几种常用的组合方式：突击步枪加装光学瞄准镜的基本型，突击步枪加挂榴弹发射器的突击支援型，突击步枪加挂榴弹发射器并安装火控系统型。

FN F2000模块化武器系统的突击步枪采用无托式设计，这样的设计可以使步枪在保持枪管长度不变的前提下缩短枪支整体长度，使枪支结构更为紧凑，在提高射击精度的同时更便于携行，尤其适合需要上下步兵战车的机械化步兵，以及特种兵使用。除此之外，FN F2000突击步枪还大量采用聚合物材料，因此枪支整体质量较轻。

FN F2000突击步枪采用活塞导气式自动工作原理，闭锁系统可靠性

不完全分解状态的FN F2000模块化武器系统

强，能够保证从击发到完成的整个自动循环中不会有火药燃气或残渣进入机匣内部。此外，该枪的密封性良好，拉机柄槽的缝隙也经过密封处理，沙砾、灰尘等杂物也不易进入机匣内部，直接降低了出现故障的概率。

FN F2000突击步枪采用P90冲锋枪的前置式抛壳窗。枪弹被击发后，弹壳并不是在枪机开锁后被抽壳钩直接抛出，而是经由机匣内部枪管上方的一条抛壳管行进至枪口上方的抛壳口抛出。这种抛壳系统的特点在于射击前几发子弹时，弹壳不会被抛出，首发弹壳会留在弹壳槽内，待射击3~4发子弹后，第1发空弹壳才会被抛出。这样设计的好处是可避免射手左手持枪时弹壳会抛向射手面部，或是造成被气体灼伤的事故。

FN F2000突击步枪的弹壳槽

FN F2000突击步枪发射5.56毫米×45毫米北约标准中间威力步枪弹，使用可拆卸式弹匣进行供弹，弹匣容量30发。弹匣为北约标准弹匣，与M16系列步枪的弹匣通用，弹匣解脱钮较大，即使射手戴着防寒手套或防核生化手套也能够灵活操作。

FN F2000模块化武器系统的榴弹发射器采用FN公司自行设计的40毫米榴弹发射器。安装榴弹发射器时射手需要先卸下前护木，再将榴弹发射器安装在枪管下方的位置。榴弹发射器位于扳机护圈下方，此时从外形来看，榴弹发射器与步枪本体组成一个有机整体，外形紧凑，且不显臃肿。

加装了榴弹发射器的FN F2000模块化武器系统

FN F2000模块化武器系统的火控系统简单实用，由枪托内部的电池进行供电。除了为火控系统供电，该武器系统的电池还可以为其他战术挂件供应电力，例如红点反射式瞄准镜、全息衍射式瞄准镜、战术灯，以及激光指示器等，都可以通过电池供电。

FN F2000模块化武器系统的使用

FN F2000的榴弹发射器与40毫米枪榴弹

目前，FN F2000模块化武器系统已少量装备比利时军队或其他一些国家的军队。经过使用，一些射手认为F2000武器系统质量轻、重心合理、便于携行，在进行全自动射击时，枪身平稳，后坐力也比其他5.56毫米口径的步枪小。加挂榴弹发射器后操作同样方便，榴弹发射器扳机位置接近步枪扳机，使用方便，操作可靠。

考虑到火控系统和光学瞄具并不能完全胜任恶劣作战环境，因此FN公司后来又推出了装有皮卡汀尼导轨的F2000战术型，准星和觇孔式照门安装在上导轨前后两端，觇孔式照门在不使用时可折叠。

比利时

主要参数
（SCAR-L 突击步枪）

- 枪口口径：5.56 毫米
- 空枪质量：3.28 千克
- 初速：890 米/秒
- 供弹方式：弹匣
- 全枪长度：889 毫米
- 弹匣容量：30 发
- 枪管长度：356 毫米
- 步枪类型：突击步枪

FN SCAR 步枪

2003年10月，美国特种作战司令部（USSOCOM）正式提出"特种作战部队战斗突击步枪（Special Operations Forces Combat Assault Rifle，简称SCAR）"的研究项目，要求采用一款全新设计的模块化武器替代M16或M4步枪供美军特种部队使用。2004年11月，美国特种作战司令部宣布比利时FN公司在"SCAR"项目中胜出。

根据研究计划，FN SCAR步枪有两款主要型号：一款是5.56毫米口

FN SCAR第一代样枪

径的SCAR-L突击步枪，另一款则是7.62毫米口径的SCAR-H战斗步枪。两款步枪均采用模块化枪管，而且均有三种枪管型号，即标准型（S型）、室内近战型（CQB型），以及狙击型（SV型）。除此之外，FN公司还推出了只能进行半自动发射的SCAR狙击型、民用型等其他衍生型号步枪。

FN SCAR步枪采用短行程活塞导气式自动工作原理，为了有效应对恶劣的作战环境，这款步枪设有可调节导气箍。其中，导气箍转向10点钟方向为常规操作，适于一般作战环境；导气箍转向12点方向则适于恶劣作战环境，如沙漠等风沙较大的环境；4点钟方向则是分解位置，在分解维护时使用。

FN SCAR步枪的机匣由上下两部分组成。枪管通过两根锁销固定在上机匣中，因此射手可以通过快速更换不同长度的枪管来转变步枪的用途。使用标准枪管可作为突击步枪使用，使用短枪管可作为室内近战武器使用，而使用加长枪管则能够作为精确射手步枪使用。

量产型SCAR-L突击步枪（457毫米长枪管）

FN SCAR步枪的枪托设计非常符合人体工程学，与多数步枪需要"人适应枪"不同，SCAR步枪是"枪适应人"的典型代表。SCAR步枪枪托采用折叠伸缩式枪托设计，早期为4段伸缩，后改为6段伸缩。这款枪的枪托顶端有一个大型托腮板，使射手能够舒适握持，并有效提高射击精度。

量产型SCAR-H战斗步枪（508毫米长枪管型）

SCAR-L突击步枪发射5.56毫米×45毫米北约标准中间威力步枪弹，使用拆卸式弹匣进行供弹，弹匣容量30发。快慢机位于机匣两侧，握把上方，其中"S"为保险，"1"为半自动射击模式，"A"则为全自动射击模式。

SCAR-H战斗步枪发射7.62毫米×51毫米北约标准全威力步枪弹，使用弹匣进行供弹，弹匣有两种，容量分别为10发和20发。

FN SCAR步枪的机械瞄具由准星和觇孔式照门组成，安装于步枪顶部导轨的前后两端。此外，这款枪还拥有强大的扩展性，近战可安装红点反射式瞄准镜、全息衍射式瞄准镜，安装长枪管作为狙击型使用时可以安装ACOG瞄准镜或更大倍数的光学瞄具。护木两侧和下方也分别整合有皮卡汀尼导轨，可安装直角握把、垂直握把、两脚架、战术灯，以及激光指示器等战术挂件。

现实与虚拟
——FN SCAR步枪的广泛应用

MK16突击步枪（上图）与MK17战斗步枪（下图）

FN SCAR步枪被采用后，美军将SCAR-L型正式命名为"MK16"，SCAR-H型则命名为"MK17"。其中，MK16突击步枪的枪管有254毫米、356毫米和457毫米三种；MK17战斗步枪的枪管为330毫米、406毫米和508毫米三种。

MK17战斗步枪（406毫米标准枪管）

在MK16突击步枪和MK17战斗步枪下发至美军特种作战部队后，两种不同口径的步枪拥有着两种截然相反的评价。MK16的定位与HK416突击步枪类似，在美军的特战单位中被用来替代M4A1卡宾枪。与HK416突击步枪相比，MK16突击步枪无论是可靠性还是射击精度都要更胜一筹。尽管如此，美军特种兵对于MK16突击步枪还是褒贬不一，但很多人表示还是更加喜欢HK416突击步枪。这似乎是由于HK416突击步枪的操作与M16系列步枪基本一致，因此更容易被用惯了AR-15突击步枪的美军特种兵接受。

与MK16突击步枪的褒贬不一相

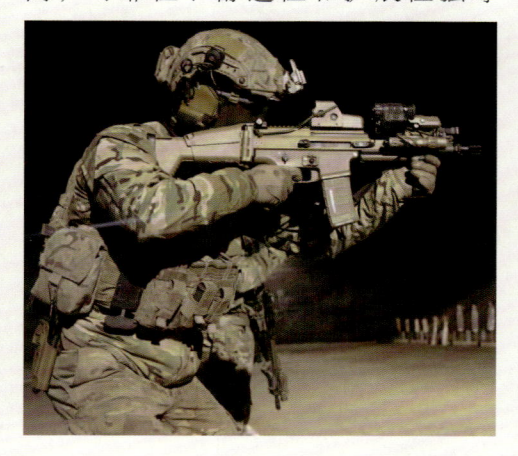

使用MK17战斗步枪的海豹突击队队员

比，MK17战斗步枪却获得了多数人的认可。美军特种部队中的MK17战斗步枪主要为了替代MK14、M110等精确射手步枪而装备，而在实际使用中，MK17战斗步枪精度高、可靠性强，哪怕在风沙较大的地区也不易出现故障。

由于FN SCAR步枪有着精度高、可靠性、舒适性和扩展性强等优点，并富有个性的外形，因此也被多数军迷喜爱。当然，SCAR步枪除了在现实中被美军特战单位广泛使用以外，在许多游戏作品中也有着它的身影，无论是早年的《战地2》《使命召唤6》，还是近年间推出的《幽灵行动：荒野》《彩虹六号：围攻》《绝地求生：大逃杀》，都能够看到SCAR步枪的身影，并广受欢迎。为方便游戏读写，有一小部分玩家还将"SCAR"读写作"斯喀"，表达对于这款枪的一种"别样"的情感。

捷克斯洛伐克

Vz.58 突击步枪

主要参数
- 枪口口径：7.62毫米
- 初速：705米/秒
- 全枪长度：845毫米
- 枪管长度：390毫米
- 空枪质量：3.1千克
- 供弹方式：弹匣
- 弹匣容量：30发
- 步枪类型：突击步枪

Vz.58突击步枪是捷克斯洛伐克轻武器设计师伊日·塞马克于1956年1月开始研制的一款突击步枪，1958年定型，因此这款枪被命名为"Samopal vzor 1958"，广泛装备捷克斯洛伐克的海陆空三军。

虽然Vz.58突击步枪在外形上与AK-47突击步枪较为相似，但两款步枪的自动原理和内部结构却截然不同。Vz.58突击步枪采用短行程活塞导气式自动工作原理，卡铁摆动式闭锁机构，导气装置位于枪管上方，导气活塞设有独立的复进簧，后坐行程约19毫米。

另外，Vz.58突击步枪比较特别的一点是，该枪采用平移式击锤击发。与大多数步枪的回转式击锤不同，Vz.58的平移式击锤是一根中空的钢管，内置击锤簧和击锤簧导杆，导杆固定在枪机匣盖上，与复进簧平行。击锤则与枪机框相连，枪机框在后坐时会带动击锤共同后坐，枪机框复进后击锤则被挂在后方，扣动扳机后，阻铁下降释放击锤，击锤在击锤

分解状态的Vz.58突击步枪

簧的作用下沿着机匣导轨向前运动，并撞击击针，使击针击打子弹底火。

子弹被击发后，火药燃气通过导气孔进入气室，活塞在气体压力的作用下推动枪机框后坐。枪机框在后坐的过程中带动枪机开锁并后坐，枪机在完成抽壳、抛壳等动作后，与枪机框在复进簧的作用下复进。枪机在推弹入膛后停止复进，枪机框继续复进并带动枪机闭锁，使步枪再次进入待击状态。

Vz.58突击步枪发射7.62毫米×39毫米M43中间威力步枪弹，使用可拆卸弹匣进行供弹，弹匣容量30发。该枪有全自动和半自动两种发射模式，快慢机位于机匣右侧握把上方，共3个装定挡位，分别为保险、半自动以及全自动。

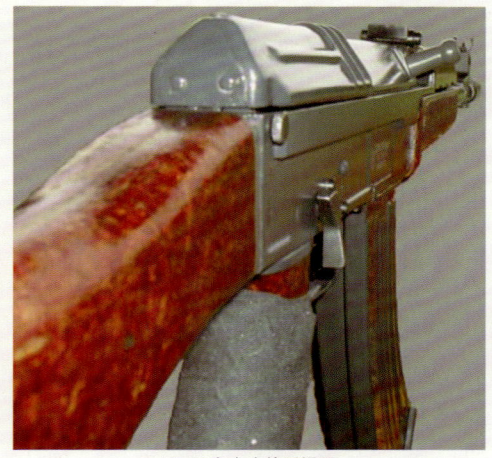

Vz.58突击步枪后视图

Vz.58突击步枪的机械式瞄具由准星和缺口式照门组成。准星位于枪口上方，两侧有弧形金属护翼。缺口式照门与表尺为一体式设计，安装于护木后侧上方，射手可根据目标距离来调整不同的表尺射程。

Vz.58突击步枪的表尺分划，最小表尺射程100米，最大表尺射程800米

Vz.58突击步枪的使用情况与应用范围

Vz.58突击步枪整体结构紧凑，质量轻，而这款枪的缺陷则在于初速较低但射速偏快，并且可靠性较差，在恶劣环境中使用故障率较高。这是由于Vz.58枪机的两个运动导轨之间的间距较大，同时也增大了枪机框带动枪机的力矩，导致枪机框的能量损耗加大，从而影响机构动作的可靠性。

1993年，捷克斯洛伐克共和国解体为两个独立国家，即捷克和斯洛伐克。捷克曾研制了包括突击步枪、短管突击步枪和轻机枪三种型号在内的CZ-2000枪族，并打算利用这些发射5.56毫米北约标准中间威力步枪弹的步枪来取代Vz.58突击步枪。但由于财政问题，军备采购计划一直未能落实，结果Vz.58突击步枪在捷克军中服役了将近半个世纪。而斯洛伐克军队也没有找到合适的替代品，只得继续使用Vz.58突击步枪。

除此之外，Vz.58突击步枪也大量出口至其他国家，在世界范围内，共有90多个国家或地区购买或使用过这款突击步枪，虽不如AK-47突击步枪那样广泛，但也算是较为常见的枪型。

捷克

主要参数
- 枪口口径：5.56毫米
- 全枪长度：915毫米
- 枪管长度：360毫米
- 空枪质量：3.58千克
- 供弹方式：弹匣
- 弹匣容量：30发
- 步枪类型：突击步枪

CZ805 突击步枪

CZ805突击步枪由捷克布罗德兵工厂开发，于2009年正式公开，2010年被捷克军队采用作为新一代军用制式步枪。

CZ805突击步枪采用短行程活塞导气式自动工作原理，枪机回转式闭锁机构。子弹被击发后，部分火药燃气通过导气孔进入气室，活塞在气体压力的作用下推动枪机框，使枪机框后坐，枪机框在后坐的过程中带动枪机旋转开锁后共同后坐。枪机在完成抽壳、抛壳等动作后，与枪机框在复进簧的作用下复进。在推弹入膛后停止复进，枪机框继续复进并带动枪机旋转闭锁，使步枪再次进入待击状态。

安装了多种战术挂件的CZ805突击步枪

可拆卸式弹匣进行供弹，弹匣容量30发。除此之外，这款枪还有另外一种口径，发射7.62毫米×39毫米M43中间威力步枪弹。改变口径的方式也比较简单，由于该枪的弹匣井是一个单独的可更换模块，因此在改变口径时，只需要将枪管、枪机组、弹匣井，以及弹匣进行更换，即可发射不同口径的子弹。

CZ805突击步枪的导气装置

CZ805突击步枪采用模块化设计，上机匣使用铝合金材料，下机匣则使用聚合物材料制成。这款枪的"模块化"还体现在可快速更换的枪管上，CZ805突击步枪共有4种长度的枪管可供射手选择，分别为标准型、狙击型、短枪管型，以及班用机枪型。

CZ805突击步枪的透明弹匣方便射手随时观察余弹数量

CZ805突击步枪的弹匣设计参考了G36突击步枪，采用半透明的聚合物材料制成，弹匣体上设有并联卡销，5.56毫米口径的弹匣可与G36弹匣通用。

CZ805突击步枪短枪管型

CZ805突击步枪的枪托设计特别，既可以伸缩，也可以折叠。2010年后生产的CZ805枪托还增设了托腮板，使瞄准更为舒适。

CZ805突击步枪发射5.56毫米×45毫米北约标准中间威力步枪弹，使用

自动步枪

195

CZ805突击步枪快慢机特写，共4个装定挡位。其中，5个红色圆点代表全自动发射模式，2个红色圆点代表两发点射模式，1个红色圆点则代表半自动发射模式，而白色圆点则代表手动保险

  CZ805突击步枪的机械瞄具由准星和觇孔式照门组成，准星和照门分别安装于上导轨前后两端，在不使用时可以折叠。当然，CZ805突击步枪也具有良好的扩展性。上导轨除了安装准星和照门，还可以安装红点反射式、全息衍射式，以及ACOG等光学瞄准镜。护木两侧和下方的导轨则可以安装直角握把、垂直握把、两脚架、战术灯，以及激光指示器等战术挂件，能够适应多种作战需求。

法国

FAMAS
突击步枪

主要参数
- 枪口口径：5.56 毫米
- 初速：960 米/秒
- 全枪长度：757 毫米
- 枪管长度：488 毫米
- 空枪质量：3.61 千克
- 供弹方式：弹匣
- 弹匣容量：25 发
- 步枪类型：突击步枪

FAMAS突击步枪是由法国轻武器设计师保罗·泰尔于1967年开始设计，圣·艾蒂安兵工厂生产的一款突击步枪，于1978年被法国军队采用，其命名中的"FAMAS"为法语"Fusil Automatique, Manufacture d'Armes de St. Etienne"的缩写，可译为"轻型自动步枪，圣·艾蒂安生产"。

FAMAS突击步枪采用半自由枪机式自动工作原理，与多数采用导气式工作原理的自动装填步枪相比，FAMAS无导气装置，因此其内部结构较为简单，维护也比较方便。

FAMAS突击步枪采用无托式结构布局，无托式步枪通常可以在保证枪

安装了光学瞄准镜的FAMAS F1突击步枪

管长度的同时，最大程度缩短枪支整体长度，因此无托步枪通常有着便于携带并且射击精度高的优点。当然，凡事有利有弊，多数无托式步枪也有着人机工效不良的缺陷，例如抛壳窗位置距离射手面部较近，即使采用弹壳前抛装置，使用左手持枪的射手也会担心弹壳弹到脸上。

但是，假如射手使用FAMAS突击步枪就不会担心这一问题。这是由于FAMAS突击步枪在设计时采用了抛壳窗位置可左右互换的设计。生产时，

197

聚合物枪托上有两个对称的抛壳窗，托腮板会盖住其中一个，改变抛壳窗位置则需要一定时间进行分解改装。虽然在野战条件下并不方便，但是也算是聊胜于无。

FAMAS突击步枪的枪身由上下两个护木组件组成，上护木采用玻璃钢骨架上浇铸树脂的层压技术，金属零部件表面则进行了阳极化处理，可有效提升组件表面硬度和抗腐蚀性。下护木则采用黑色工程塑料制成，先进的制造工艺有效降低了枪身质量，同时更保证了枪身强度，使其不易损坏。

FAMAS突击步枪的刺刀安装于枪管顶端

FAMAS突击步枪发射5.56毫米×45毫米北约标准中间威力步枪弹，使用可拆卸式金属弹匣进行供弹，弹匣容量25发。该枪共三种射击模式，分别为全自动、半自动，以及三发点射模式。快慢机位于扳机前方的扳机护圈内部，同时兼作手动保险，使用方便且操作可靠。

使用FAMAS F1突击步枪的步兵

FAMAS突击步枪的机械式瞄具由准星和照门组成，准星和照门分别安装于步枪提把的前后两端。

1979年，法国陆军接收的第一批FAMAS突击步枪为FAMAS F1型，是最早的FAMAS量产型号，配有可折叠的两脚架，使射手在野外无依托处也能打开支架进行精确射击。此外，法军在海湾战争中使用的正是FAMAS突击步枪，不过该枪在"沙漠风暴"行动中反响平平，并没有过于出彩的地方。

FAMAS突击步枪的衍生型号

FAMAS G1突击步枪

1990年5月，圣·艾蒂安兵工厂对FAMAS F1突击步枪进行改进，并

FAMAS G1突击步枪

FAMAS FELIN突击步枪

FAMAS FELIN突击步枪首次亮相于2001年，作为法军未来单兵战斗系统的改进型武器备受期待。FAMAS FELIN由G1型改进而成，主要改动为安装了固定前握把，将提把移除并换为战术导轨，使步枪能够快速安装红点反射式、全息衍射式、ACOG等光学瞄具，以及安装火控系统。

命名为"FAMAS G1突击步枪"。与FAMAS F1型相比，FAMAS G1突击步枪减少了零件数量，将F1型200多个零部件数量减少到约150个。

除此之外，FAMAS G1突击步枪的其他方面也有所改进，例如F1型的提把和护木处理方式是在玻璃钢骨架上浇铸树脂，而G1型则是在相同的骨架材料上喷涂环氧物，降低了生产成本的同时，还提升了枪支整体强度。

从外观上看，G1型与F1型最大的区别在于G1型取消了两脚架和扳机护圈，并改用类似于AUG突击步枪的握把护圈。这种握把护圈方便射手戴着防寒手套时操作，还可以作为握把提升射击时的稳定性。

FAMAS G2突击步枪

加装北约标准弹匣的FAMAS G2突击步枪

从外形上看，FAMAS G2突击步枪与G1型非常相似，其实该枪只是在G1型的基础上加装了北约标准弹匣，可以与M16系列步枪的30发弹匣通用。

使用FAMAS FELIN突击步枪的士兵

奥地利

AUG突击步枪

主要参数

- 枪口口径：5.56毫米
- 初速：970米/秒
- 全枪长度：790毫米
- 枪管长度：508毫米
- 空枪质量：3.6千克
- 供弹方式：弹匣
- 弹匣容量：30发
- 步枪类型：突击步枪

AUG-A1突击步枪

　　AUG突击步枪由奥地利斯太尔-曼立夏公司于20世纪60年代后期研制，1977年正式被奥地利军方采用作为军用制式步枪，并命名为"AUG-A1突击步枪"。其中，"AUG"即德语"Armee Universal Gewehr"的缩写，可译为"陆军通用步枪"。

　　AUG突击步枪采用短行程活塞导气式自动工作原理，导气活塞插入枪管上的连接套内，连接套内设有导气室，而导气活塞的独立复进簧也位于导气室中。这款枪的导气装置设有一个拥有三个挡位可调节的导气阀，其中一挡为正常使用，另一挡为恶劣环境下使用，最后一挡用于关闭导气孔，主要在发射枪榴弹时使用。

　　实际上AUG突击步枪是一个武器系统，有四种不同的枪管可在几秒内进行互换，以组装成四种不同的武器——突击步枪、短管突击步枪、冲锋枪，以及轻机枪。其中，四种不同长度的枪管分别为508毫米（标准型）、407毫米（短突型）、350毫米（冲锋枪型），以及621毫米（轻机枪型）。

　　AUG突击步枪采用无托式结构设计，并大量采用聚合物材料。多数无托步枪都有着枪管长、精度高、长度短的特点，既保证了精度还兼顾了机动性，但同时也存在着人机工效不良等缺陷。不过AUG突击步枪却有着不错的人机工效，这与这款枪的结构有着直接的关系。例如该枪的前握把不仅可以稳定射击，还可以当作气体调节器的稳定器使用。在分解步枪时前握把也可以作为一个转动枪管的杠杆，射手可不必用手直接接触过热的枪管。

考虑到无托步枪的抛壳系统对左手持枪的射手"并不友好"，AUG突击步枪的抛壳窗可以进行左右互换，不用的那一边可以盖上一个塑料护板。除此之外，为了使射手戴着防寒手套也能轻松操作扳机，设计人员将AUG突击步枪的扳机护圈扩大至整个握把，形成了一个握把护圈，使用方便，操作可靠。

AUG突击步枪采用铝合金压铸而成，通过28个机械加工工序成形。除机匣外，这款枪的零部件大量采用聚合物材料，例如枪托、握把、弹匣，甚至连击锤、阻铁、扳机也由聚合物材料制成，这些零部件可靠性强，并且不需要像金属零部件那样涂润滑油。

AUG突击步枪发射5.56毫米×45毫米北约标准中间威力步枪弹，采用可拆卸式弹匣进行供弹。弹匣容量30发，采用半透明聚合物材料制成，以方便射手随时观察余弹数量。

此外，AUG突击步枪未设置快慢机柄，射击模式的更换是通过控制扳机的行程来完成的。假如射手将扳机扣压至一半位置时，步枪会进行半自动发射；而射手将扳机扣压到底，步枪则会变成全自动发射模式。这种设计的好处在于减少了步枪表面操作钮的数量，经过训练的士兵也很容易掌握这种射击模式。而有争议的地方则在于，战场上的士兵可能会因为紧张而扣住扳机不放，直接打光一个弹匣，不但难以命中目标，还会浪费弹药，因此AUG步枪的单连发扳机也受到过很多质疑。

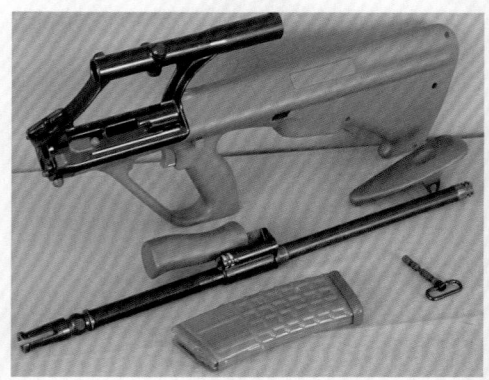

不完全分解状态的AUG-A1突击步枪

AUG-A1突击步枪的标准瞄具采用1.5倍望远式瞄准镜，1.5倍的放大倍率可以让射手在射击时睁开双眼，方便射手搜索目标并观察周围，有效

AUG-A1突击步枪后视图

避免"隧道视觉"。考虑到瞄准镜出现故障时需要机械瞄具的情况,瞄准镜前端设有一个类似准星的突起,而后端则设有一个缺口式照门,可当作机械瞄具使用。此外,这款枪的瞄准镜具有防水功能,并可以在光线昏暗的环境中使用。

式,以及ACOG等光学瞄准镜。

AUG-A2突击步枪可拆掉瞄准镜,并安装皮卡汀尼导轨

AUG-A3突击步枪

AUG-A1突击步枪的瞄准镜分划

AUG-A3突击步枪

AUG-A3突击步枪主要增设了挂机解脱钮和皮卡汀尼导轨,并采用新型榴弹发射器。榴弹发射器扳机与步枪扳机的距离很近,射手可使用持枪手指击发榴弹。

AUG突击步枪的衍生型号

AUG-A2突击步枪

AUG-A2突击步枪

AUG-A2突击步枪由斯太尔-曼立夏公司于1997年生产,与A1型最大的区别是A2型的拉机柄改为折叠式,并将瞄准镜兼提把改为可拆卸式。可安装皮卡汀尼导轨,使射手可以根据需要安装各种瞄具,如红点反射式、全息衍射

应用广泛的AUG突击步枪

除了将AUG突击步枪作为本国军用制式步枪外,奥地利还将其出口至多个国家或地区。例如澳大利亚就曾在1985年采用AUG突击步枪作为制式步枪,并重新命名为"F88步枪",最初购买6.7万支,后来澳大利亚利思戈公司获得AUG突击步枪的特许生产

权和出口销售权,到20世纪90年代中期,产量已达28万支,并使用至今。新西兰原计划装备M16A2突击步枪,但考虑到与澳大利亚装备一致,因此也改为装备AUG突击步枪。

枪,甚至连美国海军海豹突击队也采购过一些AUG突击步枪。

比较有趣的是,英国军队的精锐——特种空勤团,他们宁愿使用FAL或M16A2突击步枪也不愿使用英国的L85A1突击步枪,但AUG突击步枪却是他们唯一装备过的无托步枪,可见AUG突击步枪的优秀。

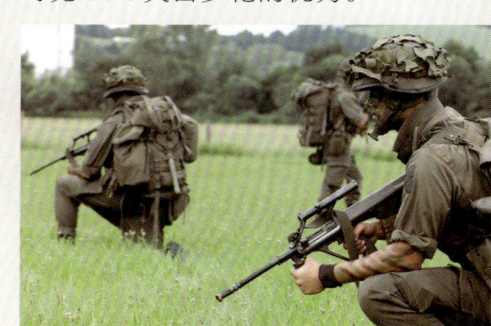

AUG-A3突击步枪

除此之外,沙特阿拉伯、爱尔兰、马来西亚、阿根廷、赤道几内亚、摩洛哥也都使用过AUG突击步

瑞士

西格SIG510自动步枪

主要参数

- 枪口口径:7.5毫米
- 初速:750米/秒
- 全枪长度:1105毫米
- 枪管长度:583毫米
- 空枪质量:5.56千克
- 供弹方式:弹匣
- 弹匣容量:24发
- 步枪类型:战斗步枪
- 有效射程:640米

SIG510自动步枪是瑞士西格(SIG)公司在1954年至1957年间研制的一款发射全威力步枪弹的战斗步枪,于1957年被瑞士军方采用作为军用制式步枪。

西格SIG510自动步枪在一些内部

203

结构设计上参考了德国HK G3和西班牙赛特迈步枪，采用滚柱延迟反冲式系统，闭锁滚柱的直径比G3和赛特迈步枪的要大一些，而且精度高，可靠性强。使用时，如果重新装填一颗实弹，只需将拉机柄向后拉到位，然后松开，即可完成装填。枪弹被击发后，枪机在后坐的过程中完成抽壳、抛壳，以及压倒击锤动作，此时击锤被阻铁挂住，枪机在复进的过程中推弹入膛，完成闭锁，使步枪进入待击状态。

西格SIG510自动步枪的枪机为长方体，由枪机头和枪机体两部分组成，用一根横销连接在一起，机匣两端各插入一个钢环，并用铜焊进行固定，以此作为固定枪托与枪管节套环的连接部。

射击比赛中的西格SIG510自动步枪

西格SIG510自动步枪的抽壳钩设计得比较特别。该装置采用一种摇臂式结构，安装在机头上方。当枪机后坐约86毫米的行程，抽壳钩撞击机匣内壁的抛壳斜面，并摆向机头的另一侧，将空弹壳自抛壳窗向右抛出，这种抛壳方式比一般固定式抽壳钩的振动要小。

西格SIG510自动步枪的做工优良，例如这款枪的阻铁、击锤、准星座，以及枪托卡榫都采用精密铸造件。此外，这款枪的枪管采用冷锻技术制成，为了方便抽壳，弹膛内壁加工有16条纵槽，从弹膛口部向后延伸30毫米。

西格SIG510自动步枪的枪口装有消焰制退器，可在一定程度上减少枪口焰，降低射手在射击后暴露位置的概率。此外，这款枪还配有可收拢的两脚架，只需转动就可以将其打开或收起，使射手在野外也能够进行精确射击。

西格SIG510自动步枪发射7.5毫米×55毫米全威力步枪弹，使用可拆卸弹匣进行供弹，弹匣容量24发。

西格SIG510自动步枪的机械瞄具由圆柱形准星和觇孔式照门组成，准星由弹簧固定，四周设有一个全包式圆形护圈，在瞄准时可降低虚光的影响。觇孔式照门装于表尺上方，表尺射程装定100米至640米。其中，100米至200米以50米为一个增量，200米至300米以30米为一个增量，300米至640米以20米为一个增量。

西格SIG510自动步枪的衍生型号

SIG510-2自动步枪

西格公司在推出了SIG510自动步枪后，又推出了一系列衍生型步枪。SIG510-1自动步枪与SIG510自动步枪基本相同，SIG510-2自动步枪则在SIG510-1自动步枪的基础上减轻了步枪整体质量，是一款轻量化型号。

SIG510-3突击步枪

SIG510-3突击步枪，使用AK-47突击步枪的金属弹匣供弹

SIG510-3突击步枪发射7.62毫米×39毫米俄制M43中间威力步枪弹，使用可拆卸弹匣进行供弹，弹匣容量30发。该型号步枪是SIG510系列步枪中唯一一款发射中间威力弹的突击步枪，其枪口初速为700米/秒，全枪长887毫米，枪管长420毫米，空枪质量3.75千克，有效射程为400米。

SIG510-4自动步枪

SIG510-4自动步枪发射7.62毫米×51毫米北约标准全威力步枪弹，使用可拆卸式弹匣进行供弹，弹匣容量20发。该型号为战斗步枪，枪口初速为790米/秒，全枪长1016毫米，枪管长505毫米，空枪质量4.25千克，有效射程600米。

瑞士

西格SG550突击步枪

主要参数
- 枪口口径：5.56毫米
- 空枪质量：4.1千克
- 初速：995米/秒
- 供弹方式：弹匣
- 全枪长度：998毫米
- 弹匣容量：20发、30发
- 枪管长度：528毫米
- 步枪类型：突击步枪

SG550突击步枪是瑞士西格公司设计生产的一款小口径突击步枪，于1983年被瑞士军队采用作为军用制式步枪，1986年开始量产。

西格SG550突击步枪采用长行程活塞导气式自动工作原理，活塞杆与枪机框相连。比较特别的是，这款枪的复进簧绕在活塞杆上，位于枪管上方。此外，西格SG550突击步枪的活塞头还具有自动关闭功能。枪弹被击发后，部分火药燃气通过导气孔进入导气管，活塞在气体压力的作用下向后移动，使枪机框后坐，此时活塞头会暂时关闭导气孔，减少进入导气管中的气体量。而导气管上有一个向外排出多余气体的气孔，因此导气管中的气体量有限，避免了活动部件的剧烈运动。

此外，西格SG550突击步枪的导气箍前端还设有气体调节器，可调节导气量的大小，或关闭导气孔。其中，关闭导气孔主要在发射枪榴弹时使用。

西格SG550突击步枪的机匣分为上机匣和下机匣两部分，采用冲压钢板制成，用销子连接在一起。击发机构位于下机匣内，而枪管与枪机组则位于上机匣，枪机框沿着机匣内侧的枪机导轨反复运动。

不完全分解状态的西格SG550突击步枪

西格SG550突击步枪有着较好的人机工效，下机匣左右两侧都装有快慢机柄，无论射手习惯使用哪只手持枪，都可以用持枪手的大拇指操作快慢机。当

206

然，这一设计也是经过后期改进才变成这样的，而早期型的西格SG550突击步枪快慢机只位于机匣左侧。早期型步枪的扳机护圈并非为固定式设计，可向左或向右移动，使射手在冬天戴着防寒手套时也能够方便扣动扳机。

西格SG550突击步枪的刺刀安装于枪管下方

西格SG550突击步枪的透明弹匣，方便射手随时观察余弹数量

西格SG550突击步枪的转鼓式照门

西格SG550突击步枪发射5.56毫米×45毫米GP90步枪弹，与SS109北约标准中间威力步枪弹不同，这是一种铅芯弹，弹头质量为4.1克，而SS109步枪弹则是铅钢复合弹芯，弹头质量为4克。当然，这款枪也能够发射SS109步枪弹。

西格SG550突击步枪采用半透明塑料弹匣进行供弹，弹匣有20发和30发两种，瑞士军队只配备20发弹匣。按照瑞士军队的训练条令，突击步枪通常只进行半自动发射，全自动发射只能够在紧急情况下使用。此外，SG550突击步枪的弹匣两侧还附有弹匣并联卡榫，射手能够以此将多个弹匣并联在一起，提高了换弹速度，有效提高了火力持续性。

值得一提的是，这款枪的弹匣固定方式采用AK系列步枪的前钩后挂式，因此与M16系列步枪的北约标准金属弹匣并不通用。

西格SG550突击步枪的机械瞄具由准星和转鼓式照门组成，准星四周有全包式护圈，照门射程装定100~400米，100米为缺口式，200米、300米、400米则为觇孔式。

西格SG550突击步枪的衍生型号

SG551突击步枪

SG551突击步枪是西格公司在SG550的基础上改进而成的一款短管突击步枪，具体还可以分为SG551-1P、SG551-SWAT、SG551-LB，以及7.62毫米口径的SG551突击步枪。

SG551-1P突击步枪全枪长833毫米，枪管长363毫米，空枪质量3.4

207

千克，共三种发射模式，分别为全自动、半自动，以及三发点射模式。该型号主要为执法机构提供300米距离的精确延伸火力。

SG551-1P突击步枪

7.62毫米口径的SG551突击步枪发射7.62毫米×39毫米俄制M43中间威力步枪弹，弹匣与AK-47突击步枪通用，主要用于出口。

SG552突击步枪

早期型SG552突击步枪

SG552突击步枪的全称为"SG552 Commando"，意为"突击队员型"，该型号于1998年推出，是这一系列步枪中最短的一支。

SG552突击步枪全枪长730毫米，枪管长226毫米，空枪质量3.2千克，有全自动、半自动、三发点射共三种发射模式，主要用于室内近距离作战。

SG551-SWAT突击步枪则是SG551-1P的改进型，该型号所有暴露的零部件都采用防锈材料或不锈钢，导气装置也经过防锈处理，并装备了德国边防警察第9反恐大队（GSG9）和法国国家宪兵特勤队（GIGN）。SG551-SWAT突击步枪全枪长833毫米，枪管长363毫米，空枪质量3.4千克，有全自动、半自动、以及三发点射共三种发射模式。

SG551-SWAT突击步枪

后期型SG552突击步枪，机匣顶端增设皮卡汀尼导轨

SG551-LB突击步枪在SG551-SWAT的基础上延长了枪管长度，全枪长924毫米，枪管长454毫米，有效提高了步枪在射击中距离目标时的精度，并能安装刺刀以及发射枪榴弹。

此外，后期生产的该型号步枪还在机匣顶部整合出一条皮卡汀尼导轨，方便射手安装红点反射式、全息衍射式，以及ACOG等光学瞄具。

SG551-LB突击步枪

最新型SG552突击步枪，机匣顶端以及护木四周都设有皮卡汀尼导轨，可安装多种战术挂件

瑞士

西格SIG556突击步枪

主要参数
- 枪口口径：5.56毫米
- 全枪长度：927毫米
- 枪管长度：406毫米
- 空枪质量：3.08千克
- 供弹方式：弹匣
- 弹匣容量：30发
- 步枪类型：突击步枪

　　西格SIG556突击步枪于2006年首次亮相于美国拉斯维加斯"Shot Show 2006"的展会上，主要在美国民用市场销售。

　　西格SIG556突击步枪沿用了西格SG550的一些内部设计，例如击发机座和气体调节器。为了更好地在美国市场销售，SIG556突击步枪的下机匣与AR-15和M16系列步枪的下机匣类似，并配备AR式的弹匣。

　　西格SIG556突击步枪的护木采用防滑的聚合物材料制成，整合有三条皮卡汀尼导轨。其中，两侧的导轨较短，而下导轨较长，射手可根据作战需求或个人习惯来安装直角握把、垂直握把、两脚架、战术灯，以及激光指示器等战术挂件。

气体调节器　西格SIG556突击步枪的

209

西格SIG556突击步枪发射5.56毫米×45毫米步枪弹，使用可拆卸式弹匣进行供弹，弹匣容量30发。每支步枪在出厂时各配一个30发聚合物弹匣，这款枪也可以使用M16系列步枪的北约标准金属弹匣。

此外，西格SIG556突击步枪民用型号只能进行半自动发射，警用型则有全自动、半自动、三发点射共三种发射模式，快慢机位于机匣左右两侧，握把上方。

西格SIG556突击步枪的机械式瞄具由准星和照门组成，准星位于护木前侧上方，照门则安装于机匣顶端的皮卡汀尼导轨上。除此之外，该枪的机械瞄具可以进行折叠，并可安装红点反射式、全息衍射式或者ACOG等光学瞄准镜。

沙色涂装的西格SIG556突击步枪

意大利

主要参数

- 枪口口径：7.62毫米
- 初速：823米/秒
- 全枪长度：1095毫米
- 枪管长度：490毫米
- 空枪质量：4.6千克
- 供弹方式：弹匣
- 弹匣容量：20发
- 步枪类型：战斗步枪
- 有效射程：600米

伯莱塔BM59自动步枪

1945年，第二次世界大战结束后，意大利采用美国M1伽兰德步枪作为军用制式步枪。时至20世纪50年代后期，M1伽兰德步枪已然落伍，此

时的意大利军队急需一种发射7.62毫米×51毫米北约标准步枪弹的新型步枪，为此军方委托伯莱塔公司以M1伽兰德步枪为基础设计出一款全新的步枪，即伯莱塔BM59自动步枪。

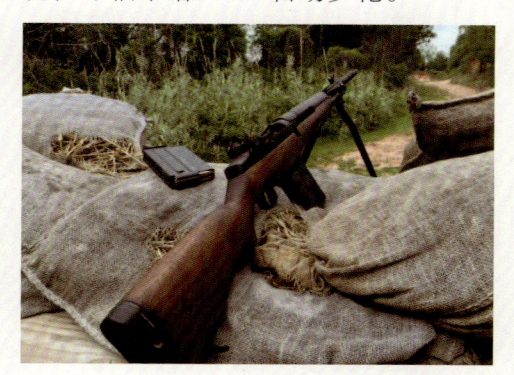

伯莱塔BM59自动步枪采用导气式自动工作原理，双闭锁凸榫的回转式枪机，导气装置位于枪管下方。这款枪在M1伽兰德步枪基础上主要改动为更换了新弹膛，增设快慢机，将供弹方式改为可拆卸式弹匣。

此外，为了便于发射枪榴弹，伯莱塔BM59自动步枪还增加了北约标准口径的消焰器，以此增强班组火力。如果射手想要使用这款枪发射枪榴弹，需关闭导气阀并翻起导气箍上的枪榴弹瞄具。

伯莱塔BM59自动步枪的枪口装置能够在一定程度上减轻枪口上跳

伯莱塔BM59自动步枪发射7.62毫米×51毫米北约标准全威力步枪弹，除了标准20发弹匣外，还有14发和25发两种弹匣。这款枪在换弹时不仅可以直接更换弹匣，还可以拉开枪机从上方直接向弹匣内部压入子弹。因与美国M14自动步枪的装填机构相同，在紧急情况下，也可以与M14自动步枪的弹匣互换使用。

穿过扳机护圈的金属片即伯莱塔BM59自动步枪的手动保险

伯莱塔BM59自动步枪的机械瞄具由片状准星和带有表尺的觇孔式照门组成，可根据射击目标距离来调整表尺射程。

伯莱塔BM59自动步枪的不同型号

伯莱塔BM59自动步枪共有8种不同型号，每种型号的外观都有所差异，用于装备不同的兵种。

BM59 Mark E型

BM59 Mark E型采用M1伽兰德步枪的枪管和活塞筒，生产成本较低，价格相对便宜，其他型号的BM59自动步枪的枪管和活塞筒全部采用新的设计。

BM59 Mark I型

BM59 Mark I型采用木质枪托带一体式握把设计。

BM59 Mark II型

BM59 Mark II型与BM59 Mark I型基本相同，与木质枪托成一体的握把为手枪式握把，配有两脚架，有效提高了人机工效，使全自动射击更加容易控制。

BM59 Mark III型

BM59 Mark III型装有可向右侧折叠的金属枪托和手枪式握把，主要装备意大利的山地部队。

BM59 Mark IV型

BM59 Mark IV型采用重型枪管和聚合物枪托，设有铰接托底和小握把，被意大利军队作为轻机枪使用。

BM59 Mark Ita I型

BM59 Mark Ita I型的活塞筒下方设有轻型折叠式两脚架，枪管前端装有消焰器，发射枪榴弹的同时还可以在一定程度上缓冲后坐力，并可安装刺刀。

BM59 Mark Ita I TA型

BM59 Mark Ita I TA型是BM59 Mark III型的改进型，与BM59 Mark III型基本相同，装备意大利山地部队。

BM59 Mark Ita I Para型

BM59 Mark Ita I Para型是这系列步枪的伞兵型，也是BM59 Mark III型的衍生型号，采用了较短的枪管和较短的枪口消焰器，方便伞兵部队使用，主要装备意大利空降部队。

伯莱塔BM59自动步枪的使用

伯莱塔BM59自动步枪被意大利军队作为制式武器一直使用到20世纪80年代后期，才逐渐被伯莱塔AR70/90突击步枪所替代，不过目前的意大利陆军仍装备个别型号的BM59自动步枪。除了意大利军队外，摩洛哥和印度尼西亚也装备了伯莱塔BM59自动步枪，后来还获得了特许生产权，可进行自主生产与改装。

意大利

伯莱塔AR-70/223突击步枪

主要参数

- 枪口口径：5.56毫米
- 初速：970米/秒
- 全枪长度：995毫米
- 枪管长度：450毫米
- 空枪质量：3.8千克
- 供弹方式：弹匣
- 弹匣容量：30发
- 步枪类型：突击步枪

AR-70/223突击步枪是意大利伯莱塔公司在20世纪60年代末开始研发的一款小口径突击步枪，1972年，AR-70/223突击步枪通过测试，在意大利军队进行试装，但并未全部替代伯莱塔BM59自动步枪。

伯莱塔AR-70/223突击步枪采用活塞导气式自动工作原理，枪机回转式闭锁机构。由于导气孔与枪口距离较近，因此活塞杆较长，强度也有所降低。为了有效弥补这一设计缺陷，伯莱塔公司的设计师将活塞杆与枪机框相连，并把复进簧缠绕在活塞杆上。考虑到弹匣位于机匣下方，因此复进簧、活塞杆和活塞筒安装在了枪管上方，借此抬高步枪的重心位置，使其靠近枪管轴线。

伯莱塔AR-70/223突击步枪的自动工作原理非常简单，子弹被击发后，一部分火药燃气通过导气孔进入活塞筒，气体推动活塞，使枪机框在活塞的作用下后坐。枪机框在自由行程8.9毫米后带动枪机旋转，旋转30°后实现开锁。此时，枪机框与枪机共同后坐，抽壳、抛壳并压缩复进簧。当枪机框与活塞后坐停止后，复进簧伸展，推动枪机框向前。枪机推弹入膛后，枪机停止复进，枪机框继续复进并带动枪机旋转闭锁，此时步枪进入待击状态。

伯莱塔AR-70/223突击步枪的机匣由钢板冲压制成，枪机导轨则在机匣壁上冲压制成。机匣可分为上下两部分，通过前后两根销固定在一起。考虑到沙砾、灰尘等杂物容易从拉机柄导槽进入机匣内部，这款枪的拉机柄导槽上还加装了防尘盖，当射手拉动拉机柄时，防尘盖会自动打开。

伯莱塔AR-70/223突击步枪发射5.56毫米×45毫米北约标准中间威力步枪弹，使用可拆卸式弹匣进行供弹，弹匣容量30发，弹匣安装方式与AK系列步枪相同，为前钩后挂式。这款枪可进行全自动或半自动射击，快慢机位于下机匣左侧，握把上方。

伯莱塔AR-70/223突击步枪可以发射比利时梅卡公司生产的枪榴弹，消焰器兼作榴弹发射器使用，用于发射枪榴弹的折叠式准星柱位于枪管上方。在发射枪榴弹时，首先需要把枪榴弹准星座竖直，然后竖起表尺座后方的枪榴弹照门，并关闭导气孔，使空包弹的全部火药燃气都用于推动枪榴弹。

伯莱塔AR-70/223突击步枪的衍生型号

伯莱塔AR-70/223突击步枪除了标准型以外，还有一种采用折叠枪托的SC-70/223的型号，除了使用折叠枪托之外，与标准型没有其他区别。

1974年，伯莱塔公司推出了SCS-70/223突击步枪，是AR-70/223的短管突击步枪版本，采用短枪管和折叠枪托，全枪长820毫米，枪管长320毫米，空枪质量3.45千克，主要装备空降部队，或给装甲兵作为防卫武器使用。

AR-70/90突击步枪

伯莱塔AR-70/223系列步枪在实际使用中存在一些设计上的缺陷，例如制退机构不方便保养维护，导气装置也不方便清理。于是，在北约选定将SS109步枪弹作为标准步枪弹后，意大利军方也决定开发一款小口径突击步枪取代伯莱塔BM59自动步枪。伯莱塔公司以AR-70/223突击步枪为基础加以改进，新型步枪被命名为"AR-70/90突击步枪"，并在竞标中获胜，于1990年6月被意大利军队正式采用作为军用制式步枪。

AR-70/90突击步枪的内部结构与AR-70/223基本相同，均采用长行程活塞导气式自动工作原理，共105个零部件，其中80%可以与AR-70/223突击步枪互换。此外，伯莱塔公司还针对AR-70/223突击步枪制退不良的部件进行改进，并以焊接的方式加以强化，增强结构强度的同时也达到了新型步枪弹的使用要求。

从外形上看，AR-70/90突击步枪与AR-70/223也略有不同，AR-70/90突击步枪缩短了护木长度，并在机匣上方增设可拆卸提把。

AR-70/90突击步枪发射5.56毫米×45毫米北约标准中间威力步枪弹，使用可拆卸弹匣进行供弹，弹匣容量30发，这款枪的弹匣为北约标准弹匣。除了与AR-70/223突击步枪使用的弹匣不同以外，这款枪的发射模式也有所改变。AR-70/223突击步枪的发射模式为全自动和半自动两种，快慢机位于机匣左侧。而AR-70/90突击步枪的发射模式则为全自动、半自动、三发点射共三种，快慢机位于机匣左右两侧。

AR-70/90突击步枪的机械瞄具由片状准星和觇孔式照门组成，准星四周设有全包式护圈，在瞄准时可降低虚光的影响。觇孔式照门可翻转，表尺装定分别为250米和400米。除此之外，这款枪还能在拆掉提把后安装北约标准接口的光学瞄准镜。

意大利

伯莱塔ARX-160突击步枪

主要参数

- 枪口口径：5.56 毫米
- 全枪长度：920 毫米
- 枪管长度：406 毫米
- 空枪质量：3.1 千克
- 供弹方式：弹匣
- 弹匣容量：30 发
- 步枪类型：突击步枪

2001年，意大利政府正式批准为期4年的"未来士兵"武器系统研究计划，这一武器系统由突击步枪和榴弹发射器组成，并被命名为"AR-

2001"，由伯莱塔公司进行研制。2006年，AR2001在经过意大利军队的测试后被正式命名为"伯莱塔ARX-160突击步枪"。

伯莱塔ARX-160突击步枪采用短行程活塞导气式自动工作原理，机匣左右两侧都设有抛壳口。枪机组设计特别，枪机共有7个闭锁凸榫，并有两组对称安装的抽壳钩，因此这款枪可以任意改变抛壳方向。改变的方式也很简单，枪托折叠位置的前方两侧都有一个小圆孔，只需要使用尖锐物体推压小孔内的按钮，就可以改变抛壳方向。这一系统在测试时受到广泛好评，使用方便，操作可靠。

伯莱塔ARX-160突击步枪机匣特写

伯莱塔ARX-160突击步枪有着很强的人机工效，不仅抛壳方向能够左右互换，而且这款枪的拉机柄位置也可以随意更换到左侧或是右侧。当然，由于该枪的拉机柄尺寸较小，常常受到一些手掌较大射手的抱怨，因此，伯莱塔公司推出了一个"枪机帽"的小附件，用以套在拉机柄上，使拉机柄的尺寸变大了一些，同时还不容易打滑。

伯莱塔ARX-160突击步枪的机匣采用聚合物材料制成，为了保证机匣的强度，因此所用材料比较厚，机匣的外形看起来也比较厚重，即使如此，大量使用聚合物材料的ARX-160空枪质量也仅有3.1千克。

伯莱塔ARX-160突击步枪发射5.56毫米×45毫米北约标准中间威力步枪弹，使用可拆卸式弹匣进行供弹，弹匣容量30发。这款枪的弹匣采用北约标准金属弹匣，与M16系列步枪的弹匣通用。

分解状态的伯莱塔ARX-160突击步枪

伯莱塔ARX-160突击步枪的机械式瞄具由准星和觇孔式照门组成，准星和照门分别安装于上导轨的前后两端，机械瞄具在不使用时可以折叠，并可安装红点反射式、全息衍射式、以及ACOG等光学瞄具。

伯莱塔ARX-160突击步枪的照门（左）与准星（右）特写

除此之外，伯莱塔ARX-160突击步枪的护木两侧与下方也设有皮卡汀尼导轨，射手可根据作战需要或个人喜好加装直角握把、垂直握把、战术灯，或激光指示器等战术挂件。

伯莱塔ARX-160突击步枪可安装GLX-160北约低速榴弹发射器，口径40毫米，除了可以安装在步枪的下导轨上，也可以通过加装手枪握把及枪托独立使用。

2008年，ARX-160与"未来士兵"计划分离，以突击步枪为项目继续研究。

中的AR-70/90突击步枪。在2008年至2014年间，伯莱塔公司已经交付了约3万支ARX-160突击步枪给意大利陆海空三军，并为意大利特种部队生产ARX-160A2突击步枪。

除此之外，2008年开始，ARX-160突击步枪也开始进行商业销售，并于2009年出口至其他国家的军队或执法机构。目前除意大利军队外，墨西哥警方也采购了一些ARX-160突击步枪，埃及、土耳其、阿尔巴尼亚、土库曼斯坦，以及哈萨克斯坦等国的军队也装备了ARX-160突击步枪。

应用于多国军队的伯莱塔ARX-160突击步枪

伯莱塔ARX-160突击步枪于2006年定型之后逐渐替换意大利军队

以色列

加利尔突击步枪

主要参数
- 枪口口径：5.56毫米
- 初速：915米/秒
- 全枪长度：987毫米
- 枪管长度：460毫米
- 空枪质量：3.95千克
- 供弹方式：弹匣
- 弹匣容量：30发
- 步枪类型：突击步枪

加利尔突击步枪由IMI公司的首席设计师加利尔设计，1972年，以色列国防部决定采用这款步枪作为新型步枪来代替FN FAL自动步枪。1974年，加利尔突击步枪正式服役，广泛装备以色列国防军。

加利尔突击步枪采用活塞导气式自动工作原理，枪机回转式闭锁机构。导气箍用销固定在枪管上，导气孔向后倾斜，与枪管轴线成30°夹角，活塞杆在机匣上方运动，活塞头上有6个排气孔，可以使零部件上的污物被火药燃气吹出。此外，加利尔突击步枪无气体调节器。

子弹被击发后，部分火药燃气通过导气孔进入活塞筒，活塞在气体压力的作用下向后移动，活塞杆带动枪机框后坐，枪机框使枪机旋转30°开锁，并完成抽壳、抛壳等动作。枪机框后坐到位，在复进簧的作用下复进，枪机在复进的同时推弹入膛，并在枪机框的作用下旋转闭锁，使步枪进入待击状态。

加利尔突击步枪的枪托可向枪身右侧折叠

加利尔突击步枪的机匣特写

从外形看，加利尔突击步枪与AK-47突击步枪比较相似，其实这款枪借鉴了许多知名步枪的优点。例如机匣设计借鉴了芬兰瓦尔梅特M62步枪，采用冲压工艺制造而成；枪管则借鉴M16A1突击步枪的设计，并使用斯通纳63步枪的弹匣和FN FAL自动步枪的折叠式枪托。

加利尔突击步枪发射5.56毫米×45毫米北约标准中间威力步枪弹，使用可拆卸式弹匣进行供弹，弹匣容量30发，其弹匣固定方式采用与AK-47突击步枪类似的前钩后挂式。这款枪有两种发射模式，可进行全自动或半自动射击，快慢机装定的方式也与AK-47突击步枪相似，最上方是保险，中间为全自动发射模式，最下方为半自动发射模式。

短管突击步枪，MAR型则是为顺应20世纪90年代的反恐武器热潮而推出的微型突击步枪。

加利尔MAR型突击步枪

为了进一步扩大市场，IMI公司还推出了7.62毫米口径的加利尔自动步枪，发射7.62毫米×51毫米北约标准全威力步枪弹。

分解状态的7.62毫米口径加利尔自动步枪

机匣右侧快慢机的装定挡位与AK-47突击步枪相同

加利尔突击步枪的机械瞄具由准星和缺口式照门组成。准星四周采用全包式圆形护圈，可在瞄准时减少虚光造成的影响，缺口式照门位于机匣后侧顶端。与AK-47突击步枪相比，这款枪的瞄准基线更长，精度自然也更高。

为了满足各种作战需求，加利尔突击步枪还具有多种不同的型号。其中，AR型为标准型突击步枪，ARM型为重型枪管突击步枪，SAR型则为

加利尔突击步枪的发展瓶颈

1967年7月，第三次中东战争中，以色列军队装备的FN FAL自动步枪因不适应沙漠环境而故障频发，为此，以色列国防军于1972年发起新一代步枪招标，加利尔步枪在这次竞标中脱颖而出，被以色列军队采用。

使用加利尔MAR型突击步枪的士兵

219

加利尔突击步枪有着AK-47突击步枪的可靠性和M16突击步枪的精度，从而广受好评。当然，这款枪也存在着一些缺陷，例如，加利尔突击步枪的机匣是铣削而成的，因此该枪的质量较大，为此以色列国防军的特战单位对于这款步枪的反响并不热烈。由于许多以色列军队的精锐部队能够自行选择武器，因此以色列特种部队几乎没有使用加利尔突击步枪的，倒是更喜欢使用AK-47突击步枪。这是因为AK-47突击步枪特别适合中东的作战环境，也特别适合在深入敌后的环境中使用。因为当时以色列的对手都大量使用AK-47突击步枪，在遭遇以色列特种兵时，他们往往需要1~2秒来判断敌我，而在战场上1~2秒的时间已足够让一个训练有素的士兵先发制人。

进入90年代后，许多国家都意识到依靠火药燃气推动子弹的步枪发展已到瓶颈，需要为步枪加装先进的光学瞄具才能提高士兵的战斗力。而加利尔突击步枪不方便加装各类战术挂件，尽管机匣左侧的安装机座可以加装瞄准支架，但也只是聊胜于无。

为此，1991年，以色列国防军正式采用M16系列步枪作为制式武器，而在现今的以色列，只有装甲部队、炮兵部队或部分防空部队还在使用加利尔突击步枪。这些单位都有一个共同特征——很少有机会使用单兵武器，此外，加利尔突击步枪也常被一些非战斗人员和政府机关的执法部门使用。

7.62毫米口径的加利尔自动步枪

使用加利尔突击步枪的士兵

以色列

IMI沃塔尔系列突击步枪

主要参数
（标准型 TAR-21 突击步枪）
- 枪口口径：5.56毫米
- 全枪长度：725毫米
- 枪管长度：457毫米
- 空枪质量：2.8千克
- 供弹方式：弹匣
- 弹匣容量：30发
- 步枪类型：突击步枪

沃塔尔系列突击步枪由IMI公司于20世纪90年代开始研制，采用无托式结构设计，其整枪长度较短。

IMI沃塔尔系列突击步枪共有四个型号，分别为标准型TAR-21突击步枪，短枪管突击队员型CTAR-21突击步枪，枪管更短的CQB型MTAR-21突击步枪，以及精确射手型STAR-21步枪。

安装多种战术挂件的TAR-21突击步枪

TAR-21突击步枪可以拆成机匣组件和枪机框组件两部分，这样的设计便于射手分解维护。值得一提的是，这款枪的维护工作通常可以在几分钟内完成，保证了TAR-21突击步枪在战斗环境下的可靠性。

TAR-21突击步枪发射5.56毫米×45毫米北约标准中间威力步枪弹，使用可拆卸式弹匣进行供弹，弹匣容量30发。该枪共两种发射模式，可进行半自动或全自动射击。

TAR-21突击步枪的机械瞄具由准星和照门组成，护木上方可安装红点反射式、全息衍射式，以及ACOG等光学瞄具，机械瞄具在不使用时可折叠。

短枪管突击队员型CTAR-21突击步枪

外形科幻却反响平平的IMI沃塔尔系列突击步枪

就目前而言，IMI沃塔尔系列突击步枪仅少量装备以色列特种部队或其他特殊作战部队，以色列军方对于换装沃塔尔系列突击步枪兴趣平平。原因有二：首先，由于沃塔尔系列突击步枪采用无托式结构设计，因此这款枪在保留枪管长度的同时大大缩短了整支步枪的长度，使步枪在便于携带的同时，还保留了射击精度。但无托式步枪也存在着一些缺陷，例如在抵肩射击时，抛壳口非常接近射手面部，而且未设有弹壳前抛装置，虽然沃塔尔步枪的抛壳口可以左右互换，但需要在进行分解后才能改变。在室内近身战斗中，射手搜索战术动作中需要经常改变枪托的抵肩，由于沃塔尔步枪需要分解才能够变换抛壳窗方向，因此不能在实战中进行操作。

其次，以色列军方能够通过军事援助计划以最低的价格购买M4卡宾枪和M16系列步枪。仅在1998年至2002年，以色列国防军就采购了11000支M4A1卡宾枪，相比之下，沃塔尔系列突击步枪的采购价格是M4A1卡宾枪的三倍以上。

为此，IMI沃塔尔系列突击步枪并未被以色列大规模装备，不过也有一些国家采购少量IMI沃塔尔系列突击步枪进行测试，例如克罗地亚等。

瑞典

AK5 突击步枪

主要参数
- 枪口口径：5.56 毫米
- 初速：930 米/秒
- 全枪长度：1008 毫米
- 枪管长度：450 毫米
- 空枪质量：3.9 千克
- 供弹方式：弹匣
- 弹匣容量：30 发
- 步枪类型：突击步枪

AK5突击步枪（上）与AK5C短枪管型突击步枪（下）

AK5突击步枪的标准护木

20世纪70年代中期，为了替换使用已久的AK4自动步枪（瑞典产G3自动步枪），瑞典军方开展新型步枪的竞标。竞标的最终阶段只保留两款步枪进行试验，分别为比利时FN FNC突击步枪和瑞典FFV军械公司的FFV 890C步枪。考虑到FNC突击步枪的性能可以提高，因此瑞典军方采用FNC突击步枪作为军用制式步枪，瑞典对这款枪进行一系列改进于1985年投产，并重新命名为"AK5突击步枪"。

AK5突击步枪与FNC突击步枪的工作原理相同，内部结构也基本一致，采用长行程活塞导气式自动工作原理，枪机回转式闭锁机构。子弹被击发后，火药燃气通过导气孔进入导气管，活塞在气体的作用下推动枪机框后坐，枪机框在后坐一段行程后带动枪机旋转开锁并完成抽壳、抛壳等动作。枪机框后坐到位后在复进簧的作用下复进，枪机在推弹入膛后停止复进，枪机框继续复进并带动枪机旋转闭锁，使步枪再次进入待击状态。

当然，根据瑞典军队的需求，AK5突击步枪也并不是完全仿制FNC突击步枪，在正式投产时做出了不少

时降低虚光的影响，照门为翻转式，表尺分划为250米和400米。后期，FFV公司又对AK5突击步枪的上机匣进行修改，在机匣顶部增设瞄准镜导轨，使其可以安装瞄准镜或该公司生产的一种带有低倍率光学瞄具和反射式瞄具的提把，后来HK公司的G36突击步枪也采用了这种设计。

使用AK5突击步枪的士兵

改进。例如取消三发点射发射模式，并对步枪表面进行喷砂和磷化处理，枪身为深绿色。

AK5C短枪管型突击步枪

AK5突击步枪发射5.56毫米×45毫米北约标准中间威力步枪弹，使用可拆卸式弹匣进行供弹，弹匣容量30发。该枪共两种发射模式，分别为全自动和半自动。这款枪快慢机位于机匣左右两侧握把上方，因此无论射手习惯用哪只手持枪，都可以用持枪手的大拇指操作快慢机柄。

使用中的AK5C短枪管型突击步枪

AK5突击步枪的机械式瞄具由圆柱形准星和觇孔式照门组成，准星带有护圈，保护准星的同时还能在瞄准

AK5C短枪管型突击步枪的细节特写

芬兰

瓦尔梅特M60突击步枪

主要参数

- 枪口口径：7.62毫米
- 初速：720米/秒
- 全枪长度：914毫米
- 枪管长度：420毫米
- 空枪质量：4.21千克
- 供弹方式：弹匣
- 弹匣容量：30发
- 步枪类型：突击步枪
- 有效射程：350米

分解状态的瓦尔梅特M60突击步枪

20世纪50年代，芬兰军队急需一款新型突击步枪，因此决定以苏联AK-47突击步枪为基础进行仿制。1958年至1960年间，瓦尔梅特（Valmet）公司和萨科（Sako）公司都提交了各自的样枪，经过试验，瓦尔梅特公司的样枪被选中，被定型为"Rynnäkkökivääri Malli 60"，简称"Rk.60"，也可以称为"瓦尔梅特M60突击步枪"。

瓦尔梅特M60突击步枪的自动工作原理以及内部结构与AK-47突击步枪几乎完全相同，均采用长行程活塞导气式自动工作原理，枪机回转式闭锁机构。

不过两支步枪在外形上有一些明显区别，例如瓦尔梅特M60突击步枪的枪口安装有三叉型消焰器。芬兰军方认为AK-47突击步枪的枪托连接方式不够牢固，因此瓦尔梅特M60突击步枪采用管状金属枪托并牢固地接合在机匣上。瓦尔梅特M60突击步枪没有扳机护圈，这是考虑到芬兰的气候寒冷，士兵通常要戴着防寒手套进行射击。这款枪的扳机前方还设有一个垂直护挡，这是为了避免射手手误操作弹匣卡榫使弹匣脱落。

瓦尔梅特M60突击步枪发射7.62毫米×39毫米M43中间威力步枪弹，使用可拆卸式弹匣进行供弹，弹匣容量30发。

瓦尔梅特M60突击步枪的机械瞄具也与AK-47突击步枪不同，由准星和觇孔式照门组成。准星位于导气箍上，并设有圆形护圈，而觇孔式照门则安装于机匣盖后端。准星和照门设有荧光点，方便射手在光照条件不良的环境中瞄准。

瓦尔梅特M60突击步枪的衍生型号与使用

瓦尔梅特M62突击步枪

瓦尔梅特M62突击步枪

瓦尔梅特M60突击步枪并未进行量产，在经过芬兰军队试验并作进一步改进后，其改进型步枪被命名为"瓦尔梅特M62突击步枪"。

瓦尔梅特M62突击步枪的护木有24个散热孔

与M60突击步枪相比，瓦尔梅特M62突击步枪的下护木散热孔增至24个，枪托有管状金属枪托和木制枪托两种，均为固定式枪托。

瓦尔梅特M62突击步枪发射7.62毫米×39毫米M43中间威力步枪弹，枪口初速为720米/秒，使用可拆卸式弹匣供弹，弹匣容量30发，全枪长914毫米，枪管长420毫米，空枪质量4.31千克，有效射程为400米。

瓦尔梅特M62突击步枪于1962年被芬兰军方采用，作为军用制式步枪，到1994年停产时共生产约35万支，目前芬兰陆军仍装备有一定数量的瓦尔梅特M62突击步枪。

瓦尔梅特M76突击步枪

瓦尔梅特M76突击步枪是以M62突击步枪为原型改进而成的步枪，主要改动为采用较轻的钢冲压机匣。共有四种不同类型的枪托，M76W型为木制固定枪托，M76P型为塑料固定枪托，M76T型为管状固定枪托，M76TP型则为管状折叠枪托。

瓦尔梅特M76突击步枪全枪长950毫米，枪管长418毫米，空枪质量3.6千克。考虑到要出口至国外市场，这款枪共有三种不同的口径，分别使用7.62毫米×39毫米、7.62毫米×51毫米以及5.56毫米×45毫米步枪弹。其中，使用7.62毫米×39毫米步枪弹的瓦尔梅特M76突击步枪被芬兰陆军采用，定型为"Rk.76"。

芬兰

萨科M95
突击步枪

主要参数
- 枪口口径：7.62毫米
- 初速：710米/秒
- 全枪长度：930毫米
- 枪管长度：420毫米
- 空枪质量：3.85千克
- 供弹方式：弹匣
- 弹匣容量：30发
- 步枪类型：突击步枪
- 有效射程：300~400米

　　1986年，芬兰萨科公司以瓦尔梅特M60系列步枪为基础，研制出一款新型突击步枪。1990年，原型枪问世，被命名为"萨科M90突击步枪"，很快原型枪就被改进为"萨科M92突击步枪"。1995年，萨科M95突击步枪被芬兰军方采用作为军用制式步枪，同时也是这款步枪的正式生产型号。

　　萨科M95突击步枪机匣采用锻压制作工艺，质量要轻于早期的瓦尔梅特M60/M62突击步枪，但仍比使用了冲压机匣的瓦尔梅特M76突击步枪稍重。

　　萨科M95突击步枪的护木和握把都采用钢材制成，并由聚合物材料

包裹，枪托呈管状，并采用折叠式设计。考虑到芬兰士兵通常要戴着厚重的防寒手套来射击，因此这款枪的扳机护圈被设计得非常大。

除此之外，考虑到射击时的稳定性，萨科M95突击步枪还装有枪口制退器。这种枪口装置不仅可以减弱射击时的枪口焰，更利于射手隐蔽，还可以在全自动射击时有效减弱枪口上跳，使射手更加容易控枪。

萨科M95突击步枪发射7.62毫米×39毫米M43中间威力步枪弹，使用可拆卸式弹匣进行供弹。弹匣容量30发，采用聚合物材料制作，可与AK-47突击步枪的弹匣通用。除此之外，考虑到对外出口，该枪还有5.56毫米口径，发射5.56毫米×45毫米北约标准中间威力步枪弹。其中，7.62毫米口径被芬兰军方采用，并定型为"Rk.95"。

萨科M95突击步枪的机械瞄具采用准星和照门组成。准星四周设有圆形护圈，在瞄准时可降低虚光的影响。照门为滑动式，安装在机匣顶端后方。表尺射程装定150米、300米及400米，由于瞄准基线较长，因此这款枪的射击精度优于AK-47突击步枪。此外，这款枪的机匣左侧还可以安装瞄准镜架，射手可在此安装光学瞄具。

萨科M95突击步枪的生产商
——萨科公司

虽然最初芬兰军队在选定瓦尔梅特M60突击步枪的时候，萨科公司提供的样枪落选，但瓦尔梅特公司设计出的步枪也有一些是由萨科公司在生产的。1987年，萨科公司与瓦尔梅特公司合并为"萨科-瓦尔梅特（Sako-Valmet）公司"，因此，该公司在后来生产的武器通常都在型号名称前以"Sako"为前缀。

加拿大

C7突击步枪

主要参数

- 枪口口径：5.56毫米
- 初速：940米/秒
- 全枪长度：1000毫米
- 枪管长度：508毫米
- 空枪质量：3.4千克
- 供弹方式：弹匣
- 弹匣容量：30发
- 步枪类型：突击步枪

1986年，美国柯尔特公司授权加拿大迪玛科公司生产M16突击步枪，而在加拿大生产的M16则被命名为"C7突击步枪"。同年，这款枪被加拿大军队采用，作为军用制式步枪服役至今，并拥有多种改进型号。

C7突击步枪采用直接导气式自动工作原理，枪机回转式闭锁机构。除此之外，这款枪还采用了M16A1突击步枪的机匣，以及M16A2的枪管和护木，因此保留了全自动发射模式。

C7突击步枪发射5.56毫米×45毫米北约标准中间威力步枪弹，使用可拆卸式弹匣进行供弹，弹匣容量30发。与M16系列步枪不同的是，这款枪的弹匣采用聚合物材料制成，不过C7突击步枪也可以使用M16的金属弹匣，或北约标准弹匣。

C7突击步枪共两种发射模式，分别为全自动与半自动模式。快慢机位于机匣左侧握把上方，有全自动、半自动和保险三个装定位置。

C7突击步枪的机械瞄具由准星和觇孔式照门组成。准星位于导气箍上方，觇孔式照门则位于提把顶端后方。

使用C7突击步枪的士兵

C7突击步枪与M16突击步枪可以通过机匣铭文来分辨，其中加拿大军队使用的C7系列突击步枪的机匣上铭刻有枫叶标记，而出口型则没有。

点反射式、全息衍射式，以及ACOG等多种光学瞄具。

加拿大军队同时装备C7和C7A1突击步枪，因此同一个单位中同时出现C7和C7A1突击步枪的情况很常见。除了加拿大军队以外，丹麦是另一个装备C7A1突击步枪的国家，他们将该枪重新命名为"M95"。

出口型C7突击步枪的机匣铭文

C7A2突击步枪

C7A2突击步枪

C7A2突击步枪是最新型的C7改进版，该型号步枪采用平顶机匣，准星座上安装有TRIAD导轨座，这是一种有三小段皮卡汀尼导轨的零件，可供射手安装战术灯或激光指示器等战术挂件。

C7突击步枪的改进型号与应用

C7A1突击步枪

C7A1突击步枪

C7A1突击步枪其实就是以C7为基础推出的平顶机匣版本。该型号移除了机匣顶部的提把，并用皮卡汀尼导轨代替固定式提把，可在导轨上安装机械瞄具或多种光学瞄具，配套装备Elcan C79瞄准镜。当然，射手也可以安装红

C7CT步枪

C7A2突击步枪最明显的特征为采用C8卡宾枪的伸缩枪托，枪托底板附有齿形防滑纹的橡胶缓冲垫，下机匣尾端增设背带环，方便射手加装战术背带。

使用中的C7A2突击步枪

C7CT步枪

C7CT步枪是在C7A1突击步枪的基础上改进而成的一款精确射手步枪。该型号全称"Custom Tactical Rifle"，可译为"定制战术步枪"。采用浮置式重型枪管，两道火扳机的扳机力较轻，两脚架和背带环都安装在护木上，因此并不影响枪管的精度。

C7CT步枪的配件多种多样，像护木就分为圆形护木或方形护木，可根据客户的需要进行定制。主要供执法单位或竞技射击手订购，只能进行单发射击。

自动步枪

加拿大

C8卡宾枪

主要参数
■枪口口径：5.56毫米	■空枪质量：2.7千克
■初速：868米/秒	■供弹方式：弹匣
■全枪长度：850毫米	■弹匣容量：30发
■枪管长度：368毫米	■步枪类型：卡宾枪

C8卡宾枪是C7突击步枪的短枪管型号，采用了缩短枪管和伸缩式枪托，主要作为炮兵、车组或机组成员的近距离自卫武器使用。

C8卡宾枪与C7突击步枪的自动工作原理和内部构造完全相同，并发射5.56毫米×45毫米北约标准中间威力步枪弹，采用M16A1突击步枪的提把与照门。枪管壁并未进行加厚处理，从外形上与美军的M4卡宾枪非常容易区分。

并使用导轨来代替。与C7A1突击步枪一样，C8A1卡宾枪的上导轨也可以安装照门、红点反射式、全息衍射式，以及ACOG等光学瞄具。

C8卡宾枪在加拿大军队中使用较少，使用C8A1卡宾枪更少，不过用于出口的该型号卡宾枪倒比较多，例如荷兰特种部队和英国皇家海军陆战队都有装备，丹麦陆军将C8A1卡宾枪重新命名为"M96卡宾枪"。当时加拿大军方也为派驻阿富汗的LAV3车组配发了C8A1卡宾枪，携带这种长度比较短的卡宾枪方便上下车，尤为适合车组成员使用。

使用C8卡宾枪的士兵

C8卡宾枪的改进型号与应用

C8A1卡宾枪

C8A1卡宾枪是C8的平顶机匣型号，移除了机匣顶部的固定式提把，

C8A2卡宾枪

C8A2卡宾枪的机匣铭文

C8A2卡宾枪采用平顶机匣设计，准星座上装有导轨块，可供射手安装战术灯、激光指示器等战术挂件。

C8A2卡宾枪采用枪管壁较厚的重型枪管，枪管长度依旧为368毫米。

C8CT卡宾枪

与C7CT步枪一样，C8CT是一种供执法机关或个人定制的卡宾枪。与C7CT步枪相比，C8CT卡宾枪的枪管更短，并配有伸缩枪托，两脚架和背带环都安装在护木上，只能进行半自动发射。

C8CQB卡宾枪

C8CQB卡宾枪其实就是采用250毫米枪管的C8A1卡宾枪，主要在室内近身战斗中使用。由于缩短了枪管长度，C8CQB卡宾枪的射击精度有所降低，因此适合作为装甲车辆或空勤人员的自卫武器使用。

目前，C8CQB卡宾枪被加拿大特种部队少量配备，同时，迪玛科公司也在向执法机关推广这款武器。

C8CT卡宾枪

使用C8CQB卡宾枪的特种队员

韩国

K2突击步枪

主要参数

- 枪口口径：5.56毫米
- 初速：920米/秒
- 全枪长度：990毫米
- 枪管长度：465毫米
- 空枪质量：3.26千克
- 供弹方式：弹匣
- 弹匣容量：30发
- 步枪类型：突击步枪

K2突击步枪是韩国大宇精密工业公司于1984年生产的一款小口径突击步枪，被韩国陆军广泛装备，并对外出口。

K2突击步枪的工作原理与AK-47和AKM突击步枪相似，采用长行程活塞导气式自动工作原理，而枪机又采用与M16系列步枪相似的回转式枪机，有8个闭锁凸榫。子弹被击发后，部分火药燃气通过导气孔进入活塞筒，导气活塞在气体的作用下向后运动推动枪机框，使枪机框后坐。枪机框在后坐一段行程后带动枪机旋转开锁，并完成抽壳、抛壳等动作后，枪机框在复进簧的作用下带动枪机共同复进。而枪机在推弹入膛后停止复进，枪机框继续复进并带动枪机旋转闭锁，复进到位，步枪再次进入待击状态。

安装了光学瞄具的K2突击步枪

K2突击步枪的枪托与M16系列步枪也有着显著的差别，M16的复进簧一部分被放置在枪托内，因此枪托无法折叠，而K2突击步枪由于采用了折叠式枪托设计，因此复进簧被完全收纳在机匣内部。折叠枪托的好处在于可以缩短枪托长度，适合需要经常上下步战车的机械化步兵使用。

K2突击步枪发射5.56毫米×45毫米北约标准中间威力步枪弹，使用可拆卸式弹匣进行供弹，弹匣容量30发。

K2突击步枪的机械瞄具由准星和照门组成。准星为固定式并设有发光点，射手可在光照条件不良的环境中使用，照门位于机匣后方顶端的L形表尺上。

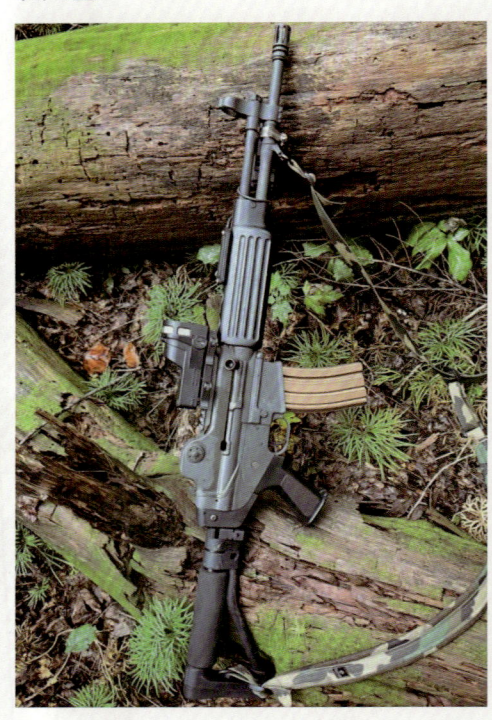

鉴了一部分M16突击步枪的设计特点，自主研发出K2突击步枪。

K2突击步枪有着质量轻，使用方便等优点，但也存在着一些缺陷。例如这款枪散热性较差，连续射击200发子弹后枪身便会过热，枪管耐久度不足，并时常出现卡弹、无法闭锁等枪机供弹故障，难以适应高强度战斗，因此也停用过一段时间。

使用K2突击步枪的士兵

K2突击步枪的研发背景与使用情况

1973年，韩国获得柯尔特公司授权，可自行生产M16A1突击步枪。但协议规定，韩国生产的M16A1只能够装备本国军队或执法机构，不得用于出口。1982年韩国政府将生产M16A1突击步枪的任务交由大宇精密工业公司，随着韩国军工研制水平的提高，也为了获得更多的出口机会，大宇公司借

K2突击步枪安装榴弹发射器需更换专用护木

日本

64式自动步枪

主要参数
- 枪口口径：7.62毫米
- 全枪长度：990毫米
- 枪管长度：450毫米
- 空枪质量：4.4千克
- 供弹方式：弹匣
- 弹匣容量：20发
- 步枪类型：战斗步枪

1950年，日本成立军事武装警察部队，大量使用从美国接收的M1伽兰德步枪或美军淘汰的其他装备，1954年日本自卫队成立后依旧使用这些武器。1957年，日本自卫队决定研制新型自动步枪，新枪的研制工作由丰和机械有限公司（HOWA）负责。1964年，新型步枪定型，被命名为"64式自动步枪"，同年开始装备日本自卫队。

64式自动步枪的自动工作原理和闭锁机构借鉴了比利时FN FAL自动步枪和苏联SVT-40半自动步枪，采用短行程活塞自动工作原理，枪机偏转式闭锁机构。与FAL自动步枪相同，该枪依靠枪机的闭锁支承面抵在机匣的闭锁支承面上实现闭锁。除此之外，这款枪还设有气体调节器，射手可通过调节该装置来改变气体的导入量，来适应不同的作战环境。

64式自动步枪的护木上设有散热孔，护木前端下方装有折叠式两脚架。枪托采用实木制成，钢制的托底板铰接在枪托上，使射手在利用两脚

64式自动步枪的实际使用情况

在测试中,64式自动步枪的精度优于美国M14自动步枪,但装备日本自卫队后,反映这款枪的精度时好时坏,由于结构复杂,故障率也比较高。

为提高64式自动步枪射击精度,可以加装光学瞄准器,其所配备的瞄准镜放大倍率为2.2倍,以美国M1C/D的M84瞄准镜为基础,由尼康公司生产。瞄准镜采用简单的"T"形分划,无分划照明功能,无法在夜间使用。瞄准镜的射程可调节到800米,但实际上这种低倍率瞄准镜在500米以外就很难看清目标了。

架进行有依托射击时,可以把托底板向上打开形成一个支肩板,使射击更加稳定。

64式自动步枪发射7.62毫米×51毫米北约标准全威力步枪弹,使用可拆卸式弹匣进行供弹,弹匣容量20发。然而,日本自卫队认为这种步枪弹对于他们来说后坐力过大,在射击时难以控制枪口上跳,因此日本枪弹设计人员据此制定了尺寸规格与北约标准全威力步枪弹相同,但减少发射药的专用弹。经过测试,在相同的条件下,7.62毫米北约标准全威力步枪弹初速为810米/秒,而这种减装药的子弹初速为715米/秒。当然,64式自动步枪也能够发射7.62毫米北约标准全威力步枪弹,只不过这样会大幅度加快枪机的磨损,在发射全装药弹时,必须调整气体调节器以减小气体量。

加装光学瞄准镜的64式自动步枪

64式自动步枪使用的7.62毫米×51毫米减装药步枪弹

此外,64式自动步枪瞄准镜座的设计也有很大的问题。这款枪镜座由一个螺丝固定,而步枪在射击时所产生的振动很容易使瞄准镜移位。再加上日本自卫队的步枪与瞄准镜集中使用,没有个人专属的步枪和瞄准镜,因此士兵无法时刻都将瞄准镜保持在归零状态。也就是说,日本自卫队的士兵在每次使用步枪之前,都需要先校准步枪和瞄准镜。

64式自动步枪的机械瞄具由片状准星和觇孔式照门组成。准星两侧设有护翼,照门则安装于机匣后方顶端,照门的射程装定在200~400米,准星和照门均可进行折叠,在携行时可有效避免钩挂衣物。

日本

89式突击步枪

主要参数

- 枪口口径：5.56毫米
- 初速：920米/秒
- 全枪长度：916毫米
- 枪管长度：420毫米
- 空枪质量：3.5千克
- 供弹方式：弹匣
- 弹匣容量：30发
- 步枪类型：突击步枪

20世纪80年代后期，西方国家大多数都换装了小口径突击步枪。日本为了紧随西方国家的脚步，以美国AR-18突击步枪为基础，研制出一款新型小口径步枪。1989年，新型步枪定型，被命名为"89式突击步枪"，同年装备日本自卫队，替代64式自动步枪。

89式突击步枪的气体调节阀

89式突击步枪采用短行程活塞自动工作原理，枪机回转式闭锁机构，枪机的设计基本参考AR-18突击步枪，机头上设有7个闭锁凸榫。气体调节器借鉴了FN FNC突击步枪的设计，当在恶劣条件下使用，或在长时间射击且没有及时维护时，可调整气体调节器，以增加导气量，使枪机能够正常自动循环。

子弹被击发后，火药燃气通过导气孔进入活塞筒，使活塞在气体的作用下向后运动推动枪机框，枪机框在活塞的推动下进行后坐，在后坐一段

发。这款枪共三种发射模式，分别为全自动、半自动以及三发点射模式。早期的89式突击步枪快慢机位于机匣左侧，握把上方。后期型号在机匣右侧增设了快慢机，使射手无论习惯哪只手持枪，都可以通过持枪手的大拇指操作快慢机。

行程后，枪机框带动枪机旋转开锁并共同后坐。当枪机完成抽壳、抛壳等动作后，枪机框也随之后坐到底，并在复进簧的作用下带动枪机复进。在复进的过程中，枪机完成推弹入膛后停止复进，枪机框继续复进并带动枪机旋转闭锁，复进完成后，步枪再次进入待击状态。

89式突击步枪的机械式瞄具由方柱形准星和觇孔式照门组成。准星可上下调整，调节方式与M16系列步枪类似。照门两侧各设一个旋钮，左侧用于上下调整，右侧则用于左右风偏调整。握把中附有涂着荧光点的夜间瞄具，可与准星和照门替换使用。

89式突击步枪的枪口制退器特写

89式突击步枪的枪托、握把以及护木等设计都参考了日本人的体型，零部件大量使用冲压钢材和精密铸造工艺，一些零件采用树脂材料制成。因此89式突击步枪比64式自动步枪的质量轻了许多，更加适合日本自卫队使用。

89式突击步枪发射5.56毫米×45毫米北约标准中间威力步枪弹，使用可拆卸式弹匣进行供弹，弹匣容量30

89式突击步枪的快慢机特写

89式突击步枪的照门特写

高成本、低产量的体现
——89式突击步枪

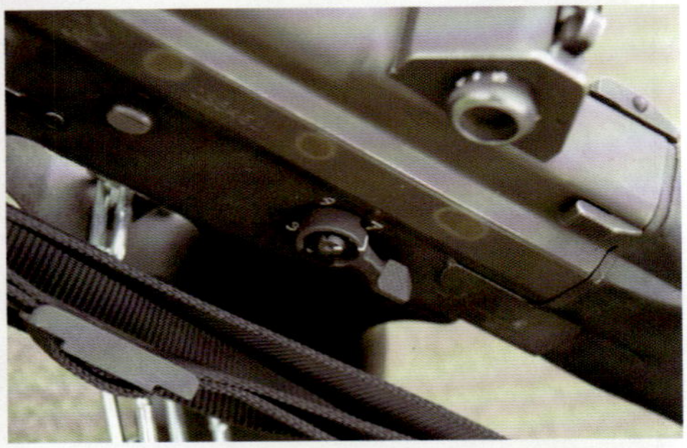

89式突击步枪共有两个型号，一种采用固定塑料枪托，另一种则采用管状铝合金折叠枪托。采用折叠枪托的型号通常被称为"伞兵型"，主要装备日本自卫队空降部队、步兵战车，以及坦克车组成员。当然，这一型号的生产数量较少，日本自卫队多数使用固定枪托型号。

分解状态的89式突击步枪

89式突击步枪保留了64式自动步枪的两脚架设计，虽然可以拆卸，但这样的设计放在突击步枪上依然罕见。其实，这一点是继承第二次世界大战时日本步兵精准射击至上的传统。不过，5.56毫米小口径中间威力步枪弹在300米外就失去了准确性，而在现代战争中，班组精确支援火力通常由精确射手步枪来完成，因此为了时刻能进行有依托射击而在突击步枪上加挂两脚架是多此一举。

日本自卫队武器特点是典型的高成本、低产量（如10式坦克），89式突击步枪自然也不例外，当时该枪的制造成本高达3900美元，即使在量产后降低了成本，这款枪的采购价仍高达3000美元。

狙击步枪

苏联

SVD狙击步枪

主要参数

- 枪口口径：7.62毫米
- 初速：830米/秒
- 全枪长度：1220毫米
- 枪管长度：620毫米
- 空枪质量：3.7千克
- 供弹方式：弹匣
- 弹匣容量：10发
- 步枪类型：狙击步枪

　　SVD狙击步枪由苏联枪械设计师叶夫根尼·费奥多罗维奇·德拉贡诺夫设计，因此也可以称为"德拉贡诺夫狙击步枪"。这款枪于1963年被苏军采用作为军用制式狙击步枪，用以替代莫辛-纳甘狙击型步枪。

　　从外形上看，SVD狙击步枪就是一支放大版的AK-47突击步枪，但实际上两支步枪的自动原理却大不相同。AK-47突击步枪采用长行程活塞自动工作原理，而为了提高射击精度，SVD狙击步枪则采用短行程活塞导气式自动工作原理。AK-47突击步枪的活塞与枪机框为一个整体，而SVD狙击步枪由于采用短行程活塞设计，因此导气活塞单独放置在活塞筒中。

　　当子弹被击发后，部分火药燃气通过导气孔进入活塞筒，使活塞在气体的作用下向后运动，推动枪机框使其后坐，这样的设计可以降低活塞和活塞连杆运动时引起的重心偏移，从而提高射击精度。

安装了刺刀的SVD狙击步枪

　　SVD狙击步枪的气体调节器位于导气管前端，可调整火药燃气的压力，在正常环境或步枪保养良好的情

不完全分解状态的SVD狙击步枪

况下,将调节阀设在"1"位置;在恶劣环境或步枪无法正常保养的情况时,可将调节阀设在"2"位置,以加大气体推动活塞的压力,使步枪正常工作。

SVD狙击步枪的枪托采用镂空式设计,握把与枪托成一体设计,由木质材料制成,这样的设计有效减轻了枪托的质量,并且能自然形成直形握把。再加上枪托上设有托腮板,使射手能够舒适握持,在射击时能更好地控制枪口上跳。当然,SVD狙击步枪的木质枪托在夜视仪下会呈现出强烈的对比反差,从而暴露狙击手的位置,因此,后期生产的SVD狙击步枪均采用黑色聚合物材料制造的枪托。

SVD狙击步枪的枪管前端设有消焰器,长70毫米,有5个槽,其中3个位于消焰器上方,2个位于消焰器底部。在击发后,从消焰器上方排出的气体比从底部排出的多,依据气体力学的原理抵消了一部分枪口上跳。此外,这款枪的消焰器呈锥状,构成一个斜面,将一部分火药燃气挡住并使其向后运动,以减弱步枪的后坐力。

SVD狙击步枪发射7.62毫米×54毫米全威力步枪弹,使用可拆卸式弹匣进行供弹,弹匣容量10发。由于这款枪发射的子弹是突缘弹,并且动能比7.62毫米×39毫米M43中间威力弹要大了许多,因此枪机头经过重新设计,以承受更大的强度。

SVD狙击步枪配备4×24毫米的PSO-1瞄准镜,装在机匣左侧的瞄准镜架上。瞄准镜全长375毫米,并配有光源,可在夜间照亮分划板。虽然PSO-1瞄准镜的放大倍率只有4倍,但射程调节帽可以将弹道修正到1000米,再加上瞄准镜的分划板上还有三个距离分划,每个分划100米,因此SVD的最大理论射程可达到1300米。

PSO-1瞄准镜具有快速距离换算表,左下方的水平基线右侧标注有数字1.7,意为以一个1.7米高的目标作为基准。水平基线上方的弧线从左到右依次标注着"10""8""6""4""2"几个数字,瞄准时,使人形目标正好站立在水平基线上,目标头部对准的数字是几,就表明射手距目标的距离为几百米,比如目标头部对准"4",那么就代表射手距目标400米。

除此之外,为了防止瞄准镜损坏或出现其他不能正常使用的故障,SVD狙击步枪还设有机械瞄具,由准

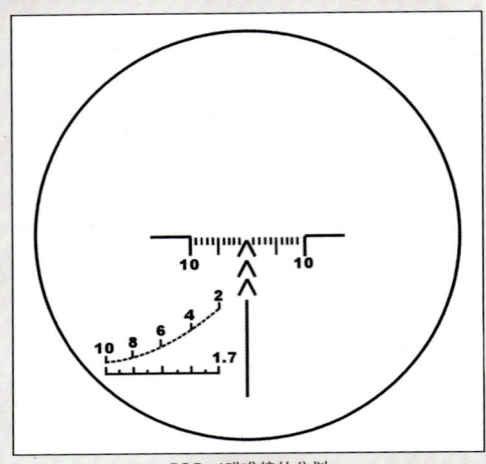

PSO-1瞄准镜的分划

星和缺口式照门组成。准星四周设有全包式护圈，缺口式照门则与表尺为一体，射手可根据目标距离来装定表尺射程。

枪械精度单位"MOA"详解

在测试枪械精度时，通常会用到MOA单位，"MOA"即"Minute of Angle"的缩写，译为中文即"角分"，而1MOA的意思就是"在100码（91.4米）距离的射击散布范围要在1英寸（25.4毫米）内"。

一般专业的军用狙击步枪的精度在0.5MOA至2MOA以内，警用狙击步枪对精度的要求则更高，一般在0.25MOA至1.5MOA以内。

SVD狙击步枪的使用情况

许多苏军狙击手为了提高射击精度，都将RPK-74轻机枪的两脚架安装在SVD狙击步枪上，以此进行有依托射击。但是他们发现，这样做之后精度更差了，这是由于两脚架直接安装在枪管的做法会影响到射击精度。后来，俄罗斯生产了专用的SVD狙击步枪伸缩式两脚架，安装在机匣前方，以保证射击精度不会受两脚架的影响。

苏联时期步兵部队的狙击手跟随部队行进，并直接对班排的作战任务进行支援，使班排级的火力控制距离从400米延伸至800米。

SVD狙击步枪制作工艺复杂，可靠耐用，其射击精度在同级狙击枪中虽算不上很高，但数据显示这款枪的精度还不错，其射击散布精度在2~3MOA之间，如果配用7N1步枪弹可达到1.5MOA的散布精度。

SVD狙击步枪安装的两脚架

苏联

VSS微声狙击步枪

主要参数

- 枪口口径：9毫米
- 初速：290米/秒
- 全枪长度：894毫米
- 枪管长度：200毫米
- 空枪质量：2.6千克
- 供弹方式：弹匣
- 弹匣容量：10发、20发
- 步枪类型：狙击步枪
- 有效射程：400米

VSS微声狙击步枪由苏联中央精密机械工程研究院研制，这款枪的命名是"Vinovka Snaiperskaja Spetsialnaya"的缩写，译为"特种狙击步枪"，是AS"VAL"微声突击步枪的狙击型号，于20世纪80年代被苏联特种部队装备。

VSS微声狙击步枪与AS"VAL"微声突击步枪的结构原理完全相同，采用导气式自动工作原理，枪机回转式闭锁机构。枪机头有6个闭锁凸榫，击发机构由击锤和击针组成，因此这款枪是击锤击发式步枪。

VSS微声狙击步枪（上）与AS"VAL"微声突击步枪（下）

分解状态的VSS微声狙击步枪

从外形上看，与AS"VAL"微声突击步枪相比，VSS微声狙击步枪取消了独立握把与折叠式枪托，改为框架式的木质运动型枪托。中间镂空，与SVD狙击步枪的枪托相似，枪托底部为橡胶底板，可在一定程度上缓冲后坐力，以提高步枪的射击精度。

VSS微声狙击步枪发射9毫米×39毫米亚音速步枪弹，使用可拆卸式弹匣进行供弹。该枪标配10发弹匣，也能够使用AS"VAL"微声突击步枪的20发弹匣。

VSS微声狙击步枪的瞄准镜架安装在机匣左侧，可安装PSO-1瞄准镜和NSPU-3夜视瞄准镜。

安装20发弹匣的VSS微声狙击步枪

现实与游戏
——VSS微声狙击步枪的应用

作为一款特种步枪，VSS微声狙击步枪广泛装备苏联或俄联邦的特种部队。

除此之外，VSS微声狙击步枪还出现在一些游戏作品中，例如当下流行的《绝地求生》，其较低的初速在游戏中也有体现，并且可进行全自动发射，在游戏中玩家们对于这款步枪的评价也是褒贬不一。

俄罗斯

SV-98 狙击步枪

主要参数
- 枪口口径：7.62 毫米
- 初速：820 米/秒
- 全枪长度：1200 毫米
- 枪管长度：650 毫米
- 空枪质量：7.8 千克
- 供弹方式：弹匣
- 弹匣容量：10 发
- 步枪类型：狙击步枪
- 有效射程：1000 米

SV-98狙击步枪是俄罗斯伊兹马什公司在Record运动步枪的基础上于1998年研制而成的，同年该枪就被俄罗斯执法机构和特种部队少量试用。由于俄罗斯军方国家靶场和部队试用周期较长，因此，在2005年年底SV-98才被俄罗斯军队正式采用作为军用制式狙击步枪。

SV-98狙击步枪是一款栓动狙击步枪，采用旋转后拉式枪机，无导气装置。这款枪的旋转后拉式枪机采用前端闭锁方式，机头有三个对称的闭锁凸榫，使用方便且操作可靠。

SV-98狙击步枪的机匣和枪管均采用冷锻制作工艺，自由浮置式的重型枪管由碳素钢制成，与大多数高精度狙击步枪相同，该枪的枪管未进行镀铬处理，这是为了避免镀铬层厚度不均匀而影响射击精度。SV-98狙击步枪膛内共4条右旋膛线，膛线缠距320毫米，枪口部设有螺旋纹，可安装消焰器或制退器。

SV-98狙击步枪的机闭锁状态

SV-98狙击步枪的枪托由胶合板制成，枪托上方装有可调整高度的托腮板，枪托的最前端安装有可折叠两脚架，腿架的长度共有四挡可调，并配备有特质的橡胶套垫，以便在松软的土质上使用。

SV-98狙击步枪的枪击开锁状态

SV-98狙击步枪发射7.62毫米×54毫米全威力步枪弹，使用可拆卸式弹匣进行供弹，弹匣容量10发。此外，这款枪的扳机力可根据射手的习惯进行调整，可调扳机力范围在9.8~14.7牛顿。

SV-98狙击步枪的可拆卸式弹匣

SV-98狙击步枪的机匣顶部整合有一条皮卡汀尼导轨，可安装俄罗斯或其他国家生产的瞄准镜，这款枪标配俄制PKS-07瞄准镜，这是一种7倍瞄具，不过厂家也提供1P69型3-10×42毫米可变倍数瞄准镜。

考虑到瞄准镜损坏或出现其他不能正常使用的故障，SV-98狙击步枪也配有机械瞄具。准星位于枪管前侧顶端，照门为缺口式，表尺射程装定在100~600米，表尺每个分划为100米。此外，SV-98狙击步枪的准星座到照门座之间可以连上一条织带，遮蔽枪管上方，可有效防止枪管因暴晒发热所产生的上升气流使瞄准镜产生虚像，而基于同样原因，这款枪所配用的消音器顶端也有一块挡板。

SV-98狙击步枪的研发背景

SVD狙击步枪自1963年装备苏军以后，以可靠性著称，作为战术支援武器也颇为有效，时至今日仍在俄军中服役。20世纪90年代，俄罗斯武装犯罪频发，在处置人质劫持等任务时，SVD狙击步枪在远距离上的精度较差，不适合作为专业狙击步枪的缺陷愈发明显，为此，SV-98狙击步枪应运而生。

美国

M40狙击步枪

主要参数
- 枪口口径：7.62毫米
- 全枪长度：1117毫米
- 枪管长度：610毫米
- 空枪质量：6.57千克
- 供弹方式：弹仓
- 弹仓容量：5发
- 步枪类型：狙击步枪

越南战争初期，美国海军陆战队急需一款可精确命中远距离目标的狙击步枪，在经过选型试验后，于1966年4月采用雷明顿700步枪作为军用制式狙击步枪，并将其命名为"M40狙击步枪"。

M40狙击步枪采用旋转后拉式枪机，浮置式枪管，枪管内壁镀铬，整体重量适中，机件由工厂直接安装在无网格防滑的木质枪托上。

M40狙击步枪发射7.62毫米×51毫米狙击步枪弹，使用固定弹仓进行供弹，弹仓容量5发。装填时，射手需将拉机柄旋转后拉以打开枪机，并从抛壳窗逐发向弹仓内装填子弹。

瞄准镜作为M40狙击步枪的重要部件，部分早期出厂的M40狙击枪配用了雷菲尔德公司生产的Accu-Range瞄准镜，可在3~9倍之间变焦，瞄准镜的镜体表面经绿色阳极化抛光处理，有效瞄准距离为600米，坚固可靠，耐用性强。

M40狙击步枪的使用

首批M40狙击步枪装备越南战场上的美国海军陆战队，越南气候炎热且湿度较高，因此狙击手需要特别注意保护木质枪托，及时清理枪管导槽，给枪托灌蜡密封，以此减少木质枪托的膨胀或收缩。只不过，在严峻的战场环境下，狙击手通常难以进行这种烦琐的维护流程。1969年6月，陆战一师侦察狙击队配发的82支M40狙击步枪中，只有40多支能够正常使用，其他因性能问题被搁置在一旁。尽管如此，M40狙击步枪依然靠高精度博得了陆战队员们的喜爱，这款枪更是成就了一些陆战队狙击手，M40狙击步枪的狙杀记录让他们名声大噪。

M40狙击步枪的改进型号与应用

M40A1狙击步枪

M40A1狙击步枪

1977年，美国海军陆战队以M40狙击步枪为基础，改进出一款新型狙击步枪，并将其命名为"M40A1狙击步枪"。

M40A1狙击步枪采用旋转后拉式枪机，并重新设计了枪管和枪托。容易因受潮而膨胀的木质枪托也换成了麦克米兰公司生产的玻璃纤维枪托。枪管则由不锈钢制成，表面经黑色氧化处理，防止枪管因潮湿环境而生锈，同时还能够消除反光，降低狙击手暴露的概率。

1980年，M40A1狙击步枪更换了新型Unertl瞄准镜，这种瞄准镜全长超过305毫米，瞄准镜管采用钢材制成，镜片元件较厚，并涂有高效涂层，因此有着较强的可靠性。这种瞄准镜最大的改进就在于密位点的划分，在瞄准镜的垂直和水平十字分划线上分布着一系列微小的精确定位圆点，能够帮助狙击手快速标定准确距离。

M40A1狙击步枪在美国海军陆战队中服役了20余年，参与了海军陆战队从20世纪70年代至90年代的多次军事行动。在冷战时期，该枪还有着"绿色枪王"的绰号，足见这支狙击步枪的优秀。

M40A1狙击步枪的Unertl瞄准镜

M40A3狙击步枪

M40A3狙击步枪

1996年后，美国海军陆战队开始为M40A1狙击步枪寻找合适的替代品，并设计新型狙击步枪。2001年，新型狙击步枪定型，被命名为"M40A3狙击步枪"。

M40A3狙击步枪同样以雷明顿700步枪为基础，采用旋转后拉式枪机，并使用麦克米兰新型A4玻璃纤维枪托，可调节枪托底板长度和托腮板高度。

身穿吉利服的狙击手，使用的就是一支M40A3狙击步枪

军械所产能较低，因此换装速度较慢。在2003年的伊拉克战争中，有些美军陆战队狙击手已经用上了M40A3狙击步枪，而另一些狙击手则依旧使用M40A1狙击步枪。

将固定弹仓改为可拆卸弹匣供弹的M40A3狙击步枪

在陆战队开始换装M40A3狙击步枪后，该型号狙击步枪还在继续改进，例如2007年将带有固定弹仓的击发机座改为可拆卸弹匣的击发机座。后来又有狙击手认为更换白光或夜视瞄准镜需要重新归零过于麻烦，因此又在枪托前方增设导轨，用于在白光瞄准镜前加装夜视仪，而这些改进项目直接促成了M40A5狙击步枪的诞生。

使用M40A3狙击步枪的狙击手

M40A3狙击步枪发射7.62毫米×51毫米M118LR狙击步枪弹，采用固定式弹仓进行供弹，弹仓容量5发。

M40A3狙击步枪的枪机顶端整合有一条皮卡汀尼导轨，安装施密特-本德尔3-12×50毫米Police Marksman II LP型瞄准镜。为了方便狙击手在夜间瞄准，该枪还可以安装Simrad KN200夜视瞄准镜。

M40A3狙击步枪是为替换M40A1而设计的，但有趣的是，由于陆战队

M40A5狙击步枪

M40A5狙击步枪

M40A5狙击步枪是M40系列狙击步枪的最新改进型，主要改动为：

首先，增设枪口装置，使该枪能够安装消音器；其次，固定弹仓改为可拆卸弹匣，弹匣容量10发，由于改用弹匣，扳机护圈前方增设弹匣卡榫；最后，在前托前端增设导轨，使射手可以在白光瞄准镜前加挂PGW PVS-22夜视仪。

M40A5狙击步枪改为可拆卸式弹匣供弹

M40A5狙击步枪沿用了雷明顿700步枪的旋转后拉式枪机，以及麦克米兰A4玻璃纤维枪托。由于只是进行小幅度升级，因此该枪并非重新生产，而是在M40A1或M40A3狙击步枪的基础上进行升级。目前，美军海军陆战队的一线部队已换装M40A5狙击步枪，并广泛用于演习或实战。

M40A5狙击步枪的枪口装置具有消焰、制退的作用

美国

主要参数

- 枪口口径：7.62 毫米
- 初速：790 米/秒
- 全枪长度：1092 毫米
- 枪管长度：610 毫米
- 空枪质量：7.3 千克
- 供弹方式：弹仓
- 弹仓容量：5 发
- 步枪类型：狙击步枪
- 有效射程：800 米

M24狙击步枪

M24狙击武器系统英文全称"M24 Sniper's Weapon System"，简称"M24 SWS"，除了步枪外还包括瞄准镜、狙击弹等其他配件，与M40系列狙击步枪同为雷明顿700衍生型步枪。1988年7月，M24狙击步枪正式装备美国陆军。

安装了两脚架的M24狙击步枪

M24狙击步枪采用雷明顿700步枪的旋转后拉式枪机，以及带有固定弹仓的击发机座。这款枪的枪托采用凯夫拉、石墨纤维以及玻璃纤维复合制成，枪托底板由两根铝合金支柱安装在枪托尾部，通过旋转手轮可在50.8毫米长度范围内伸缩调节。

为了减轻质量，M24狙击步枪的枪托内部填充了聚苯乙烯泡沫塑料，但在潮湿天气或浸泡过水后会使前托内芯因吸收了水分而导致武器重心改变。

虽然美国陆军的M24和海军陆战

M24狙击步枪的伸缩枪托

253

队的M40狙击步枪都采用雷明顿700步枪的旋转后拉式枪机，但两支步枪的枪机和机匣有所差别。M40狙击步枪的机匣原本就是为7.62毫米×51毫米狙击步枪弹而设计，而M24狙击步枪则由雷明顿公司根据陆军要求生产，包括了能够在将来使用精度更高的.300温彻斯特-马格南狙击弹（规格7.62毫米×67毫米）。因此机匣设计得较长，较长的枪机行程让许多用惯了7.62毫米×51毫米狙击步枪弹的狙击手很不适应，按照原来的操作习惯，一不小心就会拉不到位，导致枪机无法正常推弹入膛。

M24狙击步枪采用Leupold Mk.4LR/T M3 10×40毫米瞄准镜，这种瞄准镜采用固定倍率，结构简单，归零后不容易偏离。除此之外，M24狙击步枪的瞄准镜的密位点分划能够让射手更容易估算目标距离，并不必受目标高度限制。

M24狙击步枪的实际使用情况

M24狙击步枪最大有效射程为800米，但在实战中曾取得超过1000米的命中记录，而且这款枪的标配瞄准镜本身就可进行1000米射程的调节。这款枪也有着出色的精度，美国陆军的狙击步枪精度验收要求是10发一组1MOA，在配用M118LR狙击弹后，最高曾达到0.5MOA。

美国

MSR狙击步枪

主要参数
- 枪口口径：7.62毫米
- 全枪长度：1168毫米
- 枪管长度：559毫米
- 空枪质量：7.71千克
- 供弹方式：弹匣
- 步枪类型：狙击步枪
- 有效射程：1500米

MSR狙击步枪是美国雷明顿公司设计生产的一款栓动式狙击步枪，于2009年首次亮相。其命名中的"MSR"是"Modular Sniper Rifle"的缩写，可译为"模块化狙击步枪"。

508毫米枪管型MSR狙击步枪

顾名思义，MSR狙击步枪是一款采用了模块化设计的狙击步枪，这款步枪的零部件装在一个极耐腐蚀的铝合金底座上，底座包括弹匣插座、击发机座、护木。钛合金制成的机匣安装在底座上，而浮置式枪管则通过钢制的枪管节套固定于机匣，与整个护木都无直接接触。

610毫米枪管型MSR狙击步枪

MSR狙击步枪的枪管为比赛级枪管，枪管外面刻有纵向长槽，既减轻了质量又使枪管强度得到加强，同时提高了散热效率，枪管精度寿命大于2500发。MSR狙击步枪的枪管分为四种，分别为508毫米、559毫米、610毫米，以及686毫米。

686毫米枪管型MSR狙击步枪

MSR狙击步枪采用旋转后拉式枪机，枪机头有3个闭锁凸榫，整体为三角形界面，枪机开闭锁时旋转60°。考虑到每个射手都有不同的持枪习惯，因此这款步枪的拉机柄可随意设置在左侧或右侧。

MSR狙击步枪的配件

MSR狙击步枪发射7.62毫米×51毫米狙击步枪弹，使用可拆卸式弹匣

进行供弹。此外，这款步枪还能转换口径发射不同的子弹，例如.300温彻斯特-马格南狙击弹（规格7.62毫米×67毫米），以及.338拉普-马格南狙击弹（规格8.6毫米×70毫米），只需要更换枪管、枪机头和弹匣，即可完成口径的转换。

MSR狙击步枪的机匣和护木顶端整合有一条皮卡汀尼导轨，射手可根据不同的作战用途或使用习惯，来更换不同的瞄准镜。

MSR狙击步枪的研发背景

2009年，美国特种作战司令部发起一项名为PSR精密狙击步枪的招标，目的是为其下辖的特种部队提供一款新型狙击步枪，以替代M24狙击步枪。虽然招标计划中并未对步枪的上弹自动方式或弹药口径提出要求，但美军要求该枪能够在1500米的距离内保持1MOA的散布。在远距离上只有栓动狙击步枪能够将精度保持在1MOA以内，因此所有的投标方都不约而同地提交了栓动狙击步枪，雷明顿公司的MSR狙击步枪就是其中之一。

美国

Mk11 Mod 0 狙击步枪

主要参数
- 枪口口径：7.62 毫米
- 全枪长度：1003 毫米
- 枪管长度：510 毫米
- 空枪质量：4.47 千克
- 供弹方式：弹匣
- 弹匣容量：20 发
- 步枪类型：狙击步枪

Mk11 Mod 0狙击步枪是一款以KAC公司SR-25步枪为基础改进而成的狙击步枪，该枪于20世纪90年代末期被美国海军海豹突击队采用，作为制式精确射手步枪服役。

Mk11 Mod 0狙击步枪采用直接导气式自动工作原理，也就是M16系列步枪的气吹式原理，导气管中未设有活塞组件。子弹被击发后，部分火药燃气通过导气孔进入导气管，在气体压力的作用下，枪机框被推动后坐。枪机框在后坐一段行程后带动枪机开锁，此时枪机框与枪机共同后坐，使枪机完成抽壳、抛壳等动作。

枪机框在后坐到底后在复进簧的作用下与枪机共同复进，枪机在推弹入膛后停止复进。枪机框继续复进并带动枪机闭锁，在枪机框复进到位后，步枪再次进入待击状态。

Mk11 Mod 0狙击步枪发射7.62毫米×51毫米狙击步枪弹，使用可拆卸式弹匣进行供弹，弹匣容量20发。

Mk11 Mod 0狙击步枪有着较好的扩展性，机匣顶端和护木上端都整合有皮卡汀尼导轨，射手可安装各种瞄具。此外，这款枪的护木两侧和下方也整合有战术导轨，方便射手安装两脚架、垂直握把、直角握把等战术挂件。

装备美军特战单位的 Mk11 Mod 0狙击步枪

Mk11 Mod 0狙击步枪除了装备美国海军海豹突击队以外，还装备美军第75游骑兵团，甚至是以色列特种部队。此外，Mk11 Mod 0狙击步枪也向美国民间市场销售，但不包含消音器。最初，民用型号只配套销售5发或10发弹匣。而在2004年后，一些地区开始配套销售20发弹匣。

美国

M110 狙击步枪

主要参数
- 枪口口径：7.62 毫米
- 初速：784 米/秒
- 全枪长度：1028 毫米
- 枪管长度：508 毫米
- 空枪质量：6.21 千克
- 供弹方式：弹匣
- 弹匣容量：10 发、20 发
- 步枪类型：狙击步枪

M110狙击步枪全称"M110 Semi Automatic Sniper System"，美军简称其为"M110 SASS"，可译为"M110半自动狙击系统"，主要作为精确支援火力使用。

整个M110半自动狙击系统包括一支M110狙击步枪、弹匣袋、4个10发备用弹匣、4个20发备用弹匣、哈里斯两脚架，以及安装在导轨上的适配器。该枪配用瞄准镜为Leupold 3.5-10×40毫米白光瞄准镜，及其配套的镜盖、镜盒、镜袋，以及防反光装置等配件。在夜间作战时，可安装AN/PVS-14夜视瞄准镜，为避免暴露，可在枪口安装消焰器或QD消音器。考虑到在严峻的作战环境中，瞄准镜出现损坏或其他不能正常使用的故障，该系统还配有600米备用机械瞄具。

M110狙击步枪的自动原理继承自M16系列步枪，并以Mk11 Mod 0狙击步枪为基础改进而成。该枪的自动工作原理为直接导气式，也就是常见的气吹式。此外，与采用KAC自由浮置式导轨的Mk11 Mod 0狙击步枪不同，M110狙击步枪采用URX模块导轨系统，枪托可调整长度，枪口可安装消焰器或消音器。

M110狙击步枪发射7.62毫米×51毫米狙击步枪弹，可进行半自动发射，在美军中被定位为精确射手步枪。

M110狙击步枪设有备用机械瞄具，在不使用时可以折叠

M110狙击步枪的使用与缺陷

M110 SASS实际上是美军为了替换M24狙击步枪的产物，由KAC公司设计并在招标中击败雷明顿等公司的步枪而中标。在设计时，M110狙击步枪采用M16系列步枪的直接导气式自动工作原理，而M16系列步枪在安装消音器后，枪机和枪机框积碳的现象会更为严重，射击时火药燃气还会从拉机柄的缝隙中溢出扑向射手的眼睛，干扰射手视线而妨碍射手瞄准。虽说KAC公司研制出具有气体偏流作用的拉机柄，使火药燃气从拉机柄槽溢出时不会"打脸"，但枪机积碳的问题依旧无法避免，连续射击后依然影响精度与可靠性。其他公司的参选步枪都设有气体调节器可避免这一问题，而M110狙击步枪却没设这一装置。

在装备M110狙击步枪之初，许多美军狙击手认为M110狙击步枪只是他们枪库内的一件备选武器，而不能完全替代久经沙场考验的M24狙击枪。因为这款狙击步枪在射程上不如M24狙击步枪，在恶劣的作战环境中M110狙击步枪的性能也不如M24狙击步枪可靠。

而事实也确实如此，在美军中，M110狙击步枪的装备数量并不多，无法撼动M24狙击步枪在美国陆军中的地位。2010年，陆军向雷明顿公司订购了一批新的M24狙击步枪，而M110狙击步枪现在只能作为M24狙击步枪的一个精确火力密度补充，即使美国陆军高层对M110狙击步枪一片赞誉，但实际上处于前线的美军士兵对于M110狙击步枪更多的是抱怨。

使用M110狙击步枪的士兵

美国

巴雷特M82A1反器材步枪

主要参数
- 枪口口径：12.7毫米
- 全枪长度：1448毫米
- 枪管长度：736毫米
- 空枪质量：14千克
- 有效射程：1800米
- 供弹方式：弹匣
- 弹匣容量：10发
- 步枪类型：反器材步枪

1982年，朗尼·巴雷特设计出一款12.7毫米口径的半自动步枪，因此得名M82步枪，并在民用市场上销售。

1986年，以M82步枪为基础改进而成的M82A1步枪进入市场，迅速抢占大口径步枪市场的先机，并成功引起了美国军方的注意。

巴雷特M82A1反器材步枪是一款自动装填步枪，采用枪管短后坐式自动工作原理，这种自动原理由著名枪械设计师勃朗宁发明，多用于自动装填手枪，而巴雷特则将这种自动原理加以改进，使其适合肩射武器。

巴雷特M82A1反器材步枪可以快速分解为上机匣、下机匣，以及枪机框三部分。全枪的两个分解销位于机匣右侧，一个在枪托底板附近，另一个则在弹匣前方。上机匣是整支步枪的主要部分，采用高碳钢材料制成，在保证上机匣强度的同时，还提高了耐磨性。上机匣主要包括枪管、复进簧以及缓冲器，下机匣则连接两脚架、握把等零部件。

巴雷特M82A1反器材步枪的枪托

M82A1反器材步枪的实际后坐力并不大，在保证了精度的同时又让射手能够轻松使用。

当然，巴雷特M82A1反器材步枪的制退器也存在着一些缺陷。例如，每发射一发子弹，从制退器喷出的火药气体都会在射手周围卷起大量尘土，不仅影响瞄准视野，也会暴露狙击手所处的位置。因此，在战场上使用该枪射击后非常容易招来敌方的重火力压制。

使用巴雷特M82A1反器材步枪的狙击手

M82A1反器材步枪发射12.7毫米×99毫米北约狙击步枪弹（.50 BMG），采用可拆卸式弹匣进行供弹，弹匣容量10发。虽然发射的是大口径机枪弹，但由于M82A1的枪口装有"V"形高效枪口制退器（这种制退器可以减少69%的后坐力），再加上一部分后坐力作用于枪管、枪机、枪机框，以及压缩复进簧，因此

巴雷特M82A1反器材步枪的瞄准镜座固定在机匣顶端，配用巴雷特公司生产的10倍瞄准镜，不过美国海军陆战队所装备的M82A1反器材步枪都配用与M40A1狙击步枪相同的10倍Unertl瞄准镜。考虑到瞄准镜会因损坏或其他故障而无法使用，这款枪还配有机械瞄具，可在瞄准镜损坏的情况下使用。

射击时的巴雷特M82A1反器材步枪

除了美国和英国以外，目前法国、比利时、意大利、葡萄牙、荷兰、丹麦、瑞典等30多个国家的军队或警察部队也有装备巴雷特M82A1反器材步枪。

巴雷特M82A1反器材步枪的衍生型号

M82A2反器材步枪

M82A2反器材步枪

巴雷特M82A1反器材步枪的使用

海湾战争期间，美国军队装备约300支的巴雷特M82A1反器材步枪，英国国防部也于1990年12月为其爆炸器材处理分队购买了少量M82A1反器材步枪。实战中，巴雷特M82A1反器材步枪的有效射程高达1800米，可有效摧毁雷达站、车辆，以及处于静止状态的直升机或战斗机。

M82A2反器材步枪是巴雷特公司的第二代产品，采用无托式结构设计，可扛在肩上射击，护木前部装有小握把，不过该型号并未量产或装备部队。

M82A2反器材步枪全枪长1409毫米，枪管长734毫米，空枪质量12千克，发射12.7毫米×99毫米北约狙击步枪弹，采用10发弹匣进行供弹。

M82A1M反器材步枪

M82A1M反器材步枪

20世纪90年代末期，美国陆军提出了XM107计划，寻找一款合适的反器材步枪作为M24狙击步枪的补充，以提高狙击小组的作战能力。巴雷特公司根据前线士兵的反馈将M82A1反器材步枪进行改进，使其质量减轻了约1.1千克，改进后的型号被命名为"M82A1M反器材步枪"。

2005年3月，美国陆军正式批准M82A1M反器材步枪作为制式的远程狙击步枪服役，并将其重新命名为"M107反器材步枪"。

除美军外，联邦德国国防军也装备有巴雷特M82A1M反器材步枪

美国

巴雷特M98B狙击步枪

主要参数

- 枪口口径：8.6毫米
- 供弹方式：弹匣
- 全枪长度：1264毫米
- 弹匣容量：10发
- 枪管长度：686毫米
- 步枪类型：狙击步枪
- 空枪质量：6.12千克

M98B狙击步枪是美国巴雷特公司研发的一款高精度反人员狙击枪，参与2009年美国特种作战司令部开展的精密狙击步枪（Precision Sniper Rifle）招标，目前，该枪仍在进行测试。

由于追求高精度，巴雷特M98B狙击步枪采用旋转后拉式枪机，是一支需要手动操作的狙击步枪。手动狙击步枪的优势在于结构简单、易于维

位于握把上方的手动保险钮位

护,并且精度普遍高于半自动狙击步枪。

巴雷特M98B狙击步枪采用模块化设计,使射手可根据作战需求或个人习惯对枪支零部件进行必要的修改,扳机力可以进行调节。M98B狙击步枪的手动保险机构位于握把上方,射手可根据个人使用习惯将其更换到机匣任意一侧。

巴雷特M98B狙击步枪发射.338拉普-马格南狙击弹(规格8.6毫米×70毫米),使用可拆卸式弹匣进行供弹,弹匣容量10发。由于7.62毫米×51毫米北约狙击步枪弹的弹头能量和质量都比较小,所以在射程达到800米以上时飞行轨迹受空气阻力的影响较大,容易产生偏差,因此M98B狙击步枪则使用弹头能量和质量更大的.338拉普-马格南狙击弹。

巴雷特M98B狙击步枪的弹匣

巴雷特M98B狙击步枪配用BORS瞄准系统的瞄准镜,安装在步枪机匣顶端的皮卡汀尼导轨上。此外,护木两侧与下方也整合有战术导轨,射手可安装两脚架或激光测距仪等战术挂件。

巴雷特M98B狙击步枪的枪机特写

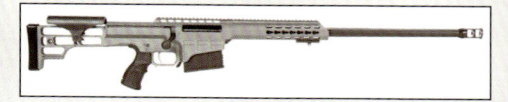

两脚架通过皮卡汀尼导轨安装在护木上,不与枪管接触,保证了射击时的精度

美国

TAC-50 狙击步枪

主要参数

- ■枪口口径：12.7毫米
- ■初速：823米/秒
- ■全枪长度：1448毫米
- ■枪管长度：737毫米
- ■空枪质量：11.8千克
- ■供弹方式：弹匣
- ■弹匣容量：5发
- ■步枪类型：狙击步枪
- ■有效射程：2000米

TAC-50狙击步枪由美国麦克米兰公司研制生产，美国海军海豹突击队是这款枪的第一个客户，其采购的TAC-50狙击步枪被重新命名为"Mk15 Mod 0 SASR"。2000年，TAC-50狙击步枪被加拿大军方采用，配发给一些经验丰富的狙击手。

TAC-50狙击步枪采用旋转后拉式枪机，需手动操作，枪机整体结构简单，因此有着较强的可靠性。当然，手动步枪的射击精度也高于半自动狙击步枪，因此世界上绝大多数高精度狙击步枪都是手动步枪。

TAC-50狙击步枪采用麦克米兰公司生产的玻璃纤维枪托，手枪握把与枪托成一个整体。该枪的枪管为浮置式枪管，枪管表面刻有凹槽，在减轻质量的同时还提高了枪管的散热性。枪口设有特制的制退器，可缓冲大口径子弹在击发后所产生的强大的后坐力。

TAC-50狙击步枪发射12.7毫米×99毫米北约狙击步枪弹，采用可拆卸式

TAC-50狙击步枪的枪托

为保证精度，TAC-50狙击步枪的两脚架安装在步枪前托上，不与枪管进行接触

弹匣进行供弹，弹匣容量5发。发射高精度狙击弹的TAC-50的精度可达到0.5MOA，在12.7毫米口径的步枪中，这样的精度也是数一数二的。

TAC-50狙击步枪的瞄准镜安装在机匣上方的皮卡汀尼导轨上，这款枪并未设计机械瞄具，只能用光学瞄准镜进行瞄准。

战场上的远距离狙击利器
——TAC-50狙击步枪

2002年，美军在阿富汗结束"巨蟒行动"后，有报道称5名加拿大狙击手在该项行动中使用TAC-50狙击步枪为美军提供火力支援，其中一名狙击手创下了2430米的命中记录。虽然在这个距离上命中目标多少有一些运气的成分，但也必须承认TAC-50狙击步枪具备优秀的精度。

据报道，这名狙击手发射的第一发子弹并未命中目标，只命中了目标手中的背包，但不知道为什么这一目标并没有立即隐蔽或寻找掩体。因此该名狙击手在修正了弹着点后，第三发子弹命中目标躯干。

2017年，记录再次刷新。一名来自加拿大第2联合特遣部队（JTF2）的狙击手，使用TAC-50狙击步枪在伊拉克命中一名3540米距离的敌对目标，使TAC-50狙击步枪在超远距离狙击作战的记录中留下了浓墨重彩的一笔。

美国

M200狙击步枪

主要参数
- 枪口口径：10.36 毫米
- 全枪长度：1346 毫米
- 枪管长度：737 毫米
- 空枪质量：14 千克
- 供弹方式：弹匣
- 弹匣容量：7 发
- 步枪类型：狙击步枪

M200狙击步枪由CheyTac公司设计生产，是该公司设计的"干预"系列狙击步枪的产品之一。

M200狙击步枪采用旋转后拉式枪机，需手动操作。这款枪的重型枪管为自由浮置式，枪管内有8条膛线，膛线缠距330毫米。枪管可进行快速拆卸，其表面带有凹槽，可在一定程

M200狙击步枪机匣右视图

度上减轻枪管质量，并提高枪管的散热性。

M200狙击步枪的枪管后半部被从机匣上延伸而出的管状护筒包裹，折叠式两脚架和提把都装在这一枪管护筒的上方，护筒同时充当护木。两脚架在不使用时可以折起来，而提把在不使用时也可以旋转至护木下方，可在据枪时使用。

M200狙击步枪发射10.36毫米×77毫米狙击步枪弹，使用可拆卸式弹匣进行供弹，弹匣容量7发。该弹的弹头外形采用低阻力形状，这样的设计可以使这枚重27.15克的弹头在2000米外的距离上依然能够保持超音速状态。由于存速较高，因此在700米左右的距离上，10.36毫米狙击步枪弹弹头比12.7毫米北约狙击步枪弹弹头有着更大的动能。由于质量轻，因此10.36毫米狙击步枪弹的后坐力也更小，同时也有着更高的有效射程和更平直的弹道。

M200狙击步枪和10.36毫米狙击步枪弹

M200狙击步枪的瞄准系统被称为"CheyTac战术计算机"火控系统，包括一个NXS 5.5-22×56毫米瞄准镜，以及一个按军规加固的商用型掌上电脑（PDA），另外还配有一个红隼手持式气象站和Vector IV激光测距望远镜。此外，如果射手需要，还可以通过一个转接器将AN/PVS-14红外夜视镜安装在瞄准镜的目镜后方。

M200狙击步枪与该枪配备的火控系统

M200狙击步枪所配备的红隼手持式气象站配备了环境与气象传感器，可准确测量湿度、气温、气压、风力与风速等环境数据，并通过数据线直接提供给掌上电脑。而Vector IV激光测距仪最远测量距离6千米，所

M200狙击步枪的枪托可伸缩，狙击手可按个人习惯调节

采集数据直接输入掌上电脑。此外，由于这台掌上电脑上还安装有弹道计算软件，因此射手在寻找到目标后，就可以在掌上电脑上迅速获得射击参数。当然，假如掌上电脑没电或因为故障而不能正常使用时，CheyTac公司还"贴心"地提供弹道数据表让狙击手参考，但实际使用效果可能不如掌上电脑那般准确。

虚拟与现实
——M200狙击步枪的使用

CheyTac公司在推出M200狙击步枪后就开始大张旗鼓地宣传，例如在电影《生死狙击》中，这款枪就作为道具出场。除此之外，该枪还在许多游戏作品中出现，例如《使命召唤6》。在多数游戏中，M200狙击步枪弹道平直的特点都被延续，因此深得玩家们的喜爱。

那么，如此优秀的狙击系统，有被哪个国家的军队采用吗？

几乎没有，即便是有，也只是少量购买用于试验。例如波兰和土耳其曾少量购买M200狙击步枪进行试验，美军绿色贝雷帽A队曾携带一支M200狙击步枪进入阿富汗，在此之后便杳无音讯。这是因为对于军用而言，M200狙击步枪与巴雷特M82A1反器材步枪的质量几乎一样，虽然弹道系数高，但毕竟不是反器材口径，只能用于反人员。

在北美民用枪械市场上，M200狙击步枪也是"无人问津"，原因在于这样的新型武器是由规模较小的军火企业推出，一般都流行不起来。并且10.36毫米弹药非常不好找，这是因为使用这种子弹的步枪寥寥无几，所以自然不容易进行补给。

综上所述，即使M200狙击步枪有着先进的火控系统和线条流畅的外形，也只多用于游戏中。

德国

G3/SG1 狙击步枪

主要参数

- 枪口口径：7.62毫米
- 全枪长度：1025毫米
- 枪管长度：450毫米
- 空枪质量：5.54千克
- 供弹方式：弹匣
- 弹匣容量：20发
- 步枪类型：狙击步枪

G3/SG1狙击步枪由德国黑克勒-科赫（HK）公司应德国国防军的要求，在G3自动步枪的基础上改进而成。其命名中的"SG"为德文"Schützen Gewehr"的缩写，可译为"精确步枪"。

G3/SG1狙击步枪实际上就是在G3自动步枪的生产验收过程中挑出弹着点散布范围较小的枪支，并加装两脚架、托腮板，以及瞄准镜等配件改进而成。因此，G3/SG1狙击步枪与G3自动步枪的内部机构基本一致，采用滚柱延迟反冲式闭锁枪机，并使用专用的发射机构，扳机力可在4.9牛顿至14.7牛顿之间调整。

G3/SG1狙击步枪发射特制的7.62毫米×51毫米比赛专用弹，使用

现实与游戏中广泛应用的G3/SG1狙击步枪

G3/SG1狙击步枪主要装备的德国国防军，虽然他们现已换装G22狙击步枪，但仍有相当数量的G3/SG1狙击步枪在其军中服役。除了德国以外，这款枪还装备英国、法国、阿根廷、意大利、西班牙等国家的军队。

当然，G3/SG1狙击步枪第一次进入多数人视野内可能不是因为照片或书籍，而是因为一款风靡全球的FPS游戏——《反恐精英》，其后在《反恐精英：起源》中也有使用。这款步枪在游戏中威力巨大，并可进行半自动发射，任何情况下都可以"两枪干掉一个敌人"，因此被玩家亲切地称为"连狙"。

可拆卸式弹匣进行供弹，弹匣容量20发。该枪保留了G3自动步枪的全自动发射机构，共两种发射模式，分别为全自动和半自动。快慢机位于机匣左侧，握把上方，假如射手用右手持枪，那么就可以用持枪手的大拇指操作快慢机。

为了提升G3/SG1狙击步枪的射击精度，这款枪标配Hersoldt瞄准镜，其放大倍率可在1.5至6倍之间调整，使射手能够在100至600米的射程内进行距离和风偏的修正。考虑到在战场环境中瞄准镜会因为意外而损坏或出现其他不能正常使用的故障，G3/SG1狙击步枪还保留了G3自动步枪的机械瞄具，在瞄准镜无法正常使用时，准星和转鼓式照门也能协助射手射击400米内的目标。

使用G3/SG1狙击步枪的狙击手

德国

PSG-1 狙击步枪

主要参数

- 枪口口径：7.62 毫米
- 初速：868 米/秒
- 全枪长度：1230 毫米
- 枪管长度：650 毫米
- 空枪质量：8.1 千克
- 供弹方式：弹匣
- 弹匣容量：5 发、20 发
- 步枪类型：狙击步枪
- 有效射程：800 米

安装了三脚架的PSG-1狙击步枪

PSG-1狙击步枪是由德国黑克勒-科赫（HK）公司设计生产的半自动狙击步枪，其命名中的"PSG"是德文"Präzisions Schützen Gewehr"的缩写，可译为"精确射击步枪"。

PSG-1狙击步枪的内部构造与G3自动步枪基本相同，采用滚柱延迟反冲式闭锁枪机，但由于使用了枪管壁加厚的浮置式重型枪管，因此枪支整体质量较大。此外，由于PSG-1狙击步枪的弹膛设有纵向凹槽，因此打过的弹壳不能用于复装。

PSG-1狙击步枪的枪托由高密度聚合物材料制成，表面经粗糙处理以增强防滑性和耐磨性，枪托上装有托腮板，使射手能够舒适握持。除此之外，PSG-1狙击步枪的枪托可以按照射手的习惯调整长度以及托腮板的高度，符合人体工程学的设计，也是这款枪精度优异的原因之一。

PSG-1狙击步枪发射7.62毫米×51

PSG-1狙击步枪的三脚架可调节高度

毫米狙击步枪弹，采用可拆卸式弹匣进行供弹，标配5发弹匣，但多数射手都会使用G3自动步枪的20发弹匣。PSG-1狙击步枪可进行半自动射击，出于对精度的考虑，该枪的扳机力大约在14.7牛顿左右。

PSG-1狙击步枪未设有机械瞄具，只装备光学瞄准镜，标配亨索尔特ZF6×42毫米瞄准镜，瞄准镜最小射程100米，最大射程为600米。而黑克勒-科赫公司的官方资料显示PSG-1狙击步枪的有效射程可达到800米，因此，想要使用标配瞄准镜击中800米外的目标，其实并不那么容易。

PSG-1狙击步枪的改进型号

PSG-1A1狙击步枪

PSG-1A1狙击步枪

PSG-1A1狙击步枪是黑克勒-科赫公司在2006年以PSG-1为基础推出的半自动狙击步枪。该型号步枪将拉机柄卡槽的角度逆时针旋转了几度，以避免拉机柄固定在开膛位置时阻挡射手视野。当然，PSG-1狙击步枪标配的6倍瞄准镜也因为倍率太小以及低于枪支有效射程而被更换，PSG-1A1狙击步枪的标配瞄准镜采用施密特-本德瞄准镜。

PSG-1狙击步枪的实际使用与主要缺陷

PSG-1狙击步枪被黑克勒-科赫公司宣称为"世界上最精确的半自动步枪之一"。据称，每一支PSG-1狙击步枪在出厂时都要经过验收，需要在300米距离上射击10发子弹，弹着点必须散布在直径8厘米的范围内，大概相当于1MOA的水平。虽然在今天许多半自动狙击步枪都可以达到这一精度标准，但在1972年这样的精度在半自动狙击步枪中确实是数一数二的。

PSG-1狙击步枪有着优秀的精度，但除了被一些特警单位或执法机构采购外，采购这款枪的用户并不多。这是由于PSG-1狙击步枪抛壳的力量较大，能够达到10米之远，这对于警方的狙击手或许并不是问题。而对于军队的狙击手来说，这么远的抛壳距离使狙击手位置很容易暴露，并且在撤离前清扫潜伏地点时，也很难找到弹壳。

德国

G28狙击步枪

主要参数

- 枪口口径：7.62 毫米
- 全枪长度：1082 毫米
- 枪管长度：420 毫米
- 空枪质量：5.8 千克
- 供弹方式：弹匣
- 弹匣容量：10 发、20 发
- 步枪类型：狙击步枪
- 有效射程：800 米

G28狙击步枪是一支由德国黑克勒-科赫（HK）公司设计生产的半自动狙击步枪，于2016年被美国陆军采用，成为美国陆军新一代紧凑型半自动狙击步枪。

G28狙击步枪是HK416突击步枪的衍生型步枪，可以说是脱胎于M16系列步枪。G28采用短行程活塞导气式自动工作原理，与使用直接导气式自动工作原理的M16系列步枪相比可靠性更强，枪机不易积碳，也不会在使用消音器时出现火药燃气"打脸"的情况。

标准型G28E2狙击步枪

G28E2狙击步枪与G28E3狙击步枪都配用透明弹匣，方便射手随时观察余弹数量

G28E3又被称为"巡逻型"，似乎是考虑到枪身质量较大，因此改进型使用了缩短型护木，空枪质量5.3千克，较G28E2型减轻了0.5千克。

G28狙击步枪发射7.62毫米×51毫米狙击步枪弹，使用可拆卸式弹匣进行供弹。弹匣有10发和20发两种，其弹匣采用半透明的聚合物材料制成，方便射手随时观察余弹数量。

G28狙击步枪共有两种型号，分别为标准型G28E2和改进型G28E3。

G28狙击步枪具有出色的扩展性，机匣与护木顶端整合有一条皮卡汀尼导轨，方便射手安装各型瞄准镜。护木两侧和下方也整合有导轨，能够安装垂直

与标准型G28E2狙击步枪相比，改进型G28E3狙击步枪，护木明显缩短

被美、德两军装备的 G28狙击步枪

握把、两脚架、激光测距仪等战术挂件，以适应多种作战场合，或适应每个狙击手不同的使用习惯。

G28狙击步枪的精度可达到1.5MOA，并且能够有效命中800米内的目标，以此填补5.56毫米小口径步枪弹在400米外的火力空白。为此，德国军方于2011年采用G28狙击步枪，美国陆军也紧跟其后于2016年采用该枪，并重新将其命名为"M110A1狙击步枪"，用以替代可靠性不佳的M110狙击步枪。

美军装备的G28狙击步枪被命名为"M110A1狙击步枪"

德国

WA2000 狙击步枪

主要参数

- 枪口口径：7.62毫米
- 全枪长度：905毫米
- 枪管长度：650毫米
- 空枪质量：6.59千克
- 供弹方式：弹匣
- 弹匣容量：6发
- 步枪类型：狙击步枪

WA2000狙击步枪是德国瓦尔特公司在20世纪70年代末至80年代初研制的一款狙击步枪，首次亮相于1982年，被德国一些特警单位少量装备。

WA2000狙击步枪采用短行程活塞导气式自动工作原理，枪机回转式闭锁机构，是一款半自动狙击步枪。为了枪机拥有良好的密封性，该枪的枪机头共有7个闭锁凸榫，机头在进入弹膛尾部后则实现闭锁，在膛内有弹的情况下，扣压扳机至击发位即可击发。

WA2000狙击步枪的导气装置

WA2000狙击步枪采用无托式结构设计，因此整枪长度较短但枪管较长。这款枪的自由浮置式枪管为比赛级重型枪管，螺接在机匣上。两根铝合金支架则构成步枪的框架，框架上方为两脚架的安装位置，框架下方是一个加长型木制前托，并一直向后延伸至扳机护圈前侧。

WA2000狙击步枪发射.300温彻斯特-马格南狙击弹（规格7.62毫米×67毫米），使用可拆卸式弹匣进行供弹，弹匣容量6发。此外，WA2000狙击步枪还有另外两种不同口径的型号，分别发射7.62毫米×51毫米北约标准狙击步枪弹和7.5毫米×55毫米步枪弹。当然，最常见的还是.300温彻斯特-马格南口径型，因为该型号的精度相对更高。

.300温彻斯特-马格南口径的WA2000狙击步枪弹匣

WA2000狙击步枪未设计机械瞄具，标配可快速安装的施密特2.5-10X可变倍瞄准镜，为了方便射手在夜间环境瞄准，该枪还可以安装PV4夜视瞄准镜。

有价无市
——WA2000狙击步枪

在设计与生产时，WA2000狙击步枪以精度和质量为首要目标，完全不考虑制造成本，因此，虽然该枪的精

度非常高，但由于售价昂贵，无人问津。据统计，WA2000狙击步枪大约只生产了176支，并于1988年11月停产。1988年时，一支WA2000狙击步枪的单价高达0.9万美元至12.5万美元，并且不包括瞄准镜。其中，一共有15支WA2000狙击步枪出口至美国，由于数量较少，因此在当年美国市场该枪售价高达7.5万美元至8万美元。

即便如此，由于WA2000有着优秀的半自动射击精度，因此美国一些半自动狙击爱好者或者竞技射击运动员还是将这支可遇不可求的步枪视为"梦想步枪"。

《007：黎明危机》中使用WA2000狙击步枪的詹姆斯·邦德，此外该枪还在游戏作品《杀手：代号47》中被主角"47"使用

德国

R93 LRS 2 狙击步枪

主要参数
- 枪口口径：7.62毫米
- 全枪长度：1130毫米
- 枪管长度：627毫米
- 空枪质量：5.4千克
- 供弹方式：弹匣
- 弹匣容量：5发
- 步枪类型：狙击步枪

R93 LRS 2狙击步枪是德国布莱赛尔公司以R93民用猎枪为基础改进而成的一款狙击步枪。目前，R93 LRS 2被德国、荷兰的警察部队采用作为制式狙击步枪，另外还被澳大利亚警察和军方采用。

R93 LRS 2狙击步枪采用直拉式枪机设计，需手动操作。这种类型的枪机在今天较为罕见，其优点在于操作速度要比其他旋转后拉式枪机更快，在战场上具有极强的实用性。子弹被击发后，射手向后拉动枪机完成抽壳、抛壳动作，向前推动枪机即可推弹入膛。完成闭锁后，步枪则再次进入待击状态，扣压扳机至击发位即可击发。

出于对射击精度的考虑，R93 LRS 2狙击步枪并没有传统步枪设计中的阻铁，射击时只需要很小的扳机力就能够实现击发。这样的设计能够让步枪在射击时避免因过大的扳机力而造成振动，从而影响到射击精度。

R93 LRS 2狙击步枪

R93 LRS 2狙击步枪的重型枪管采用浮置式设计，由铬钼镍合金钢制成，枪管表面有凹槽。而步枪框架由轻质铝合金材料制成，弹匣井与步枪框架为一个整体，枪托底板高低可以进行调整。因结构创新，再加上该枪的闭锁过程在枪管中完成，方便更换不同口径的枪管。目前，R93 LRS 2狙击步枪共有17种标准口径和马格南口径的枪管可供射手选择。

考虑到后坐力对于狙击步枪精度的影响，布莱赛尔公司的设计师们为R93 LRS 2狙击步枪增设了枪口制退器，使后坐力有效降低。例如在发射.300温彻斯特-马格南狙击弹（规格7.62毫米×67毫米）时，其后坐力只相当于7.62毫米×51毫米北约狙击步枪弹的后坐力。

R93 LRS 2狙击步枪发射7.62毫米×51毫米狙击弹，使用可拆卸式弹匣进行供弹，弹匣容量5发。

R93 LRS 2狙击步枪的瞄准镜安装在机匣上方的一段皮卡汀尼导轨上，可配用多种瞄准镜，使用方便，操作可靠。

使用中的R93 LRS 2狙击步枪

德国

AMP DSR-1 狙击步枪

主要参数
- 枪口口径：7.62毫米
- 全枪长度：990毫米
- 枪管长度：650毫米
- 空枪质量：5.9千克
- 供弹方式：弹匣
- 弹匣容量：5发
- 步枪类型：狙击步枪
- 有效射程：800米

　　AMP DSR-1狙击步枪是AMP技术服务公司设计生产的一款特种警用型狙击步枪，其命名中的"DSR-1"是"Defensive Sniper Rifle No.1"的缩写，可译为"1号防御狙击步枪"。

　　AMP DSR-1狙击步枪采用旋转后拉式枪机，需手动操作。击发后，射手需向上旋转并向后拉动拉机柄使枪机完成抽壳、抛壳动作。向前推枪机使子弹进入膛室，再向下旋转拉机柄使枪机完成闭锁，此时步枪即进入待击状态，扣压扳机至击发位即可击发枪弹。

分解状态的AMP DSR-1狙击步枪

　　AMP DSR-1狙击步枪采用无托式结构设计，整枪长度990毫米，枪管长650毫米。该枪的枪管由三个螺丝固定在机匣上，表面刻有凹槽，这样设计的好处在于可减轻一些重量，并增强枪管的散热性。AMP DSR-1狙击步枪的枪托底板长度和托腮板高度也是可调的，另外，枪托底部还有一个可调整高度的后支架。

　　考虑到射击精度，AMP DSR-1狙击步枪的枪口装有制退器，这在发射后坐力较大的枪弹时能够减少一部分后坐力。除此之外，AMP DSR-1的两道火式扳机还能够调整扳机力，

沙漠迷彩涂装的AMP DSR-1狙击步枪

毕竟扳机力过大也会对射击精度造成直接影响。

AMP DSR-1狙击步枪发射7.62毫米×51毫米专用狙击弹，使用可拆卸式弹匣进行供弹，弹匣容量5发。此外，该枪还有另外两个口径，分别发射.300温彻斯特-马格南狙击弹（规格7.62毫米×67毫米）和.338拉普-马格南狙击弹（规格8.6毫米×70毫米）。

此外，AMP DSR-1狙击步枪的弹匣井设计也比较特别，该枪共有两个弹匣井，握把后方的弹匣井用于供弹，而握把前方弹匣井则用于安装备用弹匣。

AMP DSR-1狙击步枪的瞄准镜安装在机匣顶端的皮卡汀尼导轨上，该枪未设计机械瞄具，因此只能使用光学瞄准镜进行瞄准。

AMP DSR-1狙击步枪的衍生型号

AMP DSR-50反器材步枪

AMP DSR-50反器材步枪

AMP DSR-50反器材步枪以DSR-1狙击步枪为基础改进而成，其可看作DSR-1狙击步枪的放大版，发射12.7毫米×99毫米北约狙击步枪弹。

AMP DSR-50反器材步枪的内部结构与DSR-1狙击步枪基本一致，外形也没有太大的区别，由于发射更大口径的子弹，弹匣容量只有3发。其全枪长1350毫米，枪管长900毫米，空枪质量10千克，枪口安装有制退器，可有效减弱12.7毫米枪弹在击发时产生的强大后坐力。

英国

L42A1 狙击步枪

主要参数

- 枪口口径：7.62毫米
- 初速：838米/秒
- 全枪长度：1181毫米
- 枪管长度：699毫米
- 空枪质量：4.4千克
- 供弹方式：弹匣
- 弹匣容量：10发
- 步枪类型：狙击步枪

L42A1狙击步枪是英国恩菲尔德兵工厂在1970年以李-恩菲尔德No.4 Mk.I狙击步枪为基础改进推出的一款狙击步枪，主要装备英联邦军队，是当时英军狙击手的主要武器。

L42A1狙击步枪左侧机匣特写

L42A1狙击步枪采用恩菲尔德式旋转后拉式枪机，以及一种缩短型的前托。在击发后，射手向上旋转并向后拉动拉机柄即可使枪机完成抽壳、抛壳等动作。前推拉机柄使枪机推弹入膛，再向下旋转拉机柄即可完成闭锁，使步枪进入待击状态。

L42A1狙击步枪的枪管采用EN19AT钢冷锻而成，因此枪管外表留下了冷锻时产生的"蛇皮"表纹。

L42A1狙击步枪右侧机匣特写

枪管内设4条右旋膛线，膛线缠距305毫米。此外，这款枪的枪管早期采用恩菲尔德膛线，为了降低生产成本，提高生产效率，后期生产的枪管改用了梅特福膛线。

L42A1狙击步枪发射7.62毫米×51毫米北约标准狙击步枪弹，使用弹匣

L42A1狙击步枪的研发背景

L42A1狙击步枪的外部发射机构与击发机构

进行供弹，弹匣容量10发。

L42A1狙击步枪的瞄准镜架通过机匣上方左侧的两个旋孔固定，可安装白光瞄准镜或微光夜视瞄准镜，方便狙击手在夜间进行瞄准。

第二次世界大战结束后，英军狙击手依旧使用李-恩菲尔德No.4 Mk.I狙击步枪。北约成员国于20世纪50年代中期选用7.62毫米×51毫米步枪弹作为标准弹，英军也因此采用FN FAL自动步枪作为军用制式步枪。但该枪的子弹与恩菲尔德系列步枪并不通用，这个问题困扰了英军后勤部门数十年。为此，L42A1狙击步枪应运而生，在某种意义上也算是解决了英军步枪弹种繁杂导致的后勤补给问题。

英国

AW系列狙击步枪

主要参数
（AWM狙击步枪）

- 枪口口径：8.6毫米
- 全枪长度：1270毫米
- 枪管长度：690毫米
- 空枪质量：6.8千克
- 供弹方式：弹匣
- 弹匣容量：5发
- 步枪类型：狙击步枪

狙击步枪

AW系列狙击步枪是英国AI公司于20世纪90年代初研发的一系列狙击步枪，该公司英文全称"Accuracy International"，可译为"精密国际有限公司"。

AI公司的第一款军用狙击步枪产品被命名为"PM狙击步枪"，曾被英军采用作为军用制式狙击步枪，并被英军命名为"L96A1狙击步枪"，主要用于替换瞄准镜倍率较低的L42A1狙击步枪。

AW系列狙击步枪的"前身"——PM狙击步枪，在英军的战斗序列中被称为"L96A1狙击步枪"，曾出现在游戏作品《战地2》中

而AW系列狙击步枪则是AI公司根据英军提出的要求以PM狙击步枪为基础改进而成的。1990年，PM狙击步枪停产，AI公司转而生产更为先进的AW系列狙击步枪。该枪命名中的"AW"即英文"Arctic Warfare"的简称，可译为"北极战争"，从命名就可以发现英国军方对于该枪在极端严寒环境中的使用要求。

AW系列狙击步枪采用旋转后拉式枪机，需射手手动操作来完成抽壳、抛壳，以及推弹入膛等动作。不过，与PM狙击步枪相比，AW狙击枪的枪机操作更加快捷。子弹被击发后，狙击手将拉机柄上旋60°并向后拉动107毫米即可使枪机完成抽壳、抛壳等动作。由于枪机行程较短，因此射手在操作拉机柄时可以始终保持瞄准状态。

AW系列狙击步枪的浮置式枪管采用优质不锈钢制成，该系列步枪0.75MOA的散布精度即来源于此。AW狙击步枪的两脚架安装在前托前端，不与枪管直接接触，因此不会影响射击精度。

AW系列狙击步枪的抛壳特写

AW系列狙击步枪的枪托采用纤维增强尼龙制成，分为左右两部分，枪托后方采用带有拇指孔的运动型枪托设计。同时，拇指孔还作为小握把的组成部分，使射手能够舒适握持。全枪共有5个背带环，其中3个位于前托，2个位于后托。此外，AW系列狙击步枪的枪托还可增设托腮板，使射手能够舒适握持。

AW系列狙击步枪的瞄准镜座通过钢制柱销固定在机匣顶端，标配由AI公司和德国施密特-本德公司联合研制的Mk II狙击瞄准镜。这种瞄准镜共四种不同规格，分别为可调倍率的3-12×50毫米和4-16×50毫米瞄准镜，以及固定倍率的6×42毫米瞄准镜和10×42毫米瞄准镜。

考虑到在恶劣的作战环境中，光学瞄准镜很容易损坏或因其他故障不能正常使用，因此，AI公司专门为AW系列狙击步枪增设备用机械瞄具。准星两侧带有护翼，照门则可选用翻转式觇孔照门或旋转式觇孔照门。

AW系列狙击步枪的备用机械瞄具，从左至右分别为：翻转式觇孔照门、旋转式觇孔照门、准星。

AW系列狙击步枪的主要型号与应用

AWP狙击步枪

AWP狙击步枪

AWP狙击步枪英文全称为"Arctic Warfare Police"，可译为"北极战争警察"，是AW系列狙击步枪的警用型，也可称之为"反恐型"。一套AWP狙击步枪系统通常包括步枪、瞄准镜、瞄准座块、填充块、5个弹匣、背带、两脚架，以及维护工具，增加预算则可选择软质枪袋、防尘套、折叠枪托、可调式托腮板、快拆瞄准镜座，以及夜视瞄准具等配件。

AWP狙击步枪共两种口径，分别发射7.62毫米×51毫米北约狙击步枪弹，以及.243温彻斯特狙击弹，采用可拆卸式弹匣进行供弹，弹匣容量10发。全枪长1120毫米，枪管长610毫米，空枪质量6.5千克。多数AWP配用黑色枪托，当然也可根据客户需求而换装绿色枪托。

多数人第一次认识AWP狙击步枪通常不是在电视或杂志中，而是在一款风靡全球的第一人称射击游戏——《反恐精英》(CS)中。在这款游戏中，AWP狙击步枪可谓"尖端"武器，其震耳欲聋的枪声，以及一枪毙敌的特性，都深受玩家们的喜爱，因此AWP狙击步枪也被中国玩家亲切的称之为"大狙"以及"一枪倒"。时过境迁，老版本的《反恐精英》已日暮西山，但其新作《反恐精英：全球攻势》(CS：GO)仍然作为火爆的射击竞技游戏活跃在游戏市场上。当看到AWP狙击步枪时，依然会勾起CS玩家的无限回忆。

AWM狙击步枪

8.6毫米口径的AWM狙击步枪

AWM狙击步枪于1997年推出，其命名中的"M"是"Magnum"的缩写，这一名词被译为"马格南"。AWM狙击步枪共有两种不同口径，分别发射.300温彻斯特-马格南狙击弹（规格7.62毫米×67毫米）和.338拉普-马格南狙击弹（规格8.6毫米×70毫米），使用可拆卸式弹匣进行供弹，弹匣容量5发。

英军是第一个采用.338拉普-马格南口径AWM狙击步枪的用户，将其重新命名为"L115A1狙击步枪"，并作为精确支援武器使用。

与AWP狙击步枪闻名于《反恐精英》游戏相似，AWM狙击步枪也在一款生存射击游戏中为大众所知，这便是《绝地求生》。在《绝地求生》中，AWM狙击步枪也是一款"尖端"武器，作为唯一一款可在远距离击杀佩戴三级头盔对手的步枪，AWM狙击步枪只有20发子弹，并且获得方式为空投产出，因此实在是可遇不可求。

英国

主要参数

- 枪口口径：12.7毫米
- 全枪长度：1420毫米
- 枪管长度：686毫米
- 空枪质量：15千克
- 供弹方式：弹匣
- 弹匣容量：5发
- 步枪类型：反器材步枪
- 有效射程：2000米

AW50 反器材步枪

AW50反器材步枪是AI公司在AW系列狙击步枪的基础上改进而成的武器，于1998年推出，主要装备英军以及英联邦国家的军队，比如澳大利亚等。此外，德国也采购过一些AW50反器材步枪用于装备国防军。

AW50反器材步枪实际上可以看作AW系列狙击步枪的大型化版本，

其内部结构基本一致，采用旋转后拉式枪机，射手需手动操作以完成退壳和推弹入膛等动作。

AW50反器材步枪发射12.7毫米×99毫米北约狙击步枪弹，采用可拆卸式弹匣进行供弹，弹匣容量5发。

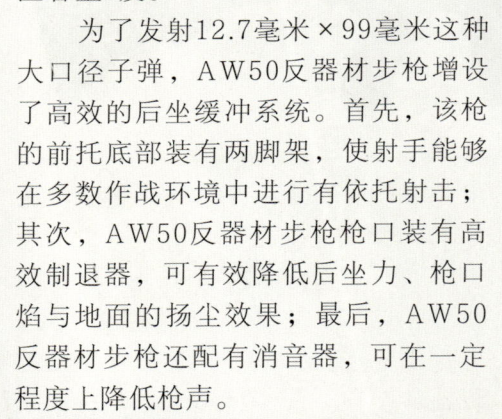

为了发射12.7毫米×99毫米这种大口径子弹，AW50反器材步枪增设了高效的后坐缓冲系统。首先，该枪的前托底部装有两脚架，使射手能够在多数作战环境中进行有依托射击；其次，AW50反器材步枪枪口装有高效制退器，可有效降低后坐力、枪口焰与地面的扬尘效果；最后，AW50反器材步枪还配有消音器，可在一定程度上降低枪声。

AW50反器材步枪的瞄准镜安装在机匣顶端的瞄准镜座上，配用可变倍率3-12×40毫米瞄准镜或4-16×40毫米瞄准镜，也可以使用固定倍率的10倍瞄准镜。此外，早期的AW50反器材步枪装有备用机械瞄具，而量产型则取消了机械瞄具。

作为一支反器材步枪，AW50的首要任务当然是反器材，与反人员狙击步枪不同，反器材步枪通常用来摧毁弹药库、油料库、雷达装置、汽车、船只，以及飞机。经过实战表明，AW50步枪是一款反器材的"利器"。

在德国国防军的战斗序列中，AW50反器材步枪被称为"G24狙击步枪"

英国

主要参数
- 枪口口径：7.62 毫米
- 供弹方式：弹匣
- 全枪长度：990 毫米
- 弹匣容量：20 发
- 枪管长度：410 毫米
- 步枪类型：狙击步枪
- 空枪质量：4.5 千克

L129A1 狙击步枪

L129A1狙击步枪是美国刘易斯机器与工具（LM&T）公司生产的一款狙击步枪，其原型枪被称为"LM7模块化武器系统"，被英军采用后重新命名为"L129A1狙击步枪"。由于该枪采用半自动发射模式，并为步兵班排提供精确火力支援，因此被北约军队归类为精确射手步枪。

带动枪机旋转开锁并共同后坐，使枪机完成抽壳、抛壳等动作。枪机框后坐到底后在复进簧的作用下带动枪机复进，枪机在复进的过程中推弹入膛后停止复进。机框继续复进并带动枪机旋转闭锁，使步枪再次进入待击状态。

L129A1狙击步枪以AR-10自动步枪为基础设计而成，采用直接导气式（气吹式）自动工作原理，枪机回转式闭锁机构，枪机头有7个闭锁凸榫。子弹被击发后，部分火药燃气经导气孔进入导气管，直接推动枪机框进行后坐。枪机框在后坐一段行程后

L129A1狙击步枪左侧机匣特写

由于L129A1狙击步枪脱胎于AR-10自动步枪，而采用气吹式自动工作原理的AR-10自动步枪又有着精度高但可靠性较差的缺陷，为此

288

L129A1的枪机框和枪机都进行了镀铬处理，这样的处理不仅能提升耐腐蚀性，还有着自润滑的特性。

L129A1狙击步枪右侧机匣特写，快慢机杆位于握把上方的机匣两侧，上方红色图标为待击，右侧白色图标为保险

L129A1狙击步枪发射7.62毫米×51毫米北约标准狙击步枪弹，采用可拆卸式弹匣进行供弹，弹匣容量20发。该枪的标配弹匣由聚合物材料制造，出厂时，每支步枪配有8个备用弹匣。L129A1狙击步枪的快慢机位于下机匣两侧握把上方，可方便不同持枪习惯的射手使用。

L129A1狙击步枪标配Trijicon公司生产的ACOG 6×48毫米瞄准镜，分划亮度可进行调整，瞄准镜安装于机匣顶端的皮卡汀尼导轨上。除此之外，L129A1狙击步枪还具有较强的扩展性，该枪的护木两侧和下方也各整合有一条皮卡汀尼导轨，能够安装两脚架、垂直握把以及激光测距仪等战术挂件。

考虑到战场环境通常变化无常，而瞄准镜也会因损坏或其他故障等原因无法正常使用，因此L129A1狙击步枪设置备用机械瞄具，由折叠式准星和照门组成。照门射程装定200~600米，使步枪在恶劣环境中也能够做到精确支援。

L129A1狙击步枪后视图

L129A1狙击步枪的研发与使用

2009年，英国国防部称英军需要一款7.62毫米北约标准口径并能够在500米至800米距离上精确杀伤有生目标的步枪，这是由于英军手中的L85系列突击步枪不仅存在着卡壳、掉弹匣等故障，还很难命中500米以外的目标。在英军发布新型武器的需求后，许多顶尖的军火制造商都参与了英军新步枪的竞标。进入到竞标最后阶段的只剩美国刘易斯机器与工具公司的LM7模块化武器系统，以及德国黑克勒-科赫公司的HK417自动步枪。最终，LM7模块化武器系统成功

中标，成了英军的L129A1狙击步枪。

英军首次订购440支L129A1狙击步枪并装备驻阿富汗英军，英军的一等射手则使用该枪为步兵提供500~800米的精确支援火力。除此之外，英国的一些特种部队也装备有L129A1狙击步枪，使用较为广泛。

法国

FR-F1 狙击步枪

主要参数
（FR-F2狙击步枪）
- 枪口口径：7.62毫米
- 全枪长度：1138毫米
- 枪管长度：600毫米
- 空枪质量：5.2千克
- 供弹方式：弹匣
- 弹匣容量：10发
- 步枪类型：狙击步枪
- 有效射程：800米

FR-F1狙击步枪是法国圣-艾蒂安公司在20世纪60年代初设计生产的狙击步枪，1964年定型并装备法国军队，主要作为伞兵以及特种作战分队的中、远距离狙击武器。

FR-F1狙击步枪采用旋转后拉式枪机设计，因此需要狙击手手动操作完成抛壳和推弹入膛动作。子弹被击发后，射手向上旋转并向后拉动拉机柄，使枪机完成抽壳、抛壳等动作。向前推拉机柄推弹入膛，然后向下旋转使枪机闭锁。此时步枪进入待击状态，扣压扳机至击发位即可击发膛内子弹。

实际上FR-F1狙击步枪是在MAS36步枪和MAS49步枪的基础上改进而成的，FR-F1狙击步枪采用两道

FR-F2狙击步枪的机匣与瞄具

火式扳机，枪托增设托腮板而且可以调整高度，固定在护木后方的折叠式两脚架，能够使步枪保持稳定。

FR-F1狙击步枪发射7.5毫米×54毫米步枪弹，使用可拆卸式弹匣进行供弹，弹匣容量10发。

FR-F1狙击步枪标配3.8倍光学瞄准镜，安装于机匣顶端的瞄准镜座上。当然，考虑到战场上狙击手会遇到瞄准镜损坏或其他故障而无法正常使用的情况，FR-F1狙击步枪有备用机械瞄具。该枪的机械瞄具由锥形准

星和缺口式照门组成，准星与照门后端设有荧光点，方便射手在光照条件不良的环境中瞄准。

从上至下，分别为PGM狙击步枪、FR-F1狙击步枪、FR-F2狙击步枪

镜，并在一定程度上改善了武器的人机工效。例如在枪管外侧增加用于隔热的塑料管套，并在枪托表面覆盖无光泽的黑色涂料，使狙击手不易暴露位置。此外，还将两脚架的架杆改为三节伸缩式，通用性更强。FR-F2狙击步枪装备法军至今，足以见得这支步枪性能与精度的优秀。

FR-F1狙击步枪的衍生型号

FR-F2狙击步枪

为了通用北约标准7.62毫米×51毫米狙击步枪子弹，1985年，圣-艾蒂安公司以FR-F1狙击步枪为基础进行改进并设计出一款新型步枪，被命名为"FR-F2狙击步枪"。

FR-F2狙击步枪发射7.62毫米×51毫米狙击步枪弹，标配6倍光学瞄准

奥地利

斯太尔SSG 69 狙击步枪

主要参数

- 枪口口径：7.62毫米
- 初速：860米/秒
- 全枪长度：1140毫米
- 枪管长度：650毫米
- 空枪质量：3.9千克
- 供弹方式：弹匣
- 弹仓容量：5发、10发
- 步枪类型：狙击步枪
- 有效射程：800米

SSG 69狙击步枪由奥地利的斯太尔-曼立夏公司于1969年研制生产，"SSG 69"为"Scharfschützen Gewehr 69"的缩写，于1970年开始装备奥地利军队。

斯太尔SSG 69狙击步枪采用旋转后拉式枪机，狙击手需手动操作完成退壳及上弹过程。子弹被击发后，狙击手需将拉机柄向上旋转并向后拉动，使枪机完成抽壳、抛壳等动作。向前推拉机柄使枪机推弹入膛，拉机柄向下旋转60°即可让枪机进入闭锁状态，此时，步枪待击，可再次击发。

斯太尔SSG 69狙击步枪采用设定式扳机机构，分为单扳机组和双扳机

斯太尔SSG 69狙击步枪的枪机分解

斯太尔SSG 69狙击步枪的枪机采用后端闭锁式设计

组两种。单扳机组只有一个扳机，使用前需要将扳机向前推，将扳机组的击锤设置在待击位置，再扣动扳机，单扳机为两道火扳机，扣压扳机能够明显感觉到预压和击发两个阶段。而双扳机组则有两个扳机，使用前需要先将其中一个扳机压下，将扳机组的击锤设置在击发位置，再扣动第二个扳机击发枪弹。

斯太尔SSG 69狙击步枪的手动保险机构位于机匣后端的右上方，向后

推动该装置即可锁定枪机与击针，使步枪进入保险状态；前推则可以解除保险，使步枪进入待击状态。

斯太尔SSG 69狙击步枪发射7.62毫米×51毫米北约标准狙击步枪弹，采用曼立夏公司使用多年的旋转式弹匣进行供弹，弹仓容量5发，其底部铭刻有斯太尔公司的标记。除此之外，为满足一些客户的自定义需求，斯太尔SSG 69狙击步枪也配有10发可拆卸式弹匣，虽然价格较贵，但因为容弹量较大而备受欢迎。

奥地利陆军装备的斯太尔SSG 69狙击步枪配用6倍ZF69瞄准镜，由杠杆式夹圈固定在机匣顶端。瞄准镜内的分划由一道垂直光栅和多道横向光栅组成，射程分划为100米至800米。多道横向光栅的分划在狙击步枪上其实比较少见，因为横向光栅容易遮挡目标，且较多用于机枪瞄准镜，但由于奥地利军队最初的设计要求加入射击800米移动靶的条件，所以斯太尔公司才采用这种瞄准镜分划。当然，对于一些不适应这种瞄准镜分划的射手而言，斯太尔公司还提供简单的十字形或T形分划的6×42毫米瞄准镜。

斯太尔SSG 69狙击步枪的5发旋转式弹匣

斯太尔SSG 69狙击步枪的弹匣袋，每个可装2个旋转式弹匣

奥地利

主要参数
- 枪口口径：7.62毫米
- 全枪长度：1010毫米
- 枪管长度：483毫米
- 空枪质量：2.8千克
- 供弹方式：弹匣
- 弹匣容量：5发、10发
- 步枪类型：狙击步枪

斯太尔Scout狙击步枪

斯太尔Scout狙击步枪是斯太尔-曼立夏公司在20世纪90年代研制生产的一款狙击步枪，其英文全称"Scout Rifle"，可译为"战术侦察步枪"。

斯太尔Scout狙击步枪采用旋转后拉式枪机，开锁动作平滑迅速，射手需手动完成退壳、上弹动作。该枪枪机开锁角为70°。子弹被击发后，射手向上旋转并向后拉动拉机柄，使枪机完成抽壳、抛壳等动作。向前推拉机柄使枪机推弹入膛，向下旋转拉机柄使枪机闭锁。此时，步枪进入待击状态，扣压扳机至击发位即可击发膛内枪弹。

斯太尔Scout狙击步枪的手动保险机构位于枪机尾部后侧，通过一个滚轮来操作，当滚轮上的白点位于最上方位置时，表示步枪进入保险状态，但枪机能够拉动，射手可以拉动枪机退出弹膛内的子弹。而当滚轮上的红点位于最下方，则表示保险状态解除，可击发。当白点位于中间，同时上方的白色方块突出于滚轮表面时，则表示处于保险状态，枪机被锁住，此时可安全携行。

斯太尔Scout狙击步枪的枪托由树脂材料制成，因此质量较轻，便于携带。枪托前方整合有整体式两脚架，向下压两脚架释放钮就可以打开两脚架，使射手能在大多数作战环境中进行有依托射击。

斯太尔Scout狙击步枪发射7.62毫米×51毫米北约标准狙击步枪弹，采用可拆卸弹匣进行供弹，弹匣容量为5发，由树脂材料制成。

斯太尔Scout狙击步枪的机匣顶端整合有韦弗式瞄准镜座，狙击手可安装各种类型的瞄准镜。此外该枪的枪管上方也设有瞄准镜座，因此可在该枪的多个位置上安装不同类型的瞄准镜。

考虑到在多变的作战环境中，狙击步枪瞄准镜可能会因为损坏或其他故障而不能正常使用，因此斯太尔Scout狙击步枪配有备用机械瞄具。其机械瞄具由准星和觇孔式照门组成，准星可修正方向，照门则可修正高低，使用方便且操作可靠。

斯太尔Scout狙击步枪与"通用步枪"概念

斯太尔Scout狙击步枪的诞生与美国枪械专家杰夫·库珀在20世纪80年代提出的"通用步枪"概念有着直接的关系。"通用步枪"的概念为：战斗全重不超过3千克、全长为1米、便于携带、方便单兵操作，以及散布精度至少2MOA等。90年代，斯太尔-曼立夏公司便按照这一概念进行设计，Scout狙击步枪应运而生。

奥地利

斯太尔SSG 04狙击步枪

主要参数
- ■枪口口径：7.62毫米
- ■全枪长度：1175毫米
- ■枪管长度：600毫米
- ■空枪质量：4.9千克
- ■供弹方式：弹匣
- ■弹匣容量：10发
- ■步枪类型：狙击步枪

2004年，奥地利斯太尔-曼立夏公司以SSG 69狙击步枪为基础加以改进，推出一款新型狙击步枪，被命名为"SSG 04狙击步枪"。

斯太尔SSG 04狙击步枪采用旋转后拉式枪机，枪击开锁角度为70°，狙击手需手动进行退壳和上膛动作。子弹被击发后，狙击手需向上旋转并向后拉动拉机柄，这时枪机会完成抽壳、抛壳动作。向前推动拉机柄可使枪机推弹入膛，向下旋转拉机柄可以让枪机完成闭锁，使步枪进入待击状态。

为了确保步枪的精度，斯太尔SSG 04狙击步枪的重型枪管由优质

斯太尔SSG 04狙击步枪的保险机构与Scout狙击步枪相同

斯太尔SSG 04狙击步枪的可拆卸式弹匣

钢材冷锻而成，并采用浮置式设计，枪管表面经黑色磷化处理，有效提高了枪管耐久度与抗腐蚀性。此外，为了有效降低步枪的后坐力，该枪的枪口还可以安装制退器，并可在前托底端安装两脚架，以增强射击时的稳定性，从而提高步枪的射击精度。

斯太尔SSG 04狙击步枪的枪托采用聚合物材料制成，为了加强步枪的人机工效，枪托上配备有可调整高度的托腮板，以及可调整长度的枪托底板。

斯太尔SSG 04狙击步枪发射7.62毫米×51毫米北约标准狙击步枪弹，使用可拆卸式弹匣进行供弹，弹匣容量10发。除此之外，该枪还有另外一种口径型号，发射.300温彻斯特-马格南狙击弹（规格7.62毫米×67毫米），.300温彻斯特-马格南口径狙击步枪的弹匣容量只有8发。

斯太尔SSG 04狙击步枪的机匣顶端整合有一条皮卡汀尼导轨，射手可根据作战需求或使用习惯的不同选择瞄准镜。

奥地利

斯太尔SSG 08 狙击步枪

主要参数
- 枪口口径：7.62 毫米
- 全枪长度：1182 毫米
- 枪管长度：600 毫米
- 空枪质量：6.2 千克
- 供弹方式：弹匣
- 弹匣容量：10 发
- 步枪类型：狙击步枪

SSG 08狙击步枪是斯太尔-曼立夏公司与奥地利"眼镜蛇"反恐特战队合作研制的一款狙击步枪，于2008年推入市场。

斯太尔SSG 08狙击步枪采用旋转后拉式枪机，狙击手需要手动操作来完成退壳及上膛动作。

斯太尔SSG 08狙击步枪的旋转后拉式枪机

采用折叠枪托设计的斯太尔SSG 08狙击步枪

斯太尔SSG 08狙击步枪并未采用其他狙击步枪常用的两道火式扳机，而采用可调式扳机，射手可通过扳机前方的调节旋钮调节扳机。斯太尔SSG 08狙击步枪在出厂时扳机力默认设置为16牛顿，而狙击手可根据自己的使用习惯在14~18牛顿间调节。

斯太尔SSG 08狙击步枪的手动保险机构位于枪机后侧，与斯太尔Scout狙击步枪相同，都是通过滚轮来进行调节。滚轮上的白点位于最上方位置时，步枪进入保险状态，击针被锁定，但枪机可以拉动，狙击手可以在步枪处于这种不完全保险状态时退出膛室中的子弹。当白点位于滚轮中间，上方白色方块凸出于滚轮表面时，步枪的枪机和击针被锁定，进入完全保险状态。当滚轮上的红点位于滚轮最下方则表示步枪保险解除，进入待击状态，在膛内有弹的情况下扣动扳机即可击发。

出于对精度的考虑，斯太尔SSG 08狙击步枪的枪管由优质钢材冷锻而成，并采用浮置式设计，不与前托等其他部件接触。考虑到较大的后坐力也会对步枪精度造成影响，因此该枪的枪口安装有制退器，降低可感后坐力。为了能够让狙击手在多数作战环境中都能够进行有依托射击，斯太尔SSG 08狙击步枪可安装两脚架，两脚架位于前托前端，不与枪管进行接触。

斯太尔SSG 08狙击步枪的枪口制退器

为了使射手握持更加舒适，斯太尔SSG 08狙击步枪增设手枪握把，未沿用斯太尔SSG 69与斯太尔SSG 04狙击步枪的枪托和握把一体式设计。除此之外，该枪握把的大小、托腮板的高度，以及枪托的长度都可以进行调节。由于让射手舒适握持也是提高射击精度的必要条件，因此斯太尔SSG 08狙击步枪的精度非常出色。

斯太尔SSG 08狙击步枪的可调节枪托

斯太尔SSG 08狙击步枪发射7.62

毫米×51毫米北约标准狙击步枪弹，采用可拆卸式弹匣进行供弹，弹匣容量10发。除此之外，该枪还有另外三种口径型号，分别发射.300温彻斯特-马格南狙击弹（规格7.62毫米×67毫米）、.243温彻斯特狙击弹、.338拉普-马格南狙击弹（规格8.6毫米×70毫米）。

斯太尔SSG 08狙击步枪的机匣顶端整合有一条皮卡汀尼导轨，可供狙击手安装各类瞄准镜，也可以用于安装激光测距仪等战术附件。除此之外，该枪并未设有备用机械瞄具，只能使用各类瞄准镜进行瞄准。

斯太尔SSG 08狙击步枪与该枪配备的可拆卸式弹匣

斯太尔SSG 08狙击步枪配用的10发弹匣

瑞士

SG550 狙击步枪

主要参数
- 枪口口径：5.56毫米
- 全枪长度：1130毫米
- 枪管长度：650毫米
- 空枪质量：6.2千克
- 供弹方式：弹匣
- 弹匣容量：5发、20发、30发
- 步枪类型：狙击步枪

1988年，瑞士西格（SIG）公司以SG550突击步枪为基础加以改进，研制出一款小口径狙击步枪，并命名为"SG550狙击步枪"。

实际上，SG550狙击步枪可以看作采用了重型枪管的单发型SG550突击步枪，两款步枪的内部结构基本一致。SG550狙击步枪采用长行程活塞导气式自动工作原理，复进簧位于枪管上方，缠绕在活塞杆上，这样的设计则是为了提高连发精度。而SG550狙击步枪只能进行半自动发射，因此沿用这种设计只是为了减少设计师的工作量。

战环境中进行有依托射击，SG550狙击步枪使用了派克-哈尔的可调式两脚架，安装于护木下方，并可以收纳在护木底部的两道凹槽内。这种两脚架可以调节倾角和高度，又能够平稳地左右旋转，适合狙击手快速瞄准目标。此外，SG550狙击步枪的护木上方还设有一条黑色的弹性布带，防止枪管因暴晒或射击后发热而在瞄准镜前产生热气流。

SG550狙击步枪右视图

与SG550突击步枪相同，SG550狙击步枪的导气箍前端也设有气体调节器，不过由于狙击步枪不用发射枪榴弹，因此该枪的气体调节器取消了关闭导气孔的功能。

SG550狙击步枪的精度得益于该枪精密的重型枪管，以及敏感的两道火式扳机。其重型枪管的管壁被加厚，但出于对射击精度的考虑，弹膛内未进行镀铬处理，枪口也未安装制退器。

从外表看，SG550狙击步枪的发射基座和SG550突击步枪没有什么区别，但实际上狙击型要比突击型发射机构的扳机簧少了三圈。再加上西格公司重新设计了阻铁，因此，SG550狙击步枪的扳机力由突击步枪的35牛顿减少至15牛顿。扳机行程也缩短了约4.1毫米，扳机操作顺畅，可减少因扣动扳机而导致的振动。

为了使狙击手能够在大多数作

安装两脚架的SG550狙击步枪

SG550狙击步枪发射5.56毫米×45毫米北约标准中间威力步枪弹，使用可拆卸式弹匣进行供弹，弹匣容量20发。可通用SG550突击步枪的30发弹匣，不过，西格公司也提供5发小容量弹匣。

SG550狙击步枪的快慢机位于下机匣两侧，无论狙击手习惯用哪只手持枪，都可以用持枪手的大拇指操作快慢机。该枪的快慢机柄与SG550突击步枪相同，但由于只能进行半自动发射，因此只设有保险和射击两个挡位。

SG550狙击步枪的机匣顶端整合有一条皮卡汀尼导轨，狙击手可根据作战环境或使用习惯在导轨上安装白光瞄准镜或微光瞄准镜。此外，SG550狙击步枪未设有备用机械瞄具，狙击手只能使用瞄准镜进行瞄准。

现实与虚拟
——SG550狙击步枪的应用

SG550狙击步枪在设计完成后通过了瑞士军队进行的极端环境可靠性测试，因此被证明是一款精确度高、射速快，以及适合近、中距离使用的狙击步枪。警方狙击手的狙击距离通常在100米内，也不需要像军队的狙击手那样经常转移狙击阵地，即使在同一狙击阵地内射击也不会担心敌方用重武器压制。因此，SG550狙击步枪被认为更适于警方在反恐作战或解救人质的任务中使用。

除了在现实中使用，SG550狙击步枪也在游戏中崭露头角。在风靡全球的射击竞技游戏——《反恐精英》中，SG550狙击步枪作为警用半自动狙击步枪出场。该枪精度高、威力大，是这部游戏作品中两款"连狙"中的一款（另一款为G3/SG1狙击步枪），深受玩家们的喜爱。

主要参数
- 枪口口径：6.5 毫米
- 初速：765 米/秒
- 全枪长度：1280 毫米
- 枪管长度：797 毫米
- 空枪质量：3.95 千克
- 供弹方式：弹仓
- 弹仓容量：5 发
- 步枪类型：狙击步枪
- 有效射程：600 米

日本

九七式狙击步枪

九七式狙击步枪是日本在1937年设计的一款狙击步枪，由小仓兵工厂和名古屋兵工厂进行生产。由于1937年是日本神武纪元2597年（第二次世界大战结束前，神武纪元是日本通常使用的纪年方式），该枪因此得名"九七式狙击步枪"。

九七式狙击步枪是在三八式步枪的基础上改进而成的，采用旋转后拉式枪机，射手需要手动操作完成退壳及上弹动作。与三八式步枪相比，九七式狙击步枪采用了较轻的枪托，以及下弯式拉机柄，将水平式拉机柄更换为下弯式是为了让射手在上弹的过程中减少对瞄准镜的干扰，以提高射击效率。

九七式狙击步枪枪机左视图

在击发后，九七式狙击步枪的枪口焰和烟雾都不是特别明显，因此更适合隐蔽在暗处的狙击手使用。此外，该枪还配有由粗铁丝制成的单脚架，使射手能够在多数作战环境中进行有依托射击。

枪机开锁状态的九七式狙击步枪

九七式狙击步枪发射6.5毫米×50毫米有坂步枪弹，使用固定弹仓进行供弹，弹仓容量5发。在装填时，需要旋转向后拉动拉机柄，将子弹逐发压入弹仓内。装填完毕后，前推拉机柄使弹仓第一发子弹进入弹膛，向下旋转拉机柄使枪机闭锁，此时步枪进入待击状态，扣压扳机至击发位即可击发。

九七式狙击步枪标配2.5倍光学瞄准镜，有效射程600米。此外，考虑到瞄准镜损坏或因其他故障无法正常使用，九七式狙击步枪配有备用机械瞄具。该枪的机械瞄具由准星和照门组成，其照门安装在表尺座上，表尺座可在竖立后根据目标距离装定表尺射程。

九七式狙击步枪枪机右视图

九七式狙击步枪的使用
——二战期间日军的狙击战术与美军的反制方法

第二次世界大战期间的日本，为何没有出现过王牌狙击手？这要从日军的步兵战术来解释。

第一次世界大战结束后，日军有了完整的兵役和训练制度。日本军部对步兵的训练极为苛刻，目的就是为了让相对"廉价"的步兵能够通过严苛的训练发挥最大作用。射击是日军步兵一个重要训练项目，最低要求为弹仓内5发子弹全数命中300米标靶，并且至少有3发打在拳头大的中心上。

虽然日军中没有狙击手的编制，但还是会以"特等射手"称呼那些枪法好的士兵，并给其配发九七式狙击步枪。但由于特等射手并不单独进行狙杀行动，所以并没有所谓的"王牌狙击手"的产生。

在太平洋战场上的热带丛林中，日军特等射手通常会穿戴蓑衣斗篷、伪装网，并包裹枪身。再加上九七式狙击步枪拥有良好的隐蔽性，他们通常能够大量杀伤美军，使美军在进军或战斗中举步维艰。但是，日军特等射手的狙杀行动通常来说都是一次"单程票"，其主要原因则在于日军狙击手"喜欢上树"。

显然，树冠上视野良好，在树上隐蔽的日军狙击手眼中，美军便成了活靶子。可是开枪后由于狙击阵地位于树上而无法撤离，被狙杀角色便发生了转换，日军狙击手则成了活靶子。甚至有日军狙击手会让同伴将自己绑在树干上，无路可退，其困兽犹斗的作战方式在太平洋战争初期让美军吃了不少苦头。

那么，美军通常是如何对付日军狙击手的呢？他们通常会用自动武器扫射日军狙击手藏身的树冠，或干脆使用火箭筒将树冠连同日军狙击手一起炸飞。

有趣的是，一名美国海军陆战队士兵曾回忆：1945年5月，当德国投降时，他们仍在冲绳岛与日军战斗。在德国投降的消息传来时，大伙儿纷纷鸣枪庆祝，他们把胜利的子弹全部射向沼泽对面一棵树的树冠上（大概数百米的距离）。在射击结束后，他们发现竟有一名日军狙击手因中弹从树冠上跌落，一命呜呼。

在二战期间的缅甸战场上，节节溃败的日军也采用这种战术，不过在后来，盟军士兵也发现了日军这一作战方式。无论行军还是战斗，只要看到前方有高大的树木，就先用轻机枪扫射一通，通常都能够"扫下"几个躲藏在树冠上的日军狙击手。

名词注释

手动步枪：泛指使用手动枪机的步枪，击发后射手需手动操作拉机柄，使枪机完成抽壳、抛壳及推弹入膛的动作，俗称"拉大栓"。

毛瑟98k卡宾枪即手动步枪

半自动步枪：又可称为"自动装填步枪"，子弹被击发后枪机在火药燃气的作用下完成抽壳、抛壳等动作，并在复进的过程中推弹入膛，完成自动装填循环。但由于不具备全自动发射模式（连发），只能进行半自动击发（单发），因此被称为"半自动步枪"。

M1伽兰德步枪即半自动步枪

自动步枪：自动步枪中的"自动"即有自动装填之意，又有具备全自动发射模式之意，可连发射击的步枪被称为"自动步枪"。按照发射弹种的不同，自动步枪又可分为战斗步枪和突击步枪两种。战斗步枪是一种使用全威力步枪弹的步枪，例如M14自动步枪、HK417自动步枪、SCAR-H自动步枪。比较常见的全威力步枪弹有7.62毫米×51毫米北约标准全威力步枪弹、7.62毫米×54毫米全威力步枪弹。而突击步枪是一种使用减装药中间威力弹的步枪，例如STG44突击步枪、AK-47突击步枪、M16突击步枪等。比较常见的中间威力步枪弹有7.62毫米×39毫米M43中间威

由于发射7.62毫米×51毫米北约标准全威力步枪弹，HK417自动步枪是一款战斗步枪

发射5.56毫米×45毫米北约标准中间威力弹的HK416步枪，由于该弹种是中间威力弹，因此该枪即突击步枪

力步枪弹、5.56毫米×45毫米北约标准中间威力步枪弹、5.45毫米×39毫米M74中间威力步枪弹。

狙击步枪：狙击步枪是一种专用于射击远距离目标的步枪，通常采用枪管壁较厚的重型枪管。为保证精度，狙击步枪的枪管通常为浮置式，并配以光学瞄准镜，这是狙击步枪的主要特点。狙击步枪通常为半自动或手动，半自动狙击步枪的特点为火力密度高，手动狙击步枪的特点为射击精度高。当前，这两种类型的狙击步枪都无法完全替代另外一种，因此狙击步枪的种类选择也要根据战地环境与任务需求——正所谓，没有最好，只有最合适。

M40A5狙击步枪

长行程活塞导气式自动原理：导气式自动原理的一种，通过子弹被击发后产生的火药燃气推动导气活塞，使枪机完成自动循环。由于活塞行程远大于活塞体直径，因此被称为"长行程活塞导气式自动原理"。长行程活塞的优点在于结构牢固，但质量较大。比较常见的采用长行程活塞导气式自动原理的步枪有AK-47突击步枪、AKM突击步枪等。

长行程活塞

短行程活塞导气式自动原理：导气式自动原理的一种，通过子弹被击发后产生的火药燃气推动活塞，使枪机完成自动循环。由于活塞后坐的行程不会大于活塞体直径，因此被称为"短行程活塞导气式自动原理"。其优点为质量较小。比较常见的采用短行程活塞导气式自动原理的步枪有HK G36突击步枪、HK416突击步枪等。

短行程活塞

直接导气式自动原理：又称"气吹式自动工作原理"，子弹被击发后，产生的火药燃气直接进入导气管，并推动枪机后坐以完成自动循环。其优点在于减少了枪支的零件数量，但由于需要足够的气体压力，因此导气管通常直径较小，如果子弹发射药品质不佳的话，很容易造成导气管或枪机积碳，导致枪机无法正常运作。

枪机：泛指使轻武器完成击发、枪机开锁、抽壳、抛壳、推弹入膛和枪机闭锁等一系列动作的枪械机件总称。枪机组件通常由闭锁凸榫、击针、击针簧、抽壳钩，以及抛壳挺等零部件组成。

HK416突击步枪的枪机组件

枪机框：容纳枪机的框形机构。

拉机柄：俗称"枪栓"，一种与枪机连接并延伸至枪身外侧，以便于射手操作枪机的机构。

意式步枪的拉机柄

击针：枪机组件中撞击子弹底火的零部件。

抽壳钩：枪机组件中的钩状物，子弹被击发后将弹壳从弹膛抽出。

抛壳挺：又称为"抛壳杆"（取决于具体形状），在抽壳钩将弹壳从弹膛中抽出后，弹壳底撞击抛壳挺，形成反冲击力，使弹壳从抛壳窗抛出。

抛壳窗：又称"抛壳口"，泛指弹壳脱离枪支时所经过的窗口，抛壳窗通常设于机匣（步枪）或套筒（手枪）上，位置靠近枪管尾端。长度通常为子弹的1.1倍，宽度为弹壳最大直径的1.5~2.5倍。

空仓挂机：弹仓或弹匣打空后，枪机在抛壳后停留在导槽后方停止复进，以提醒射手弹药耗尽，这便是空仓挂机状态。在装上新弹匣后，射手通常需要向后拉动拉机柄使枪机复进并推弹入膛，让步枪进入待击状态。不过，一些人机工效优秀的步枪设有空仓挂机解脱钮，例如M16突击步枪、SCAR-L突击步枪等，空仓挂机状态装上新弹匣后，按动空仓挂机解脱钮即可使枪机复进。

快慢机：更换枪支射击模式的主要机构，通常兼作手动保险。

准星：机械瞄具的组成部分，位于枪口上方，有圆柱状、片状等多种形态。与照门相辅，形成瞄准基线。

准星护翼：半包式准星两侧竖起的护翼，可保护准星，使其不易因外力而损坏。俄制AK系列突击步枪的准星通常使用半包式结构的准星机构。

AKM突击步枪的半包式准星（准星护翼）特写

准星护圈：准星四周包有的圆形护圈，即全包式结构，可保护准星，并降低瞄准时虚光的影响。

带有圆形护圈的准星特写

缺口式照门：即通过"U"形或"V"形缺口与准星形成瞄准基线的照门，视线广阔，适合射击移动目标。

SCAR-L突击步枪的快慢机位于握把上方

勒伯尔M1886步枪的缺口式照门

M1伽兰德步枪的觇孔式照门

觇孔式照门：即通过圆孔与准星形成瞄准基线的照门，射击精度高，瞄准速度快。

浮置式枪管：浮置式枪管通常用在狙击步枪上，枪管只与机匣连接，不与护木、前托接触，以保证精度。

枪口制退装置：又称"枪口制退器"，通过改变火药燃气喷发的方向，从而达到缓解后坐力及枪口上跳的目的。

AK-74M突击步枪的枪口制退器

枪口消焰器：安装在枪口，减少子弹击发时枪口焰的装置。其原理是让没燃尽的火药微粒在消焰器内得到燃烧，减少一次燃烧。并让氧化不完全的气体在消焰器内燃烧，使二次燃烧也在消焰器内部完成，从而减少枪口焰，以达到隐蔽的目的。

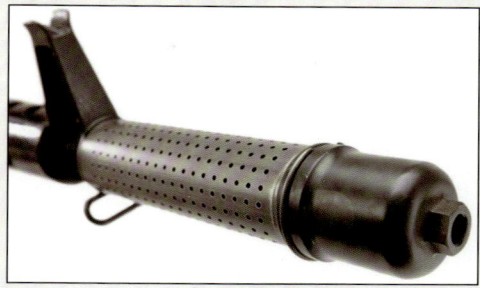

AR-10自动步枪的枪口消焰器

托腮板：又称"贴腮板"，通常位于突击步枪或狙击步枪的枪托上方，可提升瞄准时的舒适度和准确度。

桥夹：一种装弹的辅助工具，由条状金属片制成，用来将子弹成排夹住，以便将子弹压入弹仓或弹匣。

安装在桥夹上的6.5毫米×50毫米有坂步枪弹

漏夹：一种装弹与辅助供弹工具，由金属薄板制成，用于固定和装填子弹的框架形装置。漏夹上下口部两侧有抱弹口，侧面一般有竖起的定位点和凹槽，后侧有凸榫，使漏夹能够准确定位并固定在弹仓中。如M1加兰德步枪，便是使用漏夹来完成装弹及辅助供弹动作。

火的火工品，从而输出火焰引燃弹壳内的发射药。

单基发射药：单基发射药主要由硝化纤维组成，并加入了稳定剂等物质，硝化纤维质量分布超过百分之九十五。由于只有一种为弹头提供动能的化学物质，因此被称为"单基发射药"。

双基发射药：双基发射药由硝化纤维经过硝化甘油、硝化二乙二醇或其他液态硝酸酯塑化制成。由于用硝化纤维和液态硝酸酯这两种化学物质为弹头提供动能，因此被称为"双基发射药"。此外，双基发射药中的硝化甘油含量越高，对武器的腐蚀程度就越严重。

炸膛：炸膛是一种十分严重的枪械发射事故，主要原因在于枪支未正常闭锁，或枪支质量不佳，或是使用了劣质子弹。炸膛主要损坏的是枪管和枪机，严重时还会危及射手的生命安全。当然，一支正常维护的枪支使用高质量的子弹，炸膛概率是非常小的。因此要避免炸膛就一定要使用合格的枪支和弹药，并勤加维护保养，以防止零部件锈蚀。

停止作用：通俗来讲，停止作用即弹头对有生目标产生丧失反抗能力的作用。当弹头进入人体后，会形成一个伤口通道，并牵扯到附近的肌肉组织。由此形成"瞬时空腔"和"永久空腔"，轻则切断神经、肉体组织撕裂，使目标丧失反抗能力；重则造成动脉或人体器官大出血，甚至死亡。

侵彻力：侵彻力即"贯穿力"，泛指弹头穿透物体的能力。侵彻力的大小主要由侵彻体（弹头）质量、体积、飞行速度，以及侵彻体的材质、角度等因素决定。

M1伽兰德步枪的漏夹

弹匣：一种供弹具，与"弹夹"有着本质上的区别。弹匣外观呈盒状，多为可拆卸式，使用时由内部托弹簧和托弹板将子弹逐发推至弹匣顶端，步枪弹匣通常为双排双进结构。

北约标准弹匣

弹鼓：一种大容量供弹装置，其内部结构比弹匣复杂，主要作为轻机枪及冲锋枪的供弹具使用，少数用作手枪或步枪的供弹具。

子弹底火：安装于子弹弹壳的底部，是一种依靠机械能（击针撞击）或电击发